21世纪应用型本科院校规划教材
“十三五”江苏省高等学校重点教材
重点教材编号：2017-2-111

线性代数及其应用

（第二版）

主　编　陈荣军　钱　峰
副主编　李　鹤　任雪静　郭丽敏

微信扫码可见本书配套资源

南京大学出版社

内容提要

本书是在应用型本科院校大力推进公共数学改革的背景下，由常州工学院理学院组织编写的应用型本科省级重点教材. 内容包括行列式、矩阵及其运算、矩阵的初等变换与线性方程组、向量组的线性相关性、相似矩阵及二次型、线性空间与线性变换六个章节. 教材体现应用本科特色，立足知识、融入实验、强调实践、渗透文化，帮助学生做到"知识、能力、文化"三方面的有效训练. 教材在教学内容的选取和编排上，力图做到重点突出、层次清晰、难度得当，贴近应用型院校学生实际. 同时教材开辟拓展训练真题解析栏目，满足考研学生需要. 另外，与传统教材相比，本书具有纸质内容与数字化资源一体化设计的特点，线上资源涵盖教学要求、知识要点等内容，有利于学生自主学习，找到学习捷径.

本书可作为高等学校理、工、管等各专业线性代数课程教材，也可用作为教学参考书和考研用书.

图书在版编目(CIP)数据

线性代数及其应用 / 陈荣军，钱峰主编. -- 2 版.
南京 ：南京大学出版社，2025. 8. -- ISBN 978 - 7 - 305
- 29269 - 9

Ⅰ. O151. 2

中国国家版本馆 CIP 数据核字第 20256YL838 号

出版发行　南京大学出版社
社　　址　南京市汉口路 22 号　　　邮　　编　210093

书　　名　线性代数及其应用
　　　　　XIANXING DAISHU JIQI YINGYONG
主　　编　陈荣军　钱　峰
责任编辑　吴　华　　　　　　　　编辑热线　025 - 83596997

照　　排　南京开卷文化传媒有限公司
印　　刷　江苏扬中印刷有限公司
开　　本　718 mm×1000 mm　1/16 开　印张 13　字数 240 千
版　　次　2025 年 8 月第 2 版
印　　次　2025 年 8 月第 1 次印刷
ISBN 978 - 7 - 305 - 29269 - 9
定　　价　39. 80 元

网　　址：http://www. njupco. com
官方微博：http://weibo. com/njupco
微信公众号：njupress
销售咨询热线：(025)83594756

前　言

线性代数课程是应用型本科院校一门重要的必修课，其理论与方法广泛应用于后续课程及工程实践.本教材是我们根据多年教学经验，结合多元化学情条件与信息化教学形势编写而成，第一版已在校内使用多年，获得较好教学效果，受到授课教师与学生的一致好评.此次修订，主要是修正了第一版中出现的错误，更新了部分实用案例，并在每章增加了延伸阅读.

教材的主要特点如下：

1. 通过实际案例引出知识点，将知识点明确化，同时培养学生线性代数思想和理论运用能力；

2. 利用电子化二维码技术，方便学生在线了解重点与难点，找到学习捷径；

3. 在精简相关繁琐理论推导和计算的基础上，选题力图做到整体层次分明而综合，题型精粹而全面，同时开辟拓展训练真题解析栏目，满足考研学生需要；

4. 融入实验教学内容，引进 Matlab 数学软件，注重理论的实践与应用；

5. 介绍有关数学历史人物生平，有助于学生数学文化素养的提升.

本书的编写得到了理学院全体数学老师无私且大力的帮助，得到了学校有关部门和领导的大力支持，在此向他们表示衷心的感谢.

本书是编者在新工科背景下公共数学改革的一种探索，由于水平有限，教材中错误难免，恳请读者批评指正，本书的配套电子资源可扫描扉页二维码获取.

编　者

2025 年 2 月

目　录

第1章　行列式 …… 1
1.1　全排列及其逆序数 …… 1
1.2　n阶行列式的定义 …… 3
1.3　行列式的性质 …… 8
1.4　行列式按行(列)展开 …… 14
1.5　克拉默(Cramer)法则 …… 21
延伸阅读一 …… 25
基本练习题一 …… 27
综合练习题一 …… 29
拓展训练一 …… 30
实际案例分析一 …… 31
Matlab应用一:行列式的计算 …… 32

第2章　矩阵及其运算 …… 36
2.1　矩阵的概念 …… 37
2.1.1　矩阵的概念 …… 37
2.1.2　几种特殊矩阵 …… 39
2.1.3　矩阵相等 …… 41
2.2　矩阵的运算 …… 42
2.2.1　矩阵的加法 …… 42
2.2.2　矩阵的数乘 …… 43
2.2.3　矩阵的乘法 …… 44
2.2.4　矩阵的转置 …… 47
2.2.5　方阵的行列式 …… 49
2.3　逆矩阵 …… 49
2.3.1　逆矩阵的概念和性质 …… 49
2.3.2　逆矩阵的计算 …… 51

延伸阅读二 …… 55
基本练习题二 …… 57
综合练习题二 …… 60
拓展训练二 …… 61
实际案例分析二 …… 63
Matlab 应用二:矩阵与逆矩阵的运算 …… 64

第 3 章　矩阵的初等变换与线性方程组 …… 69
3.1　矩阵的初等变换 …… 69
3.1.1　矩阵的初等变换 …… 71
3.1.2　初等矩阵 …… 73
3.2　矩阵的秩 …… 78
3.3　线性方程组的解 …… 80
延伸阅读三 …… 85
基本练习题三 …… 87
综合练习题三 …… 89
拓展训练三 …… 90
实际案例分析三 …… 93
Matlab 应用三:矩阵的初等变换与线性方程组的解 …… 95

第 4 章　向量组的线性相关性 …… 98
4.1　向量组及其线性组合 …… 98
4.2　向量组的线性相关性 …… 101
4.3　向量组的秩 …… 105
4.4　线性方程组的解的结构 …… 107
4.4.1　齐次线性方程组的解的结构 …… 107
4.4.2　非齐次线性方程组的解的结构 …… 111
4.5　向量空间 …… 113
4.5.1　向量空间 …… 113
4.5.2　子空间 …… 113
4.5.3　基、维数、坐标 …… 114
延伸阅读四 …… 118
基本练习题四 …… 120

综合练习题四 …… 123
拓展训练四 …… 124
实际案例分析四 …… 125
Matlab 应用四：向量组的线性相关性 …… 126

第 5 章　相似矩阵及二次型 …… 130
5.1　向量的内积与正交矩阵 …… 130
5.1.1　向量内积与正交的概念 …… 130
5.1.2　施密特(Schimidt)正交化法 …… 132
5.1.3　正交矩阵 …… 133
5.2　方阵的特征值与特征向量 …… 134
5.2.1　特征值与特征向量的概念 …… 134
5.2.2　特征值与特征向量的求法 …… 135
5.3　相似矩阵 …… 136
5.3.1　相似矩阵的概念 …… 136
5.3.2　相似矩阵的性质 …… 137
5.3.3　矩阵相似于对角矩阵的条件 …… 137
5.4　实对称矩阵的对角化 …… 139
5.4.1　实对称矩阵的特征值与特征向量 …… 139
5.4.2　实对称矩阵的相似对角矩阵的求法 …… 140
5.5　二次型及其标准形 …… 142
5.5.1　二次型及标准型的概念 …… 142
5.5.2　化二次型为标准形 …… 144
5.6　正定二次型 …… 147
延伸阅读五 …… 149
基本练习题五 …… 151
综合练习题五 …… 153
拓展训练五 …… 153
实际案例分析五 …… 156
Matlab 应用五：矩阵的特征值与特征向量 …… 157

第 6 章　线性空间与线性变换 …… 163
6.1　线性空间的定义与性质 …… 163

6.2 维数、基与坐标 …… 166
6.3 基变换与坐标变换 …… 168
6.4 线性变换 …… 172
6.4.1 线性变换 …… 173
6.4.2 线性变换的性质 …… 174
6.5 线性变换的矩阵 …… 176
6.5.1 线性变换在一个基下的矩阵 …… 176
6.5.2 线性变换在不同基下的矩阵 …… 178
延伸阅读六 …… 180
基本练习题六 …… 183
综合练习题六 …… 184
实际案例分析六 …… 185

习题答案 …… 187

参考文献 …… 200

第 1 章　行列式

实际案例

平面上已知三点 $A(x_1,y_1)$，$B(x_2,y_2)$ 和 $C(x_3,y_3)$，求三角形 ABC 面积 S.

$$S=\begin{vmatrix} x_1 & y_1 & 1 \\ x_2 & y_2 & 1 \\ x_3 & y_3 & 1 \end{vmatrix}=x_1y_2+x_2y_3+x_3y_1-x_3y_2-x_2y_1-x_1y_3$$

这个公式是通过使用三点的坐标来计算三角形面积的一种方法。具体来说，它是通过构造一个行列式来计算三角形面积的，行列式的值代表了由这三个点确定的三角形面积. 这种方法提供了一种直接而简洁的方式来计算任意三角形的面积，而不需要考虑三角形的具体形状或边的长度.

行列式是人们在求解线性方程组的过程中建立起来的，是线性代数中常用的工具. 本章主要介绍 n 阶行列式的定义、性质及其计算方法，同时还要介绍用 n 阶行列式求解 n 元线性方程组的克莱姆法则.

1.1　全排列及其逆序数

定义 1.1　把 n 个不同的元素排成一排，叫作这 n 个元素的全排列(简称排列).

例如，自然数 1,2,3 构成的不同排列有 $3!=6$ 种.

123，132，213，231，312，321

例 1.1　互异元素 $p_1,p_2,\cdots,p_n$ 构成的不同排列有 $n!$ 种.

证明　在 n 个元素中选取 1 个，　　　n 种取法.

在剩余 $n-1$ 个元素中选取 1 个，　　$n-1$ 种取法.
在剩余 $n-2$ 个元素中选取 1 个，　　$n-2$ 种取法.
………………　　…………
在剩余 2 个元素中选取 1 个，　　2 种取法.
在剩余 1 个元素中选取 1 个，　　1 种取法.
于是由乘法原理共有 $n!$ 种取法.

对于 n 个不同的元素，我们可以规定各元素之间有一个标准次序. 例如 n 个不同的自然数可规定从小到大为标准次序.

定义 1.2　在 n 个不同的元素按照某种约定次序构成的排列中，当某一对元素的先后次序与标准次序不同时，称它构成 1 个逆序. 一个排列中逆序的总数叫作这个排列的逆序数.

排列 $p_1p_2\cdots p_n$ 的逆序数记作 $\tau(p_1p_2\cdots p_n)$. $\tau(p_1p_2\cdots p_n)$ 为奇数时，称 $p_1p_2\cdots p_n$ 为奇排列；$\tau(p_1p_2\cdots p_n)$ 为偶数时，称 $p_1p_2\cdots p_n$ 为偶排列；当 $\tau(p_1p_2\cdots p_n)$ 为零时，称 $p_1p_2\cdots p_n$ 为标准排列.

不妨设排列 $p_1p_2\cdots p_n$ 为 1 至 n 这 n 个自然数的一个排列，规定从小到大为标准次序. 考虑元素 $p_i(i=1,2,\cdots,n)$，如果比 p_i 大的且排在 p_i 前面的元素有 τ_i 个，就说 p_i 的逆序数是 τ_i. 那么这个排列的逆序数为 $\tau(p_1p_2\cdots p_n)=\tau_1+\cdots+\tau_n$.

例 1.2　排列 32541 中，$\tau=\tau_1+\cdots+\tau_5=0+1+0+1+4=6$. 故此排列为偶排列.

例 1.3　排列 $13\cdots(2n-1)24\cdots(2n)$，求逆序数.

解　记作 $p_1p_2\cdots p_np_{n+1}p_{n+2}\cdots p_{2n-1}p_{2n}$

$$\tau_1=0,\ \cdots,\ \tau_n=0,$$

$$\tau_{n+1}=n-1,\ \tau_{n+2}=n-2,\ \cdots,\ \tau_{2n}=0,$$

$$\tau=(n-1)+(n-2)+\cdots+1+0=\frac{1}{2}n(n-1).$$

定义 1.3　在一个排列中，把任意两个元素的位置互换，而其余的元素不动，就得到另一排列，这种作出新排列的手续叫作对换. 将相邻两个元素对换，叫作相邻对换.

例如，经过 1,2 对换，排列 1432 就成 2431. 显然，如果连续进行两次相同的对换，那么排列就还原了. 由此可知，一个对换把全部 n 级排列两两配对，使每两个配成对的 n 级排列在这个对换下互变.

关于排列的奇偶性，我们有下面的基本事实.

定理 1.1　对换改变排列的奇偶性.

这就是说,经过一次对换,奇排列变成偶排列,偶排列变成奇排列.

证明　先证相邻对换:

$$\cdots jk \cdots \tag{1}$$

经过 j,k 对换变成

$$\cdots kj \cdots \tag{2}$$

这里"…"表示那些不动的数. 显然,在排列(1)中如 j,k 与其他的数构成逆序数,则在排列(2)中仍然构成逆序数;如不构成逆序数则在(2)中也不构成逆序数,不同的只是 j,k 的次序. 如果原来 j,k 组成逆序,那么经过对换,逆序数减少一个;如果原来 j,k 不组成逆序,那么经过对换,逆序数就增加一个. 总之,排列的逆序数的奇偶性变了.

再证一般对换:

$$\cdots j i_1 i_2 \cdots i_s k \cdots \tag{3}$$

经过 j,k 对换,排列(3)变成

$$\cdots k i_1 i_2 \cdots i_s j \cdots \tag{4}$$

不难看出,这样一个对换可以通过一系列的相邻对换实现. 把 k 经过 $s+1$ 次相邻对换,排列(3)就变成 $\cdots kji_1 i_2 \cdots i_s \cdots$, 再把 j 经过 s 次相邻对换,就变成排列(4). 因此,j,k 对换可以通过 $2s+1$ 次相邻对换来实现. $2s+1$ 是奇数. 相邻对换改变排列的奇偶性,奇数次相邻对换最终还是改变排列的奇偶性.

推论 1　奇排列变为标准排列的对换次数为奇数,偶排列变为标准排列的对换次数为偶数.

推论 2　在全部 n 个元素构成的排列中($n \geqslant 2$),奇偶排列的个数相等,各有 $\frac{n!}{2}$ 个.

例如,在 1,2,3 三个数的排列中,132,213,321 为奇排列,123,231,312 为偶排列.

1.2　n 阶行列式的定义

我们现在给出 n 阶行列式的定义. 在给出 n 阶行列式的定义之前,先来看下二阶和三阶行列式的定义.

用消元法解二元线性方程组

$$\begin{cases} a_{11}x_1 + a_{12}x_2 = b_1, \\ a_{21}x_1 + a_{22}x_2 = b_2. \end{cases} \tag{1-1}$$

通过消去 x_1, x_2，得

$$\begin{cases} (a_{11}a_{22} - a_{12}a_{21})x_1 = b_1a_{22} - a_{12}b_2, \\ (a_{11}a_{22} - a_{12}a_{21})x_2 = a_{11}b_2 - b_1a_{21}. \end{cases}$$

当 $a_{11}a_{22} - a_{12}a_{21} \neq 0$ 时，可求得方程组(1-1)的解为

$$x_1 = \frac{b_1a_{22} - a_{12}b_2}{a_{11}a_{22} - a_{12}a_{21}}, x_2 = \frac{a_{11}b_2 - b_1a_{21}}{a_{11}a_{22} - a_{12}a_{21}}. \tag{1-2}$$

式(1-2)中的分子、分母都是四个数分成两对相乘以后再相减，也是由方程组(1-1)的四个系数与常数项所确定. 考察分母 $a_{11}a_{22} - a_{12}a_{21}$，是由方程组(1-1)的四个系数确定，把这四个数按它们在方程组中的位置，排成二行二列的数表

$$\begin{matrix} a_{11} & a_{12}, \\ a_{21} & a_{22}. \end{matrix} \tag{1-3}$$

表达式 $a_{11}a_{22} - a_{12}a_{21}$ 称为数表(1-3)所确定的二阶行列式，记作

$$\begin{vmatrix} a_{11} & a_{12} \\ a_{21} & a_{22} \end{vmatrix}. \tag{1-4}$$

数 $a_{ij}(i=1,2;j=1,2)$ 称为二阶行列式(1-4)的元素. 元素 a_{ij} 的第一个下标 i 称为行标，表示元素位于第 i 行，第二个下标 j 称为列标，表示元素位于第 j 列. 位于第 i 行第 j 列的元素称为行列式(1-4)的 (i,j) 元.

上述二阶行列式的定义，可用对角线法则来记忆. 参看图 1.1，从 a_{11} 到 a_{22} 的连线称为主对角线，从 a_{12} 到 a_{21} 的连线称为副对角线，因此，二阶行列式就是主对角线上两个元素的乘积减去副对角线上两个元素的乘积所得的差.

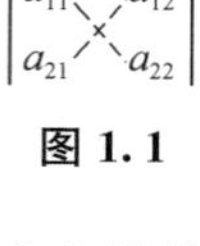

图 1.1

由二阶行列式的概念，(1-2)式中的分子也可表示为

$$b_1a_{22} - a_{12}b_2 = \begin{vmatrix} b_1 & a_{12} \\ b_2 & a_{22} \end{vmatrix}, a_{11}b_2 - b_1a_{21} = \begin{vmatrix} a_{11} & b_1 \\ a_{21} & b_2 \end{vmatrix}.$$

再记

$$D=\begin{vmatrix} a_{11} & a_{12} \\ a_{21} & a_{22} \end{vmatrix}, D_1=\begin{vmatrix} b_1 & a_{12} \\ b_2 & a_{22} \end{vmatrix}, D_2=\begin{vmatrix} a_{11} & b_1 \\ a_{21} & b_2 \end{vmatrix}.$$

则方程组(1 - 1)的解可以表示成

$$x_1=\frac{D_1}{D}, x_2=\frac{D_2}{D},$$

其中分母 D 是由方程组的系数所确定的二阶行列式(称为系数行列式)，x_1 的分子 D_1 是用常数项 b_1,b_2 替换 D 中第一列元素所得的二阶行列式，x_2 的分子 D_2 是用常数项 b_1,b_2 替换 D 中第二列元素所得的二阶行列式.

例 1.4　求解二元线性方程组

$$\begin{cases} 5x_1-2x_2=12, \\ 2x_1+x_2=1. \end{cases}$$

解　由于系数行列式 $D=\begin{vmatrix} 5 & -2 \\ 2 & 1 \end{vmatrix}=5-(-4)=9\neq 0$,

$$D_1=\begin{vmatrix} 12 & -2 \\ 1 & 1 \end{vmatrix}=12-(-2)=14,$$

$$D_2=\begin{vmatrix} 5 & 12 \\ 2 & 1 \end{vmatrix}=5-24=-19,$$

所以原方程组的解为：$x_1=\dfrac{D_1}{D}=\dfrac{14}{9}, x_2=\dfrac{D_2}{D}=-\dfrac{19}{9}$.

定义 1.4　设有 9 个数排成 3 行 3 列的数表

$$\begin{matrix} a_{11} & a_{12} & a_{13} \\ a_{21} & a_{22} & a_{23} \\ a_{31} & a_{32} & a_{33}. \end{matrix} \tag{1-5}$$

记

$$\begin{vmatrix} a_{11} & a_{12} & a_{13} \\ a_{21} & a_{22} & a_{23} \\ a_{31} & a_{32} & a_{33} \end{vmatrix}$$

$$\begin{aligned} &=a_{11}a_{22}a_{33}+a_{12}a_{23}a_{31}+a_{13}a_{21}a_{32} \\ &\quad -a_{11}a_{23}a_{32}-a_{12}a_{21}a_{33}-a_{13}a_{22}a_{31}, \end{aligned} \tag{1-6}$$

式(1-6)称为数表(1-5)所确定的三阶行列式.

三阶行列式是 6 项含有三个元素乘积的代数和,每项均为不同行不同列的三个元素乘积再冠以正负号,其规律遵循图 1.2 所示的对角线法则.

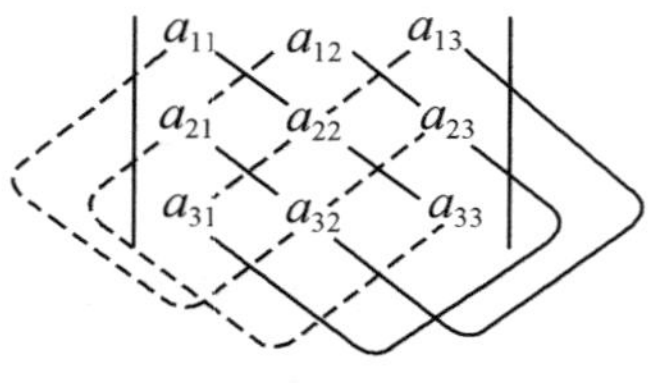

图 1.2

例 1.5 计算三阶行列式 $D=\begin{vmatrix}1 & -1 & 2\\3 & 2 & 1\\0 & 1 & 4\end{vmatrix}$.

解 $D=1\times2\times4+(-1)\times1\times0+2\times3\times1-1\times1\times1-(-1)\times3\times4-2\times2\times0$
$=25.$

为了作出 n 阶行列式的定义,我们先研究三阶行列式的结构. 根据定义 1.4 可以看出:

等式(1-6)右边的每一项都是位于不同行、不同列的三个元素的乘积. 每一项都可以表示成:$\pm a_{1p_1}a_{2p_2}a_{3p_3}$,其中行标排成标准次序 123,列标排成 $p_1p_2p_3$,这是 1,2,3 的某个排列(共 6 种),对应了等式右边有 6 项. 6 项中带正号的三项列标排列为:123, 231, 312,这三个排列是偶排列;带负号的三项列标排列为:132, 213, 321,这三个排列是奇排列.

于是三阶行列式可写成

$$\begin{vmatrix}a_{11} & a_{12} & a_{13}\\a_{21} & a_{22} & a_{23}\\a_{31} & a_{32} & a_{33}\end{vmatrix}=\sum_{p_1p_2p_3}(-1)^{\tau(p_1p_2p_3)}a_{1p_1}a_{2p_2}a_{3p_3},$$

其中 $\sum\limits_{(p_1p_2p_3)}$ 表示对 1,2,3 三个数的所有排列 $p_1p_2p_3$ 求和.

按此规律,可把行列式推广到一般形式.

定义 1.5 n^2 **个数** $a_{ij}\,(i,j=1,2,\cdots,n)$**,排成 n 行 n 列的数表**

$$\begin{matrix}a_{11} & a_{12} & \cdots & a_{1n}\\a_{21} & a_{22} & \cdots & a_{2n}\\\vdots & \vdots & & \vdots\\a_{n1} & a_{n2} & \cdots & a_{nn},\end{matrix}\qquad(1-7)$$

$$令\quad D=\begin{vmatrix} a_{11} & a_{12} & \cdots & a_{1n} \\ a_{21} & a_{22} & \cdots & a_{2n} \\ \vdots & \vdots & & \vdots \\ a_{n1} & a_{n2} & \cdots & a_{nn} \end{vmatrix}=\sum_{p_1p_2\cdots p_n}(-1)^{\tau(p_1p_2\cdots p_n)}a_{1p_1}a_{2p_2}\cdots a_{np_n}. \tag{1-8}$$

式(1－8)称为数表(1－7)的 n 阶行列式,其中 $\sum\limits_{p_1p_2\cdots p_n}$ 表示对 $p_1p_2\cdots p_n$ 这 n 个数的所有排列 $p_1p_2\cdots p_n$ 求和.

行列式(1－8)常简记作 $\det(a_{ij})$，其中数 a_{ij} 为行列式 D 中的第 i 行、第 j 列的元素.

定义表明,为了计算 n 阶行列式,首先作所有可能由位于不同行不同列元素构成的乘积,把这些乘积的元素按行指标排成标准排列,然后由列指标所成的排列的奇偶性来决定这一项的正负号,最后把这些项全部加起来. 由定义立即看出,n 阶行列式是由 $n!$ 项组成的. 按此定义的二阶、三阶行列式与原有定义的二阶、三阶行列式显然是一致的.

当 $n=1$ 时,一阶行列式 $|a|=a$(注意不要与绝对值符号混淆). 主对角线以下(上)的元素都为 0 的行列式叫作上(下)三角形行列式;主对角线以下和以上的元素都为 0 的行列式叫作对角行列式.

例 1.6　计算 $D_1=\begin{vmatrix} a_{11} & a_{12} & \cdots & a_{1n} \\ & a_{22} & \cdots & a_{2n} \\ & & \ddots & \vdots \\ 0 & & & a_{nn} \end{vmatrix}$,$D_2=\begin{vmatrix} a_{11} & \cdots & a_{1,n-1} & a_{1n} \\ a_{21} & \cdots & a_{2,n-1} & \\ \vdots & ⋰ & & \\ a_{n1} & & & 0 \end{vmatrix}$.

解　行列式中每一项是 n 个元素的乘积,且这 n 个元素取自不同的行和不同的列. 因为第 n 行中只有第 n 列的元素 a_{nn} 不显为零,因此只要考虑 $p_n=n$ 的那些项. 在第 $n-1$ 行中,只有 $a_{n-1,n-1}$,$a_{n-1,n}$ 不显为零,所以只考虑 $p_{n-1}=n-1$. 这样逐步推上去,不难得到,D_1 中只有一项 $a_{11}a_{22}\cdots a_{nn}$ 不显含 0,且列标构成排列的逆序数为:$\tau(12\cdots n)=0$,故

$$D_1=\begin{vmatrix} a_{11} & a_{12} & \cdots & a_{1n} \\ & a_{22} & \cdots & a_{2n} \\ & & \ddots & \vdots \\ 0 & & & a_{nn} \end{vmatrix}=a_{11}a_{22}\cdots a_{nn}.$$

同理,D_2 中只有一项 $a_{1n}a_{2,n-1}\cdots a_{n1}$ 不显含 0,且列标构成排列的逆序

数为

$$\tau(n\cdots 21)=1+2+\cdots+(n-1)=\frac{n(n-1)}{2},$$

故

$$D_2=\begin{vmatrix} a_{11} & \cdots & a_{1,n-1} & a_{1n} \\ a_{21} & \cdots & a_{2,n-1} & \\ \vdots & \iddots & & \\ a_{n1} & & & 0 \end{vmatrix}=(-1)^{\frac{n(n-1)}{2}}a_{1n}a_{2,n-1}\cdots a_{n1}.$$

特别地，

$$\begin{vmatrix} \lambda_1 & & & \\ & \lambda_2 & & \\ & & \ddots & \\ & & & \lambda_n \end{vmatrix}=\lambda_1\lambda_2\cdots\lambda_n,\quad \begin{vmatrix} & & & \lambda_1 \\ & & \lambda_2 & \\ & \iddots & & \\ \lambda_n & & & \end{vmatrix}=(-1)^{\frac{n(n-1)}{2}}\lambda_1\lambda_2\cdots\lambda_n.$$

1.3 行列式的性质

行列式的计算是一个重要的问题，也是一个很麻烦的问题. n 阶行列式一共有 $n!$ 项，当 n 较大时，直接从定义来计算行列式几乎不可能. 因此我们需要进一步讨论行列式的性质，利用这些性质可以化简行列式的计算.

记

$$D=\begin{vmatrix} a_{11} & a_{12} & \cdots & a_{1n} \\ a_{21} & a_{22} & \cdots & a_{2n} \\ \vdots & \vdots & & \vdots \\ a_{n1} & a_{n2} & \cdots & a_{nn} \end{vmatrix},\quad D^{\mathrm{T}}=\begin{vmatrix} a_{11} & a_{21} & \cdots & a_{n1} \\ a_{12} & a_{22} & \cdots & a_{n2} \\ \vdots & \vdots & & \vdots \\ a_{1n} & a_{2n} & \cdots & a_{nn} \end{vmatrix},$$

行列式 D^{T} 称为行列式 D 的转置行列式.

性质 1　行列式与它的转置行列式相等.

证明　令 $b_{ij}=a_{ji}(i,j=1,2,\cdots,n)$，则

$$D^{\mathrm{T}}=\begin{vmatrix} b_{11} & b_{12} & \cdots & b_{1n} \\ b_{21} & b_{22} & \cdots & b_{2n} \\ \vdots & \vdots & & \vdots \\ b_{n1} & b_{n2} & \cdots & b_{nn} \end{vmatrix}=\sum_{(p_1p_2\cdots p_n)}(-1)^{\tau}b_{1p_1}b_{2p_2}\cdots b_{np_n}$$

$$=\sum_{(p_1p_2\cdots p_n)}(-1)^{\tau}a_{p_11}a_{p_22}\cdots a_{p_nn}=D.$$

由此性质可知，行列式中的行与列具有同等的地位，行列式的性质凡是对行成立的对列也同样成立，反之亦然.

性质 2　对换行列式的两行(列)，行列式变号.

设 $i<j$，$D=\begin{vmatrix} a_{11} & \cdots & a_{1n} \\ \vdots & & \vdots \\ a_{i1} & \cdots & a_{in} \\ \vdots & & \vdots \\ a_{j1} & \cdots & a_{jn} \\ \vdots & & \vdots \\ a_{n1} & \cdots & a_{nn} \end{vmatrix}$，$D_1=\begin{vmatrix} a_{11} & \cdots & a_{1n} \\ \vdots & & \vdots \\ a_{j1} & \cdots & a_{jn} \\ \vdots & & \vdots \\ a_{i1} & \cdots & a_{in} \\ \vdots & & \vdots \\ a_{n1} & \cdots & a_{nn} \end{vmatrix}$，则 $D_1=-D$.

证明　设行列式 $D_1=\begin{vmatrix} a_{11} & \cdots & a_{1n} \\ \vdots & & \vdots \\ a_{j1} & \cdots & a_{jn} \\ \vdots & & \vdots \\ a_{i1} & \cdots & a_{in} \\ \vdots & & \vdots \\ a_{n1} & \cdots & a_{nn} \end{vmatrix}=\begin{vmatrix} b_{11} & b_{12} & \cdots & b_{1n} \\ b_{21} & b_{22} & \cdots & b_{2n} \\ \vdots & \vdots & & \vdots \\ b_{n1} & b_{n2} & \cdots & b_{nn} \end{vmatrix}$

是由行列式 D 对换 i,j 两行得到，即当 $l\neq i,j$ 时，$b_{lp}=a_{lp}$；当 $l=i,j$ 时，$b_{ip}=a_{jp}$，$b_{jp}=a_{ip}$. 由行列式的定义，

$$\begin{aligned} D_1&=\sum(-1)^{\tau(p_1\cdots p_i\cdots p_j\cdots p_n)}b_{1p_1}\cdots b_{ip_i}\cdots b_{jp_j}\cdots b_{np_n} \\ &=\sum(-1)^{\tau(p_1\cdots p_i\cdots p_j\cdots p_n)}a_{1p_1}\cdots a_{jp_i}\cdots a_{ip_j}\cdots a_{np_n} \\ &=\sum(-1)^{\tau(p_1\cdots p_i\cdots p_j\cdots p_n)}a_{1p_1}\cdots a_{ip_j}\cdots a_{jp_i}\cdots a_{np_n}, \end{aligned}$$

记 $\tau=\tau(p_1\cdots p_i\cdots p_j\cdots p_n)$，排列 $p_1\cdots p_j\cdots p_i\cdots p_n$ 的逆序数为 τ_1，则 $(-1)^{\tau}=-(-1)^{\tau_1}$，所以 $D_1=-D$.

以 r_i 表示行列式的第 i 行，以 c_i 表示第 i 列. 交换 i,j 两行记作 $r_i\leftrightarrow r_j$，交

换 i,j 两列记作 $c_i \leftrightarrow c_j$.

推论 1 D 中某两行(列)元素对应相等,则 $D=0$.

证明 因为对调此两行(列)后, D 的形式不变,所以 $D=-D$, 从而得 $D=0$.

性质 3 行列式的某一行(列)中所有元素都乘以同一数 k, 等于用数 k 乘此行列式.

$$\begin{vmatrix} a_{11} & \cdots & a_{1n} \\ \vdots & & \vdots \\ ka_{i1} & \cdots & ka_{in} \\ \vdots & & \vdots \\ a_{n1} & \cdots & a_{nn} \end{vmatrix} = k\begin{vmatrix} a_{11} & \cdots & a_{1n} \\ \vdots & & \vdots \\ a_{i1} & \cdots & a_{in} \\ \vdots & & \vdots \\ a_{n1} & \cdots & a_{nn} \end{vmatrix}.$$

证明 等式左端 $= \sum (-1)^{\tau(p_1\cdots p_i\cdots p_n)}[a_{1p_1}\cdots(ka_{ip_i})\cdots a_{np_n}]$

$$= k\sum(-1)^{\tau(p_1\cdots p_i\cdots p_n)}(a_{1p_1}\cdots a_{ip_i}\cdots a_{np_n}) = kD.$$

第 i 行(列)乘 k, 记作 $r_i \times k(c_i \times k)$.

推论 2 行列式的某一行(列)中所有元素的公因子可以提到行列式记号的外面.

$$\begin{vmatrix} a_{11} & \cdots & a_{1n} \\ \vdots & & \vdots \\ ka_{i1} & \cdots & ka_{in} \\ \vdots & & \vdots \\ a_{n1} & \cdots & a_{nn} \end{vmatrix} \xlongequal{r_i \div k} k\begin{vmatrix} a_{11} & \cdots & a_{1n} \\ \vdots & & \vdots \\ a_{i1} & \cdots & a_{in} \\ \vdots & & \vdots \\ a_{n1} & \cdots & a_{nn} \end{vmatrix}.$$

第 i 行(列)提出公因子 k, 记作 $r_i \div k(c_i \div k)$.

推论 3 D 中某行(列)元素全为 **0**,则 $D=0$.

推论 4 D 中某两行(列)元素成比例,则 $D=0$.

性质 4 若行列式的某一行(列)的元素可以写成两个数的和,例如对第 i 行元素, 有 $a_{ij}=b_{ij}+c_{ij}(j=1,2,\cdots,n)$, 则该行列式等于下面两个行列式的和:

$$\begin{vmatrix} a_{11} & \cdots & a_{1n} \\ \vdots & & \vdots \\ a_{i1} & \cdots & a_{in} \\ \vdots & & \vdots \\ a_{n1} & \cdots & a_{nn} \end{vmatrix} = \begin{vmatrix} a_{11} & \cdots & a_{1n} \\ \vdots & & \vdots \\ b_{i1} & \cdots & b_{in} \\ \vdots & & \vdots \\ a_{n1} & \cdots & a_{nn} \end{vmatrix} + \begin{vmatrix} a_{11} & \cdots & a_{1n} \\ \vdots & & \vdots \\ c_{i1} & \cdots & c_{in} \\ \vdots & & \vdots \\ a_{n1} & \cdots & a_{nn} \end{vmatrix}.$$

证明　左端 $=\sum(-1)^{\tau(p_1\cdots p_i\cdots p_n)}(a_{1p_1}\cdots a_{ip_i}\cdots a_{np_n})$

$$=\sum(-1)^{\tau(p_1\cdots p_i\cdots p_n)}(a_{1p_1}\cdots b_{ip_i}\cdots a_{np_n})$$

$$+\sum(-1)^{\tau(p_1\cdots p_i\cdots p_n)}(a_{1p_1}\cdots c_{ip_i}\cdots a_{np_n})$$

= 右端(1) + 右端(2).

性质 5　把行列式的某一行(列)的各元素乘以同一数然后加到另一行(列)对应的元素上去,行列式不变.

例如以数 k 乘第 j 行元素再加到第 i 行元素上,记作 r_i+kr_j,有

$$\begin{vmatrix} a_{11} & \cdots & a_{1n} \\ \vdots & & \vdots \\ a_{i1} & \cdots & a_{in} \\ \vdots & & \vdots \\ a_{j1} & \cdots & a_{jn} \\ \vdots & & \vdots \\ a_{n1} & \cdots & a_{nn} \end{vmatrix} \xlongequal{r_i+kr_j} \begin{vmatrix} a_{11} & \cdots & a_{1n} \\ \vdots & & \vdots \\ a_{i1}+ka_{j1} & \cdots & a_{in}+ka_{jn} \\ \vdots & & \vdots \\ a_{j1} & \cdots & a_{jn} \\ \vdots & & \vdots \\ a_{n1} & \cdots & a_{nn} \end{vmatrix} (i\neq j).$$

证明
$$\begin{vmatrix} a_{11} & \cdots & a_{1n} \\ \vdots & & \vdots \\ a_{i1}+ka_{j1} & \cdots & a_{in}+ka_{jn} \\ \vdots & & \vdots \\ a_{j1} & \cdots & a_{jn} \\ \vdots & & \vdots \\ a_{n1} & \cdots & a_{nn} \end{vmatrix} = \begin{vmatrix} a_{11} & \cdots & a_{1n} \\ \vdots & & \vdots \\ a_{i1} & \cdots & a_{in} \\ \vdots & & \vdots \\ a_{j1} & \cdots & a_{jn} \\ \vdots & & \vdots \\ a_{n1} & \cdots & a_{nn} \end{vmatrix} +$$

$$\begin{vmatrix} a_{11} & \cdots & a_{1n} \\ \vdots & & \vdots \\ ka_{j1} & \cdots & ka_{jn} \\ \vdots & & \vdots \\ a_{j1} & \cdots & a_{jn} \\ \vdots & & \vdots \\ a_{n1} & \cdots & a_{nn} \end{vmatrix} = \begin{vmatrix} a_{11} & \cdots & a_{1n} \\ \vdots & & \vdots \\ a_{i1} & \cdots & a_{in} \\ \vdots & & \vdots \\ a_{j1} & \cdots & a_{jn} \\ \vdots & & \vdots \\ a_{n1} & \cdots & a_{nn} \end{vmatrix}.$$

这里,第一步根据性质 4,第二步根据推论 4. 如果以数 k 乘第 j 列元素再加到第 i 列元素上,记作 c_i+kc_j.

在 1.2 节我们看到，一个上三角形行列式 $\begin{vmatrix} a_{11} & a_{12} & \cdots & a_{1n} \\ & a_{22} & \cdots & a_{2n} \\ & & \ddots & \vdots \\ & & & a_{nn} \end{vmatrix} = a_{11}a_{22}\cdots a_{nn}$. 这个计算是很简单的. 利用行列式的性质可以化简行列式的计算. 特别是利用性质 5 可以把行列式中许多元素化为 0. 所以，计算行列式常用方法之一就是利用行列式的性质把行列式化为上(下)三角形行列式，从而计算出行列式.

例 1.7 计算 $D = \begin{vmatrix} 2 & -5 & 1 & 2 \\ -3 & 7 & -1 & -4 \\ 5 & -9 & 2 & 7 \\ 4 & -6 & 1 & 2 \end{vmatrix}$.

解 $$D \xlongequal{c_1 \leftrightarrow c_3} -\begin{vmatrix} 1 & -5 & 2 & 2 \\ -1 & 7 & -3 & -4 \\ 2 & -9 & 5 & 7 \\ 1 & -6 & 4 & 2 \end{vmatrix} \xlongequal[\substack{r_3 - 2r_1 \\ r_4 - r_1}]{r_2 + r_1} -\begin{vmatrix} 1 & -5 & 2 & 2 \\ 0 & 2 & -1 & -2 \\ 0 & 1 & 1 & 3 \\ 0 & -1 & 2 & 0 \end{vmatrix}$$

$$\xlongequal[\substack{r_3 - 2r_2 \\ r_4 + r_2}]{r_2 \leftrightarrow r_3} \begin{vmatrix} 1 & -5 & 2 & 2 \\ 0 & 1 & 1 & 3 \\ 0 & 0 & -3 & -8 \\ 0 & 0 & 3 & 3 \end{vmatrix} \xlongequal{r_4 + r_3} \begin{vmatrix} 1 & -5 & 2 & 2 \\ 0 & 1 & 1 & 3 \\ 0 & 0 & -3 & -8 \\ 0 & 0 & 0 & -5 \end{vmatrix} = 15.$$

例 1.8 计算 $D = \begin{vmatrix} a & b & c & d \\ a & a+b & a+b+c & a+b+c+d \\ a & 2a+b & 3a+2b+c & 4a+3b+2c+d \\ a & 3a+b & 6a+3b+c & 10a+6b+3c+d \end{vmatrix}$.

解

$$D \xlongequal[r_2 - r_1]{\substack{r_4 - r_3 \\ r_3 - r_2}} \begin{vmatrix} a & b & c & d \\ 0 & a & a+b & a+b+c \\ 0 & a & 2a+b & 3a+2b+c \\ 0 & a & 3a+b & 6a+3b+c \end{vmatrix} \xlongequal[r_3 - r_2]{r_4 - r_3} \begin{vmatrix} a & b & c & d \\ 0 & a & a+b & a+b+c \\ 0 & 0 & a & 2a+b \\ 0 & 0 & a & 3a+b \end{vmatrix}$$

$$\xlongequal{r_4 - r_3} \begin{vmatrix} a & b & c & d \\ 0 & a & a+b & a+b+c \\ 0 & 0 & a & 2a+b \\ 0 & 0 & 0 & a \end{vmatrix} = a^4.$$

例 1.9　计算 $D_n=\begin{vmatrix} x & a & \cdots & a \\ a & x & \cdots & a \\ \vdots & \vdots & & \vdots \\ a & a & \cdots & x \end{vmatrix}$.

解　$D_n \xlongequal{r_1+(r_2+\cdots+r_n)} [x+(n-1)a]\begin{vmatrix} 1 & 1 & \cdots & 1 \\ a & x & \cdots & a \\ \vdots & \vdots & & \vdots \\ a & a & \cdots & x \end{vmatrix}$

$$=[x+(n-1)a]\begin{vmatrix} 1 & 1 & \cdots & 1 \\ 0 & x-a & \cdots & 0 \\ \vdots & \vdots & & \vdots \\ 0 & 0 & \cdots & x-a \end{vmatrix}$$

$$=[x+(n-1)a](x-a)^{n-1}.$$

上述例子表明：n 阶行列式总能利用行运算 r_i+kr_j 化为上(下)三角行列式，也可利用列运算 c_i+kc_j 化为上(下)三角行列式. 并且，上述例子中都用到把几个运算写在一起的省略写法，需要注意各个运算的次序一般不能颠倒.

例 1.10　证明 $D=\left|\begin{array}{ccc:ccc} a_{11} & \cdots & a_{1m} & 0 & \cdots & 0 \\ \vdots & & \vdots & \vdots & & \vdots \\ a_{m1} & \cdots & a_{mm} & 0 & \cdots & 0 \\ \hdashline c_{11} & \cdots & c_{1m} & b_{11} & \cdots & b_{1n} \\ \vdots & & \vdots & \vdots & & \vdots \\ c_{n1} & \cdots & c_{nm} & b_{n1} & \cdots & b_{nn} \end{array}\right|$

$$=\begin{vmatrix} a_{11} & \cdots & a_{1m} \\ \vdots & & \vdots \\ a_{m1} & \cdots & a_{mm} \end{vmatrix}\begin{vmatrix} b_{11} & \cdots & b_{1n} \\ \vdots & & \vdots \\ b_{n1} & \cdots & b_{nn} \end{vmatrix}.$$

证明　设

$$D_1=\begin{vmatrix} a_{11} & \cdots & a_{1m} \\ \vdots & & \vdots \\ a_{m1} & \cdots & a_{mm} \end{vmatrix},D_2=\begin{vmatrix} b_{11} & \cdots & b_{1n} \\ \vdots & & \vdots \\ b_{n1} & \cdots & b_{nn} \end{vmatrix}$$

对 D_1 作 r_i+kr_j 运算化为下三角行列式，

$$D_1=\begin{vmatrix} p_1 & & \\ \vdots & \ddots & \\ * & \cdots & p_m \end{vmatrix}=p_1\cdots p_m.$$

对 D_2 作 c_i+kc_j 运算化为下三角行列式

$$D_2=\begin{vmatrix} q_1 & & \\ \vdots & \ddots & \\ * & \cdots & q_n \end{vmatrix}=q_1\cdots q_n.$$

于是对 D 的前 m 行作 r_i+kr_j 运算，再对后 n 列作 c_i+kc_j 运算化为下三角行列式，有

$$D=\left|\begin{array}{ccc:ccc} p_1 & & & 0 & \cdots & 0 \\ \vdots & \ddots & & \vdots & & \vdots \\ * & \cdots & p_m & 0 & \cdots & 0 \\ \hdashline c_{11} & \cdots & c_{1m} & q_1 & & \\ \vdots & & \vdots & \vdots & \ddots & \\ c_{n1} & \cdots & c_{nm} & * & \cdots & q_n \end{array}\right|=(p_1\cdots p_m)(q_1\cdots q_n)=D_1D_2.$$

1.4 行列式按行(列)展开

一般说来，低阶行列式的计算比高阶行列式的计算要简单，因此很自然地考虑用低阶行列式来表示高阶行列式. 这就需要引进余子式和代数余子式的概念.

在 n 阶行列式中，将 (i,j) 元 a_{ij} 所在的行与列上的元素划去，其余元素按照原来的位置构成的 $n-1$ 阶行列式，称为 (i,j) 元 a_{ij} 的余子式，记作 M_{ij}. 记

$$A_{ij}=(-1)^{i+j}M_{ij}.$$

A_{ij} 叫作 (i,j) 元 a_{ij} 的代数余子式.

例如四阶行列式

$$D=\begin{vmatrix} a_{11} & a_{12} & a_{13} & a_{14} \\ a_{21} & a_{22} & a_{23} & a_{24} \\ a_{31} & a_{32} & a_{33} & a_{34} \\ a_{41} & a_{42} & a_{43} & a_{44} \end{vmatrix}$$

中 (2,3) 元 a_{23} 的余子式和代数余子式分别为

$$M_{23}=\begin{vmatrix} a_{11} & a_{12} & a_{14} \\ a_{31} & a_{32} & a_{34} \\ a_{41} & a_{42} & a_{44} \end{vmatrix},$$

$$A_{23}=(-1)^{2+3}M_{23}=-M_{23}.$$

定理 1.2　行列式等于它的任意一行(列)的各元素与其对应的代数余子式的乘积之和. 即

$$D=\begin{vmatrix} a_{11} & a_{12} & \cdots & a_{1n} \\ a_{21} & a_{22} & \cdots & a_{2n} \\ \vdots & \vdots & & \vdots \\ a_{n1} & a_{n2} & \cdots & a_{nn} \end{vmatrix}$$

$$=a_{i1}A_{i1}+a_{i2}A_{i2}+\cdots+a_{in}A_{in}\quad (i=1,2,\cdots,n)$$

$$=a_{1j}A_{1j}+a_{2j}A_{2j}+\cdots+a_{nj}A_{nj}\quad (j=1,2,\cdots,n).$$

证明　若行列式的第 n 行中只有 a_{nn} 非零. 先证:行列式 $D=a_{nn}A_{nn}$.

因为 $$M_{nn}=\begin{vmatrix} a_{11} & \cdots & a_{1,n-1} \\ \vdots & & \vdots \\ a_{n-1,1} & \cdots & a_{n-1,n-1} \end{vmatrix}=\sum (-1)^{\tau(p_1\cdots p_{n-1})}a_{1p_1}\cdots a_{n-1,p_{n-1}}$$

$$D=\begin{vmatrix} a_{11} & \cdots & a_{1,n-1} & a_{1n} \\ \vdots & & \vdots & \vdots \\ a_{n-1,1} & \cdots & a_{n-1,n-1} & a_{n-1,n} \\ 0 & \cdots & 0 & a_{nn} \end{vmatrix}$$

$$=\sum_{p_n=n}(-1)^{\tau(p_1\cdots p_{n-1}p_n)}a_{1p_1}\cdots a_{n-1,p_{n-1}}a_{n,p_n}+$$

$$\sum_{p_n\neq n}(-1)^{\tau(p_1\cdots p_{n-1}p_n)}a_{1p_1}\cdots a_{n-1,p_{n-1}}a_{n,p_n}$$

$$=a_{nn}\sum (-1)^{\tau(p_1\cdots p_{n-1}n)}a_{1p_1}\cdots a_{n-1,p_{n-1}}$$

$$=a_{nn}M_{nn}=a_{nn}(-1)^{n+n}M_{nn}=a_{nn}A_{nn},$$

其中 $\tau(p_1\cdots p_{n-1}n)=\tau(p_1\cdots p_{n-1})$.

再证一般情况,若行列式的第 i 行中只有 a_{ij} 非零,则行列式 $D=a_{ij}A_{ij}$.

设

$$D=\left|\begin{array}{ccc:c:ccc} & D_1 & & \begin{matrix} a_{1j} \\ \vdots \\ a_{i-1,j}\end{matrix} & & D_2 & \\ \hdashline 0 & \cdots & 0 & a_{ij} & 0 & \cdots & 0 \\ \hdashline & & & a_{i+1,j} & & & \\ \hdashline & D_3 & & \vdots & & D_4 & \end{array}\right|$$

$$=(-1)^{(n-i)+(n-j)}\left|\begin{array}{ccc:ccc:c} & D_1 & & & D_2 & & \begin{matrix} a_{1j} \\ \vdots \\ a_{i-1,j}\end{matrix} \\ \hdashline & D_3 & & & D_4 & & \begin{matrix} a_{i+1,j} \\ \vdots \\ a_{nj}\end{matrix} \\ \hdashline 0 & \cdots & 0 & 0 & \cdots & 0 & a_{ij} \end{array}\right|$$

$$=(-1)^{-(i+j)}a_{ij}M_{ij}=a_{ij}A_{ij}.$$

由行列式性质 4 及第二步所得结论，对行列式有

$$D=\begin{vmatrix} a_{11} & a_{12} & \cdots & a_{1n} \\ \vdots & \vdots & & \vdots \\ a_{i1}+0+\cdots+0 & 0+a_{i2}+\cdots+0 & \cdots & 0+\cdots+0+a_{in} \\ \vdots & \vdots & & \vdots \\ a_{n1} & a_{n2} & \cdots & a_{nn} \end{vmatrix}$$

$$=\begin{vmatrix} a_{11} & a_{12} & \cdots & a_{1n} \\ \vdots & \vdots & & \vdots \\ a_{i1} & 0 & \cdots & 0 \\ \vdots & \vdots & & \vdots \\ a_{n1} & a_{n2} & \cdots & a_{nn} \end{vmatrix}+\begin{vmatrix} a_{11} & a_{12} & \cdots & a_{1n} \\ \vdots & \vdots & & \vdots \\ 0 & a_{i2} & \cdots & 0 \\ \vdots & \vdots & & \vdots \\ a_{n1} & a_{n2} & \cdots & a_{nn} \end{vmatrix}+\cdots+$$

$$\begin{vmatrix} a_{11} & a_{12} & \cdots & a_{1n} \\ \vdots & \vdots & & \vdots \\ 0 & 0 & \cdots & a_{in} \\ \vdots & \vdots & & \vdots \\ a_{n1} & a_{n2} & \cdots & a_{nn} \end{vmatrix}=a_{i1}A_{i1}+a_{i2}A_{i2}+\cdots+a_{in}A_{in}.$$

类似地，该结论对列也成立，有

$$D=a_{1j}A_{1j}+a_{2j}A_{2j}+\cdots+a_{nj}A_{nj}\ (j=1,2,\cdots,n).$$

这个定理叫作行列式按行(列)展开法则. 利用这一法则并结合行列式的性质,可以简化行列式的计算.

例 1.7(续)　计算 $D=\begin{vmatrix} 2 & -5 & 1 & 2\\ -3 & 7 & -1 & -4\\ 5 & -9 & 2 & 7\\ 4 & -6 & 1 & 2\end{vmatrix}$.

解

$$D\xlongequal[\substack{r_3-2r_1\\ r_4-r_1}]{r_2+r_1}\begin{vmatrix} 2 & -5 & 1 & 2\\ -1 & 2 & 0 & -2\\ 1 & 1 & 0 & 3\\ 2 & -1 & 0 & 0\end{vmatrix}=(-1)^{1+3}\begin{vmatrix} -1 & 2 & -2\\ 1 & 1 & 3\\ 2 & -1 & 0\end{vmatrix}$$

$$\xlongequal{c_1+2c_2}\begin{vmatrix} 3 & 2 & -2\\ 3 & 1 & 3\\ 0 & -1 & 0\end{vmatrix}=(-1)(-1)^{3+2}\begin{vmatrix} 3 & -2\\ 3 & 3\end{vmatrix}=15.$$

例 1.11　计算 $D_{2n}=\begin{vmatrix} a & & & & & & b\\ & a & & & & b & \\ & & \ddots & & \iddots & & \\ & & & a & b & & \\ & & & c & d & & \\ & & \iddots & & \ddots & & \\ & c & & & & d & \\ c & & & & & & d\end{vmatrix}$.

解法 1

$$D_{2n}=(-1)^{1+1}a\begin{vmatrix} D_{2(n-1)} & \begin{matrix}0\\ \vdots\\ 0\end{matrix}\\ \begin{matrix}0 & \cdots & 0\end{matrix} & d\end{vmatrix}_{(2n-1)}+$$

$$(-1)^{1+2n}b\begin{vmatrix} \begin{matrix}0\\ \vdots\\ 0\end{matrix} & D_{2(n-1)}\\ c & \begin{matrix}0 & \cdots & 0\end{matrix}\end{vmatrix}_{(2n-1)}$$

$$=(-1)^{(2n-1)+(2n-1)}ad\cdot D_{2(n-1)}+(-1)(-1)^{(2n-1)+1}bc\cdot D_{2(n-1)}$$

$$=(ad-bc)D_{2(n-1)}=\cdots=(ad-bc)^{n-1}D_2,$$

$$D_2=\begin{vmatrix} a & b\\ c & d\end{vmatrix}=ad-bc.$$

所以 $$D_{2n}=(ad-bc)^n.$$

解法 2 把 D_{2n} 中的第 $2n$ 行依次与第 $2n-1$ 行……第 2 行对换(作 $2n-2$ 次相邻两行的对换),再把第 $2n$ 列依次与第 $2n-1$ 列……第 2 列对换,得

$$D_{2n}=(-1)^{2(2n-2)}\begin{vmatrix} a & b & 0 & & \cdots & & 0 \\ c & d & 0 & & \cdots & & 0 \\ 0 & 0 & a & & & & b \\ & & & \ddots & & \iddots & \\ \vdots & \vdots & & & a & b & \\ & & & & c & d & \\ & & & \iddots & & \ddots & \\ 0 & 0 & c & & & & d \end{vmatrix},$$

根据例 1.10 的结果,有

$$D_{2n}=D_2D_{2(n-1)}=(ad-bc)D_{2(n-1)}.$$

以此类推,可得

$$D_{2n}=(ad-bc)^2D_{2(n-2)}=\cdots=(ad-bc)^{n-1}D_2=(ad-bc)^n.$$

例 1.12 证明范德蒙德(Vandermonde)行列式

$$D_n=\begin{vmatrix} 1 & 1 & \cdots & 1 \\ x_1 & x_2 & \cdots & x_n \\ x_1^2 & x_2^2 & \cdots & x_n^2 \\ \vdots & \vdots & & \vdots \\ x_1^{n-1} & x_2^{n-1} & \cdots & x_n^{n-1} \end{vmatrix}=\prod_{n\geqslant i>j\geqslant 1}(x_i-x_j), \tag{1-9}$$

其中记号"$\prod$"表示全体同类因子的乘积.

证明 对 n 作数学归纳法. 因为

$$D_2=\begin{vmatrix} 1 & 1 \\ x_1 & x_2 \end{vmatrix}=x_2-x_1=\prod_{2\geqslant i>j\geqslant 1}(x_i-x_j),$$

所以当 $n=2$ 时(1-9)式成立. 现假设(1-9)式对于 $n-1$ 阶范德蒙德行列式结论成立,现在来看对 n 阶范德蒙德行列式的情形.

为此,设法把 D_n 降阶:从第 n 行开始,后行减去前行的 x_1 倍,有

$$D_n=\begin{vmatrix}1 & 1 & 1 & \cdots & 1\\ 0 & x_2-x_1 & x_3-x_1 & \cdots & x_n-x_1\\ 0 & x_2(x_2-x_1) & x_3(x_3-x_1) & \cdots & x_n(x_n-x_1)\\ 0 & \vdots & \vdots & & \vdots\\ 0 & x_2^{n-2}(x_2-x_1) & x_3^{n-2}(x_3-x_1) & \cdots & x_n^{n-2}(x_n-x_1)\end{vmatrix},$$

按第 1 列展开,并把每列的公因子 (x_i-x_1) 提出,就有

$$D_n=(x_2-x_1)(x_3-x_1)\cdots(x_n-x_1)\begin{vmatrix}1 & 1 & \cdots & 1\\ x_2 & x_3 & \cdots & x_n\\ \vdots & \vdots & & \vdots\\ x_2^{n-2} & x_3^{n-2} & \cdots & x_n^{n-2}\end{vmatrix},$$

上式右端的行列式是 $n-1$ 阶范德蒙德行列式,按归纳法假设,它等于所有 (x_i-x_j) 因子的乘积,其中 $n\geqslant i>j\geqslant 2$. 故

$$\begin{aligned}D_n&=(x_2-x_1)(x_3-x_1)\cdots(x_n-x_1)\prod_{n\geqslant i>j\geqslant 2}(x_i-x_j)\\&=\prod_{n\geqslant i>j\geqslant 1}(x_i-x_j).\end{aligned}$$

由这个结果立即得出,范德蒙德行列式为零的充分必要条件是 $x_1,x_2,\cdots,x_n$ 这 n 个数中至少有两个相等.

定理 1.3　行列式某一行(列)的元素与另一行(列)的对应元素的代数余子式乘积的和等于零.即

$$a_{i1}A_{j1}+a_{i2}A_{j2}+\cdots+a_{in}A_{jn}=0,\ i\neq j.$$
$$a_{1i}A_{1j}+a_{2i}A_{2j}+\cdots+a_{ni}A_{nj}=0,\ i\neq j.$$

证明　只证定理对行成立. $i\neq j$ 时,有

$$D=\begin{vmatrix}a_{11} & \cdots & a_{1n}\\ \vdots & & \vdots\\ a_{i1} & \cdots & a_{in}\\ \vdots & & \vdots\\ a_{j1} & \cdots & a_{jn}\\ \vdots & & \vdots\\ a_{n1} & \cdots & a_{nn}\end{vmatrix}=a_{j1}A_{j1}+a_{j2}A_{j2}+\cdots+a_{jn}A_{jn},$$ 当 $a_{j1},a_{j2},\cdots,a_{jn}$ 依次取为 D 中的第 i 列元素 $a_{i1},a_{i2},\cdots,a_{in}$,得

$$0=\begin{vmatrix} a_{11} & \cdots & a_{1n} \\ \vdots & & \vdots \\ a_{i1} & \cdots & a_{in} \\ \vdots & & \vdots \\ a_{i1} & \cdots & a_{in} \\ \vdots & & \vdots \\ a_{n1} & \cdots & a_{nn} \end{vmatrix}=a_{i1}A_{j1}+a_{i2}A_{j2}+\cdots+a_{in}A_{jn}.$$

结合定理 1.2 与定理 1.3 可得

$$a_{i1}A_{j1}+a_{i2}A_{j2}+\cdots+a_{in}A_{jn}=\begin{cases} D\ (i=j), \\ 0\ (i\neq j). \end{cases}$$

$$a_{1i}A_{1j}+a_{2i}A_{2j}+\cdots+a_{ni}A_{nj}=\begin{cases} D\ (i=j), \\ 0\ (i\neq j). \end{cases}$$

例 1.13 $D=\begin{vmatrix} 1 & 2 & 3 & 4 \\ 2 & 4 & 3 & 1 \\ 4 & 1 & 3 & 2 \\ 1 & 4 & 3 & 2 \end{vmatrix}$，求 $A_{11}+A_{21}+A_{31}+A_{41}$ 和 $M_{11}+M_{12}+M_{13}+M_{14}$.

解 $A_{11}+A_{21}+A_{31}+A_{41}$ 等于用 1，1，1，1 代替 D 的第一列元素，其余元素不变，所得行列式，即 $A_{11}+A_{21}+A_{31}+A_{41}=\begin{vmatrix} 1 & 2 & 3 & 4 \\ 1 & 4 & 3 & 1 \\ 1 & 1 & 3 & 2 \\ 1 & 4 & 3 & 2 \end{vmatrix}=0$.

$$M_{11}+M_{12}+M_{13}+M_{14}=A_{11}-A_{12}+A_{13}-A_{14}=\begin{vmatrix} 1 & -1 & 1 & -1 \\ 2 & 4 & 3 & 1 \\ 4 & 1 & 3 & 2 \\ 1 & 4 & 3 & 2 \end{vmatrix}$$

$$\xlongequal[\substack{c_3-c_1\\ c_4+c_1}]{c_2+c_1}\begin{vmatrix} 1 & 0 & 0 & 0 \\ 2 & 6 & 1 & 3 \\ 4 & 5 & -1 & 6 \\ 1 & 5 & 2 & 3 \end{vmatrix}=(-1)^{1+1}\begin{vmatrix} 6 & 1 & 3 \\ 5 & -1 & 6 \\ 5 & 2 & 3 \end{vmatrix}\xlongequal[r_3-r_1]{r_2-2r_1}\begin{vmatrix} 6 & 1 & 3 \\ -7 & -3 & 0 \\ -1 & 1 & 0 \end{vmatrix}=$$

$$3\times(-1)^{1+3}\begin{vmatrix} -7 & -3 \\ -1 & 1 \end{vmatrix}=-30.$$

1.5　克拉默(Cramer)法则

现在我们来应用行列式解决线性方程组的问题．在这里只考虑方程的个数与未知数的个数相等的情形．以后会看到，这是一个重要的情形．至于更一般的情形留到以后讨论．

下面我们考虑含有 n 个未知量 n 个方程的线性方程组：

$$\begin{cases} a_{11}x_1 + a_{12}x_2 + \cdots + a_{1n}x_n = b_1, \\ a_{21}x_1 + a_{22}x_2 + \cdots + a_{2n}x_n = b_2, \\ \cdots\cdots\cdots\cdots \\ a_{n1}x_1 + a_{n2}x_2 + \cdots + a_{nn}x_n = b_n, \end{cases} \tag{1-10}$$

其中 $a_{ij}(i,j=1,2,\cdots,n)$ 称为方程组(1-10)的系数；$b_i(i=1,2,\cdots,n)$ 称为常数项；由系数 a_{ij} 构成的行列式

$$D = \begin{vmatrix} a_{11} & a_{12} & \cdots & a_{1n} \\ a_{21} & a_{22} & \cdots & a_{2n} \\ \vdots & \vdots & & \vdots \\ a_{n1} & a_{n2} & \cdots & a_{nn} \end{vmatrix},$$

叫作方程组(1-10)的系数行列式；把 D 的第 j 列元素 $a_{1j},a_{2j},\cdots,a_{nj}$ 换成常数项 $b_1,b_2,\cdots,b_n$ 得到的行列式分别记为

$$D_1 = \begin{vmatrix} b_1 & a_{12} & \cdots & a_{1n} \\ b_2 & a_{22} & \cdots & a_{2n} \\ \vdots & \vdots & & \vdots \\ b_n & a_{n2} & \cdots & a_{nn} \end{vmatrix},\ D_2 = \begin{vmatrix} a_{11} & b_1 & a_{13} & \cdots & a_{1n} \\ a_{21} & b_2 & a_{23} & \cdots & a_{2n} \\ \vdots & \vdots & \vdots & & \vdots \\ a_{n1} & b_n & a_{n3} & \cdots & a_{nn} \end{vmatrix},\ \cdots$$

$$D_n = \begin{vmatrix} a_{11} & a_{12} & \cdots & b_1 \\ a_{21} & a_{22} & \cdots & b_2 \\ \vdots & \vdots & & \vdots \\ a_{n1} & a_{n2} & \cdots & b_n \end{vmatrix}.$$

定理 1.4　（克拉默法则）若 $D\neq 0$，则方程组(1-10)存在唯一解

$$x_j = \frac{D_j}{D}\ (j=1,2,\cdots,n). \tag{1-11}$$

证明 先证**存在性**

把 D_j 按第 j 列展开,有 $D_j=\sum_{k=1}^{n}b_kA_{kj}$,因此

$$\begin{aligned}\sum_{j=1}^{n}a_{ij}x_j&=\sum_{j=1}^{n}a_{ij}\frac{D_j}{D}=\frac{1}{D}\sum_{j=1}^{n}a_{ij}\sum_{k=1}^{n}b_kA_{kj}\\&=\frac{1}{D}\sum_{k=1}^{n}b_k\sum_{j=1}^{n}a_{ij}A_{kj}=\frac{1}{D}\sum_{k=1}^{n}(b_k\sum_{j=1}^{n}a_{ij}A_{kj})=\frac{1}{D}b_iD\\&=b_i(i=1,2,\cdots,n).\end{aligned}$$

这说明(1-11)是方程组(1-10)的解.

再证唯一性 设方程组还有解 $x_1^*,x_2^*,\cdots,x_n^*$,则

$$x_j^*D=\begin{vmatrix}a_{11}&\cdots&a_{1,j-1}&a_{1j}x_j^*&a_{1,j+1}&\cdots&a_{1n}\\\vdots&&\vdots&\vdots&\vdots&&\vdots\\a_{n1}&\cdots&a_{n,j-1}&a_{nj}x_j^*&a_{n,j+1}&\cdots&a_{nn}\end{vmatrix}$$

$$=\begin{vmatrix}a_{11}&\cdots&a_{1,j-1}&(a_{11}x_1^*+\cdots+a_{1j}x_j^*+\cdots+a_{1n}x_n^*)&a_{1,j+1}&\cdots&a_{1n}\\\vdots&&\vdots&\vdots&\vdots&&\vdots\\a_{n1}&\cdots&a_{n,j-1}&(a_{n1}x_1^*+\cdots+a_{nj}x_j^*+\cdots+a_{nn}x_n^*)&a_{n,j+1}&\cdots&a_{nn}\end{vmatrix}$$

$$=\begin{vmatrix}a_{11}&\cdots&a_{1,j-1}&b_1&a_{1,j+1}&\cdots&a_{1n}\\\vdots&&\vdots&\vdots&\vdots&&\vdots\\a_{n1}&\cdots&a_{n,j-1}&b_n&a_{n,j+1}&\cdots&a_{nn}\end{vmatrix}=D_j.$$

同理可得 $x_jD=D_j$.

于是 $x_j^*D=x_jD$,因为 $D\neq0$,所以 $x_j^*=x_j(j=1,2,\cdots,n)$.

当方程组(1-10)的常数项都是零时,方程组

$$\begin{cases}a_{11}x_1+a_{12}x_2+\cdots+a_{1n}x_n=0,\\a_{21}x_1+a_{22}x_2+\cdots+a_{2n}x_n=0,\\\cdots\cdots\cdots\cdots\\a_{n1}x_1+a_{n2}x_2+\cdots+a_{nn}x_n=0,\end{cases}\tag{1-12}$$

称为 n 元齐次线性方程组.由克拉默法则可得

定理 1.5 若 $D\neq0$,则齐次方程组(1-12)只有零解.

推论 齐次方程组(1-12)有非零解 $\Rightarrow D=0$.

例 1.14 解线性方程组 $\begin{cases}2x_1+x_2-5x_3+x_4=8,\\x_1-3x_2-6x_4=9,\\2x_2-x_3+2x_4=-5,\\x_1+4x_2-7x_3+6x_4=0.\end{cases}$

解　由于　$D=\begin{vmatrix}2&1&-5&1\\1&-3&0&-6\\0&2&-1&2\\1&4&-7&6\end{vmatrix}=27\neq 0$,

$$D_1=\begin{vmatrix}8&1&-5&1\\9&-3&0&-6\\-5&2&-1&2\\0&4&-7&6\end{vmatrix}=81, D_2=\begin{vmatrix}2&8&-5&1\\1&9&0&-6\\0&-5&-1&2\\1&0&-7&6\end{vmatrix}=-108,$$

$$D_3=\begin{vmatrix}2&1&8&1\\1&-3&9&-6\\0&2&-5&2\\1&4&0&6\end{vmatrix}=-27, D_4=\begin{vmatrix}2&1&-5&8\\1&-3&0&9\\0&2&-1&-5\\1&4&-7&0\end{vmatrix}=27.$$

因此，$x_1=\dfrac{D_1}{D}=\dfrac{81}{27}=3$，　$x_2=\dfrac{D_2}{D}=\dfrac{-108}{27}=-4$，

$$x_3=\frac{D_3}{D}=\frac{-27}{27}=-1, x_4=\frac{D_4}{D}=\frac{27}{27}=1.$$

例 1.15　已知$\begin{cases}\lambda x_1+x_2+x_3=1,\\x_1+\lambda x_2+x_3=\lambda,\\x_1+x_2+\lambda x_3=\lambda^2\end{cases}$有唯一解，求 λ.

解　由克拉默法则知：方程组的系数行列式不等于零，该方程组有唯一解. 因此，

$$D=\begin{vmatrix}\lambda&1&1\\1&\lambda&1\\1&1&\lambda\end{vmatrix}=(\lambda+2)(\lambda-1)^2\neq 0，故\ \lambda\neq 1\ 且\ \lambda\neq -2.$$

例 1.16　一个土建师、一个电气师、一个机械师组成一个技术服务社. 假设在一段时间内，每个人收入 1 元人民币需要支付给其他两人的服务费用以及每个人的实际收入如表 1 - 1 所示，问这段时间内，每个人的总收入是多少？（总收入＝实际收入＋支付服务费）

表 1－1

服务者	被服务者			实际收入
	土建师	电气师	机械师	
土建师	0	0.2	0.3	500
电气师	0.1	0	0.4	700
机械师	0.3	0.4	0	600

解 设土建师、电气师、机械师的总收入分别是 x_1 元，x_2 元，x_3 元，根据题意，建立方程组

$$\begin{cases} x_1 - 0.2x_2 - 0.3x_3 = 500, \\ x_2 - 0.1x_1 - 0.4x_3 = 700, \\ x_3 - 0.3x_1 - 0.4x_2 = 600. \end{cases}$$

由克拉默法则可得

$$D = \begin{vmatrix} 1 & -0.2 & -0.3 \\ -0.1 & 1 & -0.4 \\ -0.3 & -0.4 & 1 \end{vmatrix} = 0.694 \neq 0, D_1 = \begin{vmatrix} 500 & -0.2 & -0.3 \\ 700 & 1 & -0.4 \\ 600 & -0.4 & 1 \end{vmatrix} = 872,$$

$$D_2 = \begin{vmatrix} 1 & 500 & -0.3 \\ -0.1 & 700 & -0.4 \\ -0.3 & 600 & 1 \end{vmatrix} = 1\,005, D_3 = \begin{vmatrix} 1 & -0.2 & 500 \\ -0.1 & 1 & 700 \\ -0.3 & -0.4 & 600 \end{vmatrix} = 1\,080.$$

因此，$x_1 = \dfrac{D_1}{D} \approx 1\,256, x_2 = \dfrac{D_2}{D} \approx 1\,448, x_3 = \dfrac{D_3}{D} \approx 1\,556.$

也就是土建师、电气师、机械师的总收入分别约为 1 256 元，1 448 元，1 556 元.

人物卡片（范德蒙德）：

范德蒙德，Vandermonde，Alexandre Theophile，法国数学家，1735—1796. 范德蒙德在高等代数方面有重要贡献. 他在 1771 年发表的论文中证明了多项式方程根的任何对称式都能用方程的系数表示出来. 他不仅把行列式应用于解线性方程组，而且对行列式理论本身进行了开创性研究，是行列式的奠基者. 他给出了用二阶子式和它的余子式来展开行列式的法则，还提出了专门的行列式符号. 他具有拉格朗日的预解式、置换理论等思想，为群的概念的产生做了一些准备工作.

延伸阅读一

物流配送优化问题

物流配送优化问题涉及如何提高配送效率、降低成本以及减少碳排放.物流优化不仅是企业发展的需要,更是国家推动绿色发展和智慧物流的重要举措.近年来,我国通过大数据、人工智能等技术,提升物流配送的精准度和效率.这一过程不仅加强了物流企业的竞争力,也在支持国家节能减排、绿色经济的发展目标.例如,通过优化配送路径,合理安排运输资源,减少了不必要的油耗和碳排放,提升了整个社会的资源利用效率.物流优化体现了"绿水青山就是金山银山"的理念,助力实现可持续发展.同时,智慧物流的发展也促进了城乡经济协调发展,为偏远地区提供了更便捷的物流服务,助力乡村振兴.作为当代大学生,应认识到技术创新在推动绿色发展和社会进步中的重要作用,增强环境保护意识,肩负起时代赋予的责任,将个人发展与国家生态文明建设紧密结合,为建设"美丽中国"贡献力量.

【案例描述】

某物流公司需要将物资从三个仓库配送到三个不同的目的地.每个仓库的配送成本不同,且每个仓库只能配送到一个目的地.你需要帮助公司找到最优的配送方案,使得总配送成本最小.

【数学模型】

(1) 仓库与目的地之间的配送成本可以表示为一个 3×3 的矩阵(如表 1-2),每个元素 a_{ij} 表示从仓库 i 到目的地 j 的配送成本.

表 1-2

	仓库 1	仓库 2	仓库 3
目的地 1	8	6	5
目的地 2	7	8	7
目的地 3	5	6	8

(2) 每个仓库只能选择一个目的地配送,且每个目的地只能接收一个仓库的物资.

通过本章节的学习,学生可以利用线性代数中的行列式概念,特别是行列式与全排列、行列式展开、行列式性质、克拉默法则等内容,找到最优的配送方案.

1. 全排列及其逆序数

目标是分析不同的配送方案.每个仓库和目的地之间的对应关系可以

看作是一个排列问题. 对于 3 个仓库和 3 个目的地,所有可能的配送方案可以用全排列来表示,如:

方案 1:仓库 1→目的地 1,仓库 2→目的地 2,仓库 3→目的地 3(即排列((1,2,3)))

方案 2:仓库 1→目的地 2,仓库 2→目的地 1,仓库 3→目的地 3(即排列((2,1,3)))

学生需要理解全排列的概念,并且可以通过计算逆序数来判断不同方案的排列特性. 在这一步,学生将理解如何将问题形式化为排列问题,进而与行列式的结构挂钩.

2. n 阶行列式的定义

物流配送问题可以通过行列式来建模. 在这里,配送成本矩阵的行列式可以用来表示系统的可行性或唯一性. 学生将学习如何通过行列式计算不同方案的总配送成本,并且明白行列式值为零时系统没有唯一解.

3. 行列式的性质

通过配送问题,学生可以探索行列式的若干性质,如:

• 行列互换对行列式符号的影响(可联想为更改配送方案时总成本符号的改变).

• 行列式为零时的意义(说明没有有效的配送方案).

• 行列式的线性性质(说明在部分成本变化时,对整个系统总成本的影响).

4. 行列式按行展开

学生理解如何按行展开来计算行列式,并用这一方法计算总配送成本.

5. 克拉默法则

假设系统中的配送约束更加复杂(比如有供需平衡的额外约束),学生可以通过克拉默法则来解决线性方程组,找出最优解. 在这一步,学生不仅可以通过行列式检验配送问题的解的唯一性,还可以直接求解最优方案.

综上,学生应能够熟练运用行列式的相关理论与技巧来计算 3 个仓库与 3 个目的地的最优配送方案,并且通过行列式的性质与展开方法求出总配送成本的最小值. 通过不断对配送问题的排列、行列式计算和方程求解的研究,学生最终能够解决以下问题:

• 计算所有可能的配送方案的总成本.

• 使用行列式展开方法或克拉默法则找到最优方案,最小化配送成本.

基本练习题一

1. 求下列各排列的逆序数：

(1) 1 3 4 7 8 2 6 9 5；

(2) 2 1 7 9 8 6 3 5 4；

(3) $(n-1)(n-2)\cdots 21n$.

2. 写出四阶行列式中含有因子 $a_{11}a_{23}$ 的项.

3. 计算下列行列式：

(1) $\begin{vmatrix} a & a^2 \\ b & b^2 \end{vmatrix}$；　(2) $\begin{vmatrix} 6 & 2 & 4 \\ 5 & -2 & 1 \\ 1 & 2 & -3 \end{vmatrix}$；

(3) $\begin{vmatrix} 2 & 0 & 1 \\ 1 & -4 & -1 \\ -1 & 8 & 3 \end{vmatrix}$；　(4) $\begin{vmatrix} a & b & c \\ b & c & a \\ c & a & b \end{vmatrix}$.

4. 计算下列行列式：

(1) $\begin{vmatrix} 3 & 1 & 1 & 1 \\ 1 & 3 & 1 & 1 \\ 1 & 1 & 3 & 1 \\ 1 & 1 & 1 & 3 \end{vmatrix}$；　(2) $\begin{vmatrix} 1 & 2 & 3 & 4 \\ 1 & 3 & 4 & 1 \\ 1 & 4 & 1 & 2 \\ 1 & 1 & 2 & 3 \end{vmatrix}$；

(3) $\begin{vmatrix} x^2+1 & xy & xz \\ xy & y^2+1 & yz \\ xz & yz & z^2+1 \end{vmatrix}$；(4) $\begin{vmatrix} a & 1 & 0 & 0 \\ -1 & b & 1 & 0 \\ 0 & -1 & c & 1 \\ 0 & 0 & -1 & d \end{vmatrix}$；

(5) $\begin{vmatrix} 1+a & 1 & 1 & 1 \\ 1 & 1-a & 1 & 1 \\ 1 & 1 & 1+b & 1 \\ 1 & 1 & 1 & 1-b \end{vmatrix}$ $(ab \neq 0)$；　(6) $\begin{vmatrix} 4 & 1 & 2 & 3 \\ 1 & 2 & 3 & 0 \\ 8 & 4 & 0 & 2 \\ 1 & 0 & 7 & 3 \end{vmatrix}$.

5. 证明：

(1) $\begin{vmatrix} a^2 & ab & b^2 \\ 2a & a+b & 2b \\ 1 & 1 & 1 \end{vmatrix} = (a-b)^3$；

(2) $\begin{vmatrix} b+c & c+a & a+b \\ b_1+c_1 & c_1+a_1 & a_1+b_1 \\ b_2+c_2 & c_2+a_2 & a_2+b_2 \end{vmatrix} = 2\begin{vmatrix} a & b & c \\ a_1 & b_1 & c_1 \\ a_2 & b_2 & c_2 \end{vmatrix}$;

(3) $\begin{vmatrix} a_1-b_1 & a_1-b_2 & \cdots & a_1-b_n \\ a_2-b_1 & a_2-b_2 & \cdots & a_2-b_n \\ \vdots & \vdots & & \vdots \\ a_n-b_1 & a_n-b_2 & \cdots & a_n-b_n \end{vmatrix} = 0\ (n \geqslant 3)$.

6. 计算下列各阶行列式(D_n 表示 n 阶行列式):

(1) $D_n = \begin{vmatrix} a & & 1 \\ & \ddots & \\ 1 & & a \end{vmatrix}$,其中对角线上元素都是 a,未写出的元素都是 0;

(2) $D_n = \begin{vmatrix} 1+a_1 & a_1 & \cdots & a_1 \\ a_2 & 1+a_2 & \cdots & a_2 \\ \vdots & \vdots & & \vdots \\ a_n & a_n & \cdots & 1+a_n \end{vmatrix}$;

(3) $\begin{vmatrix} a_n & & & & & b_n \\ & \ddots & & & \iddots & \\ & & a_1 & b_1 & & \\ & & c_1 & d_1 & & \\ & \iddots & & & \ddots & \\ c_n & & & & & d_n \end{vmatrix}$,其中未写出的元素都是 0.

7. 设 $D = \begin{vmatrix} 1 & 1 & 1 & 1 \\ 2 & 1 & 1 & -3 \\ 1 & 2 & 2 & 5 \\ 4 & 3 & 2 & 1 \end{vmatrix}$,求 $A_{14}+2A_{24}-A_{34}+A_{44}$ 和 $M_{41}+M_{42}+M_{43}+M_{44}$ 之值.

8. 解方程组:

$$\begin{cases} x_1+x_2+x_3+x_4=5, \\ x_1+2x_2-x_3+4x_4=-2, \\ 2x_1-3x_2-x_3-5x_4=-2, \\ 3x_1+x_2+2x_3+11x_4=0. \end{cases}$$

综合练习题一

1. 证明：

$$\begin{vmatrix} a_0 & 1 & 1 & \cdots & 1 \\ 1 & a_1 & 0 & \cdots & 0 \\ 1 & 0 & a_2 & \cdots & 0 \\ \vdots & \vdots & \vdots & \ddots & \vdots \\ 1 & 0 & 0 & \cdots & a_n \end{vmatrix} = a_1 a_2 \cdots a_n \left(a_0 - \sum_{i=1}^{n} \frac{1}{a_i}\right);$$

$$\begin{vmatrix} x & -1 & 0 & 0 & \cdots & 0 & 0 \\ 0 & x & -1 & 0 & \cdots & 0 & 0 \\ \vdots & \vdots & \vdots & \vdots & & \vdots & \vdots \\ 0 & 0 & 0 & 0 & \cdots & x & -1 \\ a_n & a_{n-1} & a_{n-2} & a_{n-3} & \cdots & a_2 & x+a_1 \end{vmatrix} = x^n + a_1 x^{n-1} + \cdots + a_{n-1} x + a_n;$$

$$\begin{vmatrix} a^2 & (a+1)^2 & (a+2)^2 & (a+3)^2 \\ b^2 & (b+1)^2 & (b+2)^2 & (b+3)^2 \\ c^2 & (c+1)^2 & (c+2)^2 & (c+3)^2 \\ d^2 & (d+1)^2 & (d+2)^2 & (d+3)^2 \end{vmatrix} = 0;$$

$$\begin{vmatrix} ax+by & ay+bz & az+bx \\ ay+bz & az+bx & ax+by \\ az+bx & ax+by & ay+bz \end{vmatrix} = (a^3+b^3) \begin{vmatrix} x & y & z \\ y & z & x \\ z & x & y \end{vmatrix}.$$

2. 计算下列各阶行列式（D_n 表示 n 阶行列式）：

(1) $D_n = \begin{vmatrix} 1+a_1 & 1 & \cdots & 1 \\ 1 & 1+a_2 & \cdots & 1 \\ \vdots & \vdots & & \vdots \\ 1 & 1 & \cdots & 1+a_n \end{vmatrix} \quad (a_1 a_2 \cdots a_n \neq 0)$；

(2) $D_n = \det(a_{ij})$，其中 $a_{ij} = |i-j|$；

(3) $D_{n+1} = \begin{vmatrix} a^n & (a-1)^n & \cdots & (a-n)^n \\ a^{n-1} & (a-1)^{n-1} & \cdots & (a-n)^{n-1} \\ \vdots & \vdots & & \vdots \\ a & a-1 & \cdots & a-n \\ 1 & 1 & \cdots & 1 \end{vmatrix}$.

3. 问 λ,μ 取何值时,齐次线性方程组

$$\begin{cases}\lambda x_1+x_2+x_3=0,\\ x_1+\mu x_2+x_3=0,\\ x_1+2\mu x_2+x_3=0\end{cases}$$

有非零解?

拓展训练一

1. (2016 年)计算行列式 $\begin{vmatrix}\lambda & -1 & 0 & 0\\ 0 & \lambda & -1 & 0\\ 0 & 0 & \lambda & -1\\ 4 & 3 & 2 & \lambda+1\end{vmatrix}$.

解 $\begin{vmatrix}\lambda & -1 & 0 & 0\\ 0 & \lambda & -1 & 0\\ 0 & 0 & \lambda & -1\\ 4 & 3 & 2 & \lambda+1\end{vmatrix}$

$$=\lambda\begin{vmatrix}\lambda & -1 & 0\\ 0 & \lambda & -1\\ 3 & 2 & \lambda+1\end{vmatrix}+4(-1)^{4+1}\begin{vmatrix}-1 & 0 & 0\\ \lambda & -1 & 0\\ 0 & \lambda & -1\end{vmatrix}$$

$$=\lambda^4+\lambda^3+2\lambda^2+3\lambda+4.$$

2. (2014 年)计算行列式 $\begin{vmatrix}0 & a & b & 0\\ a & 0 & 0 & b\\ 0 & c & d & 0\\ c & 0 & 0 & d\end{vmatrix}$.

解 由行列式展开定理按第一列展开:

$$\begin{vmatrix}0 & a & b & 0\\ a & 0 & 0 & b\\ 0 & c & d & 0\\ c & 0 & 0 & d\end{vmatrix}=-a\begin{vmatrix}a & b & 0\\ c & d & 0\\ 0 & 0 & d\end{vmatrix}-c\begin{vmatrix}a & b & 0\\ 0 & 0 & b\\ c & d & 0\end{vmatrix}=-ad\begin{vmatrix}a & b\\ c & d\end{vmatrix}+bc\begin{vmatrix}a & b\\ c & d\end{vmatrix}$$

$$=-ad(ad-bc)+bc(ad-bc)=-(ad-bc)^2.$$

3. (2012 年)计算行列式 $\begin{vmatrix}1 & a & 0 & 0\\ 0 & 1 & a & 0\\ 0 & 0 & 1 & a\\ a & 0 & 0 & 1\end{vmatrix}$.

解 按第一列展开,可得

$$原式 = 1 \cdot \begin{vmatrix} 1 & a & 0 \\ 0 & 1 & a \\ 0 & 0 & 1 \end{vmatrix} + (-1)^{4+1} \cdot a \begin{vmatrix} a & 0 & 0 \\ 1 & a & 0 \\ 0 & 1 & a \end{vmatrix} = 1 - a^4.$$

4. (2008 年) $D_n = \begin{vmatrix} 2a & 1 & & & & \\ a^2 & 2a & 1 & & & \\ & a^2 & 2a & 1 & & \\ & & \ddots & \ddots & \ddots & \\ & & & a^2 & 2a & 1 \\ & & & & a^2 & 2a \end{vmatrix}$，证明 $D_n = (n+1)a^n$.

证明　用数学归纳法证明.

当 $n = 1$ 时，$D_1 = 2a$，结论成立.

当 $n = 2$ 时，$D_2 = \begin{vmatrix} 2a & 1 \\ a^2 & 2a \end{vmatrix} = 3a^2$，结论成立.

假设结论对小于 n 的情况成立. 将 D_n 按第 1 行展开，得

$$D_n = 2aD_{n-1} - \begin{vmatrix} a^2 & 1 & & & & \\ 0 & 2a & 1 & & & \\ & a^2 & 2a & 1 & & \\ & & \ddots & \ddots & \ddots & \\ & & & a^2 & 2a & 1 \\ & & & & a^2 & 2a \end{vmatrix}_{n-1} = 2aD_{n-1} - a^2 D_{n-2}$$

$$= 2ana^{n-1} - a^2(n-1)a^{n-2} = (n+1)a^n.$$

实际案例分析一

医院营养师为病人配制的一份菜肴由蔬菜、鱼和肉松组成，这份菜肴需含 1 200 cal 热量，30 g 蛋白质和 300 mg 维生素 C，已知三种食物每 100 g 中的有关营养的含量如表 1 - 3 所示，试求所配菜肴中每种食物的数量.

表 1 - 3

	蔬菜	鱼	肉松
热量/cal	60	300	600
蛋白质/g	3	9	6
维生素 C/mg	90	60	30

设所配菜肴中蔬菜、鱼和肉松的数量分别为 x_1,x_2,x_3 百克，根据题意，建立方程组

$$\begin{cases}60x_1+300x_2+600x_3=1\,200,\\3x_1+9x_2+6x_3=30,\\90x_1+60x_2+30x_3=300.\end{cases}$$

根据克拉默法则，$D=-248\,400, D_1=-378\,000, D_2=-594\,000, D_3=-162\,000$，所以，$x_1=\dfrac{D_1}{D}\approx 1.521\,7, x_2=\dfrac{D_2}{D}\approx 2.391\,3, x_3=\dfrac{D_3}{D}\approx 0.652\,2$.
也就是，所配菜肴中蔬菜约 152.17 g，鱼约 239.13 g，肉松约 65.22 g.

Matlab 应用一：行列式的计算

Matlab 函数和命令：

det(A)	求行列式 A 的值，det 是英文单词 determinant(行列式)的缩写
[L,U]=Lu(A)	将 A 分解，满足 A=L×U，其中 L 的值为 1，U 和 A 的值相等
diag(A)	取出 A 的主对角线上的元素
prod(du)	计算数组元素的连乘积
solve(方程或方程组)	求方程或方程组的解

例 1.7(续) 计算行列式 $D=\begin{vmatrix}2&-5&1&2\\-3&7&-1&-4\\5&-9&2&7\\4&-6&1&2\end{vmatrix}$ 的值.

解 在 Matlab 的命令行窗口输入下列代码：

≫D=[2 −5 1 2;−3 7 −1 −4;5 −9 2 7;4 −6 1 2];

注意：一行元素与元素之间用空格分割，也可以用逗号分割(必须是英文半角符号)；行与行之间用英文分号分割.

≫det(D)

回车后显示：

ans =15

即行列式 D 的值为 15.

例 1.7（续）　用化简三角行列式的方法求解行列式 $D = \begin{vmatrix} 2 & -5 & 1 & 2 \\ -3 & 7 & -1 & -4 \\ 5 & -9 & 2 & 7 \\ 4 & -6 & 1 & 2 \end{vmatrix}$ 的值.

解　在 Matlab 的命令行窗口输入下列代码：

```
≫D=[2 −5 1 2;−3 7 −1 −4;5 −9 2 7;4 −6 1 2];
≫[L,U]=lu(D)

L =
   0.4000   −0.8750   −0.5000   1.0000
  −0.6000    1.0000         0        0
   1.0000         0         0        0
   0.8000    0.7500    1.0000        0
U =
5.0000   −9.0000    2.0000    7.0000
     0    1.6000    0.2000    0.2000
     0         0   −0.7500   −3.7500
     0         0         0   −2.5000
≫Det(L)
ans=
1
≫du=diag(U)                          %取出 U 的主对角线元素
du =
     5.0000
     1.6000
    −0.7500
    −2.5000
≫prod(du)                            %求主对角线元素的乘积
ans =
  15
≫ det(U)
ans =
  15
```

说明 以上≫后面的部分为 Matlab 命令窗口中的输入，%后面的是注释，实验时可以不输入. 不带≫的行一般为 Matlab 的返回值也就是运算结果.

例 1.14（续） 用克拉默法则解线性方程组
$$\begin{cases}2x_1+x_2-5x_3+x_4=8,\\x_1-3x_2-6x_4=9,\\2x_2-x_3+2x_4=-5,\\x_1+4x_2-7x_3+6x_4=0.\end{cases}$$

解

```
≫clear                          %清除工作区变量
≫D=[2 1 -5 1;1 -3 0 -6;
0 2 -1 2;1 4 -7 6];             %输入系数行列式到变量 D 中，行末的分号
                                (英文状态下的分号)表示不显示结果
≫det(D)                         %计算行列式 D 的值
ans=
27
                                %D=27 方程组有唯一解
≫b=[8;9; -5;0];                 %输入方程组右端常数项到变量 b 中
≫D1=D;                          %令 D1 等于 D
≫D1(:,1)=b;                     %用列向量 b 替换行列式 D1 的第一列
≫D2=D;                          %令 D2 等于 D
≫D2(:,2)=b;                     %用列向量 b 替换行列式 D2 的第二列
≫D3=D;                          %令 D3 等于 D
≫D3(:,3)=b;                     %用列向量 b 替换行列式 D3 的第三列
≫D4=D;                          %令 D4 等于 D
≫D4(:,4)=b;                     %用列向量 b 替换行列式 D4 的第四列
                                %用克拉默法则计算线性方程组的解
≫x1=det(D1)/det(D)
x1 =   3.0000
≫x2=det(D2)/det(D)
x2 =   -4.0000
≫x3=det(D3)/det(D)
x3 =   -1.0000
≫x4=det(D4)/det(D)
```

x4 =　1.0000

例 1.15(续)　已知 $\begin{cases}\lambda x_1+x_2+x_3=1,\\ x_1+\lambda x_2+x_3=\lambda,\\ x_1+x_2+\lambda x_3=\lambda^2\end{cases}$ 有唯一解，求 λ.

解

```
>>clear                                    %清除工作区变量
>>syms lambda                              %定义符号变量 lambda
>>D=[lambda,1,1;1, lambda,1;1,1, lambda];
                                           %输入系数行列式,注意逗号与分号的差别
>>det(D)                                   %计算系数行列式的值
ans=
lambda^3 -3 * lambda + 2
>> solve(lambda^3 -3 * lambda + 2==0)
                                           %解方程 λ^3-3λ+2=0,注意括号里的方程必须有两个等号
ans =
-2
1
```

即当 $\lambda\neq 1$ 且 $\lambda\neq -2$ 时 $D\neq 0$，方程有唯一解.

第 2 章　矩阵及其运算

实际案例

生产成本案例：

某公司生产三种产品 A、B 和 C，每种产品的原料费、工人薪酬和管理费如下表 1 所示，每季度每种产品的产量如下表 2 所示.

表 1　产品成本

成本	产品 A	产品 B	产品 C
原料费	20	10	15
工人薪酬	40	20	30
管理费	15	10	10

表 2　产品产量

产品	一季度	二季度	三季度	四季度
A	300	200	150	180
B	250	100	200	300
C	200	400	300	250

用矩阵 $\boldsymbol{E}$,$\boldsymbol{F}$ 分别表示产品成本和产量如下：

$$\boldsymbol{E}=\begin{bmatrix}20 & 10 & 15\\ 40 & 20 & 30\\ 15 & 10 & 10\end{bmatrix},\boldsymbol{F}=\begin{bmatrix}300 & 200 & 150 & 180\\ 250 & 100 & 200 & 300\\ 200 & 400 & 300 & 250\end{bmatrix},$$

通过矩阵乘法得到

$$\boldsymbol{EF}=\begin{bmatrix}11500 & 11000 & 9500 & 10350\\ 23000 & 22000 & 19000 & 207000\\ 9000 & 8000 & 7250 & 8200\end{bmatrix}.$$

矩阵 $\boldsymbol{EF}$ 第一、二和三行分别表示原料费、工人薪酬和管理费在每个季度的总付出，而第一、二、三、四列分别表示每个季度产品 A、B 和 C 的总成本. 因此，通过矩阵及其运算，可以较容易反映公司生产产品的成本状况.

在数学中，矩阵(matrix)是一个按照长方阵列排列的复数或实数集合，最早来自方程组的系数及常数所构成的方阵，这一概念由 19 世纪英国数学家阿瑟·凯利首先提出. 在东汉前期的《九章算术》中，用分离系数法表示线性方程组，得到了其增广矩阵. 在消元过程中，使用的把某行乘以某一非零实数、从某行中减去另一行等运算技巧，相当于矩阵的初等变换. 但那时并没有现今理解的矩阵概念，虽然它与现有的矩阵形式上相同，但在当时只是作为线性方程组的标准表示与处理方式.

因此，矩阵是从许多实际问题的计算中抽象出来的一个数学概念，是研究线性函数的一个有力工具，它在自然科学、工程技术和经济管理的许多学科中都有广泛的应用.

2.1　矩阵的概念

2.1.1　矩阵的概念

矩阵是数(或函数)的矩形表. 在经济活动中，我们常用数表表示一些量或关系，如产量的统计表、商品的价格表.

例 2.1　某商品有三个产地、四个销售点，它的库存情况如表 2-1 所示：

表 2-1

库存 / 销售地 / 产地	销售点 1	销售点 2	销售点 3	销售点 4
A	3	5	2	1
B	7	8	9	3
C	2	6	1	8

如果用一个三行四列或 3×4 的数表表示该商品的库存情况，可以简记作

$$\begin{pmatrix} 3 & 5 & 2 & 1 \\ 7 & 8 & 9 & 3 \\ 2 & 6 & 1 & 8 \end{pmatrix},$$

其中每一行表示该商品各个产地在各销售点的库存,每一列表示各销售点该商品三个产地的库存数.

定义 2.1　由 $m\times n$ 个数排成 m 行 n 列的表

$$\begin{pmatrix} a_{11} & a_{12} & \cdots & a_{1n} \\ a_{21} & a_{22} & \cdots & a_{2n} \\ \vdots & \vdots & & \vdots \\ a_{m1} & a_{m2} & \cdots & a_{mn} \end{pmatrix}$$

称为 m 行 n 列矩阵,简称 $m\times n$ 矩阵. 矩阵通常用大写字母 $\boldsymbol{A},\boldsymbol{B},\cdots$ 或者 $(\boldsymbol{a}_{ij})$,$(\boldsymbol{b}_{ij})$,$\cdots$ 表示. 为了表明矩阵的行列数,矩阵也表成 $\boldsymbol{A}_{m\times n}$,$(\boldsymbol{a}_{ij})_{m\times n}$.

矩阵中的数 $a_{ij}(i=1,2,\cdots,m;j=1,2,\cdots,n)$ 称为矩阵的第 i 行第 j 列元素,i 、j 分别称为 a_{ij} 的行标、列标.

例 2.1 中的矩阵可记为

$$\boldsymbol{A}_{3\times 4}=\begin{pmatrix} 3 & 5 & 2 & 1 \\ 7 & 8 & 9 & 3 \\ 2 & 6 & 1 & 8 \end{pmatrix}.$$

特别地,当 $m=1$ 时,矩阵只有一行,即

$$\boldsymbol{A}=(a_{11} \quad a_{12} \quad \cdots \quad a_{1n}),$$

称其为**行矩阵**或**行向量**.

当 $n=1$ 时,矩阵只有一列,即

$$\boldsymbol{A}=\begin{pmatrix} a_{11} \\ a_{21} \\ \vdots \\ a_{m1} \end{pmatrix},$$

称其为**列矩阵**或**列向量**.

当 $m=n$ 时,矩阵的行列数相等,即

$$\boldsymbol{A}=\begin{pmatrix} a_{11} & a_{12} & \cdots & a_{1n} \\ a_{21} & a_{22} & \cdots & a_{2n} \\ \vdots & \vdots & & \vdots \\ a_{n1} & a_{n2} & \cdots & a_{nn} \end{pmatrix},$$

称其为 **n 阶矩阵**或 **n 阶方阵**.

所有元素全为零的 $m \times n$ 矩阵，称为**零矩阵**，记作 $\boldsymbol{O}_{m\times n}$ 或 $\boldsymbol{O}$. 例如

$$\boldsymbol{O}_{2\times 2}=\begin{pmatrix} 0 & 0 \\ 0 & 0 \end{pmatrix},\boldsymbol{O}_{3\times 4}=\begin{pmatrix} 0 & 0 & 0 & 0 \\ 0 & 0 & 0 & 0 \\ 0 & 0 & 0 & 0 \end{pmatrix}$$

分别为二阶零矩阵和 3×4 零矩阵.

在矩阵 $\boldsymbol{A}=(a_{ij})$ 中各元素的前面添上负号得到的矩阵，称为 $\boldsymbol{A}$ 的**负矩阵**，记作 $-\boldsymbol{A}$，即

$$-\boldsymbol{A}=(-a_{ij})=\begin{pmatrix} -a_{11} & -a_{12} & \cdots & -a_{1n} \\ -a_{21} & -a_{22} & \cdots & -a_{2n} \\ \vdots & \vdots & & \vdots \\ -a_{m1} & -a_{m2} & \cdots & -a_{mn} \end{pmatrix}.$$

例如

$$\boldsymbol{A}=\begin{pmatrix} 1 & 0 \\ 0 & 1 \end{pmatrix},-\boldsymbol{A}=\begin{pmatrix} -1 & 0 \\ 0 & -1 \end{pmatrix},$$

则 $-\boldsymbol{A}$ 是 $\boldsymbol{A}$ 的负矩阵.

2.1.2　几种特殊矩阵

1. 三角形矩阵

在 n 阶矩阵中，从左上角到右下角的对角线称为**主对角线**，从右上角到左下角的对角线称为**次对角线**或**副对角线**.

主对角线下(或上)方的元素全都是零的 n 阶矩阵，称为 **n 阶上(或下)三角形矩阵**. 即

$$A=\begin{pmatrix} a_{11} & a_{12} & \cdots & a_{1n} \\ 0 & a_{22} & \cdots & a_{2n} \\ \vdots & \vdots & & \vdots \\ 0 & 0 & \cdots & a_{nn} \end{pmatrix} \text{或} B=\begin{pmatrix} a_{11} & 0 & \cdots & 0 \\ a_{21} & a_{22} & \cdots & 0 \\ \vdots & \vdots & & \vdots \\ a_{n1} & a_{n2} & \cdots & a_{nn} \end{pmatrix}.$$

上三角形矩阵、下三角形矩阵统称为三角形矩阵.

2. 对角矩阵

如果矩阵既是上三角形矩阵,又是下三角形矩阵,则称其为 **n 阶对角矩阵**. 如

$$A=\begin{pmatrix} 1 & 0 & 0 \\ 0 & 2 & 0 \\ 0 & 0 & -3 \end{pmatrix}$$

就是一对角矩阵.

对角矩阵由主对角线上的元素完全确定,因此,对角矩阵可记作

$$\operatorname{diag}(a_{11}, a_{22}, \cdots, a_{nn}).$$

例 2.2 下列矩阵都是什么矩阵?

(1) $\begin{pmatrix} 1 & 0 & 0 \\ 0 & 0 & 0 \\ 0 & 0 & 2 \end{pmatrix}$; (2) $\begin{pmatrix} c & 0 & 0 \\ 0 & c & 0 \\ 0 & 0 & c \end{pmatrix}$; (3) $\begin{pmatrix} 2 & -1 & 1 \\ 0 & 1 & 7 \\ 0 & 0 & 0 \end{pmatrix}$;

(4) $\begin{pmatrix} 0 & 1 & 1 \\ 1 & 2 & 0 \\ 1 & 0 & 0 \end{pmatrix}$; (5) $\begin{pmatrix} 0 & 0 & 0 \\ 0 & 0 & 0 \\ 0 & 0 & 0 \end{pmatrix}$.

解 对角矩阵:(1)、(2)、(5);

上三角矩阵:(1)、(2)、(3)、(5);

下三角矩阵:(1)、(2)、(5).

3. 数量矩阵

主对角线上元素都是非零常数 a 的 n 阶对角矩阵,称为 **n 阶数量矩阵**或称 **n 阶纯量矩阵**. 如 $n=2,3$ 时的数量矩阵为

$$\begin{pmatrix} a & 0 \\ 0 & a \end{pmatrix}, \begin{pmatrix} a & 0 & 0 \\ 0 & a & 0 \\ 0 & 0 & a \end{pmatrix}.$$

4. 单位矩阵

主对角线上元素都是 1 的 n 阶对角矩阵，称为 **n 阶单位矩阵**. 记作 $\boldsymbol{E}_n$ 或 $\boldsymbol{E}$. 如 $n=2,3$ 时的单位矩阵为

$$\boldsymbol{E}_2=\begin{pmatrix}1&0\\0&1\end{pmatrix},\ \boldsymbol{E}_3=\begin{pmatrix}1&0&0\\0&1&0\\0&0&1\end{pmatrix}.$$

5. 对称矩阵

如果 n 阶矩阵 $\boldsymbol{A}=(\boldsymbol{a}_{ij})$ 的元素满足 $\boldsymbol{a}_{ij}=\boldsymbol{a}_{ji}(i,j=1,2,\cdots,n)$，则称 $\boldsymbol{A}$ 是**对称矩阵**.

例如，矩阵

$$\boldsymbol{A}=\begin{pmatrix}1&4&-1\\4&2&0\\-1&0&4\end{pmatrix},\ \boldsymbol{B}=\begin{pmatrix}1&2&0&-2\\2&1&5&3\\0&5&-3&2\\-2&3&2&1\end{pmatrix}$$

分别是三阶对称矩阵和四阶对称矩阵.

6. 反对称矩阵

如果 n 阶矩阵 $\boldsymbol{A}=(\boldsymbol{a}_{ij})$ 的元素满足 $\boldsymbol{a}_{ij}=-\boldsymbol{a}_{ji}(i,j=1,2,\cdots,n)$，则称 $\boldsymbol{A}$ 是**反对称矩阵**.

显然，对反对称矩阵有 $a_{ii}=0(i=1,2,\cdots,n)$.

例如，矩阵

$$\boldsymbol{A}=\begin{pmatrix}0&4&1\\-4&0&-2\\-1&2&0\end{pmatrix},\ \boldsymbol{B}=\begin{pmatrix}0&2&0&2\\-2&0&5&-3\\0&-5&0&-2\\-2&3&2&0\end{pmatrix}$$

分别是三阶反对称矩阵和四阶反对称矩阵.

2.1.3　矩阵相等

定义 2.2　**如果两个矩阵 $\boldsymbol{A}=(a_{ij})$，$\boldsymbol{B}=(b_{ij})$ 的行数、列数分别相等，则称 $\boldsymbol{A}$ 与 $\boldsymbol{B}$ 是同型矩阵；两个同型矩阵 $\boldsymbol{A}$ 与 $\boldsymbol{B}$，如果对应的元素相等，则称矩阵 $\boldsymbol{A}$ 与矩阵 $\boldsymbol{B}$ 相等，记作**

$$\boldsymbol{A}=\boldsymbol{B}.$$

即如果 $\boldsymbol{A}=(\boldsymbol{a}_{ij})_{m\times n}$ **和** $\boldsymbol{B}=(\boldsymbol{b}_{ij})_{m\times n}$ **且** $\boldsymbol{a}_{ij}=\boldsymbol{b}_{ij}(i=1,2,\cdots,m;j=1,2,\cdots,$ $\boldsymbol{n})$**，那么** $\boldsymbol{A}=\boldsymbol{B}$.

2.2 矩阵的运算

2.2.1 矩阵的加法

定义 2.3 设 $\boldsymbol{A}=(\boldsymbol{a}_{ij}),\boldsymbol{B}=(\boldsymbol{b}_{ij})$ **是两个** $m\times n$ **矩阵，则称矩阵**

$$\boldsymbol{C}=\begin{pmatrix} a_{11}+b_{11} & a_{12}+b_{12} & \cdots & a_{1n}+b_{1n} \\ a_{21}+b_{21} & a_{22}+b_{22} & \cdots & a_{2n}+b_{2n} \\ \vdots & \vdots & & \vdots \\ a_{m1}+b_{m1} & a_{m2}+b_{m2} & \cdots & a_{mn}+b_{mn} \end{pmatrix}$$

为 $\boldsymbol{A}$ **与** $\boldsymbol{B}$ **的和，记作**

$$\boldsymbol{C}=\boldsymbol{A}+\boldsymbol{B}=(a_{ij}+b_{ij}).$$

由定义可知，只有行数与列数分别相同的两个矩阵才能做加法运算.

由矩阵的加法及负矩阵的概念，可以定义矩阵的减法：

$$\boldsymbol{C}=\boldsymbol{A}-\boldsymbol{B}=\boldsymbol{A}+(-\boldsymbol{B})=(\boldsymbol{a}_{ij}-b_{ij}).$$

例 2.3 设矩阵

$$\boldsymbol{A}=\begin{pmatrix} 1 & 2 & 0 \\ 3 & 1 & -2 \end{pmatrix},\boldsymbol{B}=\begin{pmatrix} 2 & 2 & 1 \\ 2 & -4 & -2 \end{pmatrix},$$

求 $\boldsymbol{A}+\boldsymbol{B}$, $\boldsymbol{A}-\boldsymbol{B}$.

解 $\boldsymbol{A}+\boldsymbol{B}=\begin{pmatrix} 1 & 2 & 0 \\ 3 & 1 & -2 \end{pmatrix}+\begin{pmatrix} 2 & 2 & 1 \\ 2 & -4 & -2 \end{pmatrix}=\begin{pmatrix} 3 & 4 & 1 \\ 5 & -3 & -4 \end{pmatrix}$,

$$\boldsymbol{A}-\boldsymbol{B}=\begin{pmatrix} 1 & 2 & 0 \\ 3 & 1 & -2 \end{pmatrix}-\begin{pmatrix} 2 & 2 & 1 \\ 2 & -4 & -2 \end{pmatrix}=\begin{pmatrix} -1 & 0 & -1 \\ 1 & 5 & 0 \end{pmatrix}.$$

设 $\boldsymbol{A},\boldsymbol{B},\boldsymbol{C},\boldsymbol{O}$ 都是 $m\times n$ 矩阵，根据矩阵加法及减法定义，易证矩阵的加法满足以下运算定律：

(1) 加法交换律：$\boldsymbol{A}+\boldsymbol{B}=\boldsymbol{B}+\boldsymbol{A}$;

(2) 加法结合律：$(\boldsymbol{A}+\boldsymbol{B})+\boldsymbol{C}=\boldsymbol{A}+(\boldsymbol{B}+\boldsymbol{C})$；

(3) 零矩阵满足：$\boldsymbol{A}+\boldsymbol{O}=\boldsymbol{A}$；

(4) 存在负矩阵 $-\boldsymbol{A}$，满足：$\boldsymbol{A}-\boldsymbol{A}=\boldsymbol{A}+(-\boldsymbol{A})=\boldsymbol{O}$.

2.2.2　矩阵的数乘

定义 2.4　设 $\boldsymbol{A}=(a_{ij})$ 是 $m\times n$ 矩阵，k 是任一实数，则称

$$\boldsymbol{C}=\begin{pmatrix} ka_{11} & ka_{12} & \cdots & ka_{1n} \\ ka_{21} & ka_{22} & \cdots & ka_{2n} \\ \vdots & \vdots & & \vdots \\ ka_{m1} & ka_{m2} & \cdots & ka_{mn} \end{pmatrix}$$

为数 k 与矩阵 $\boldsymbol{A}$ 的数量乘积，或称为矩阵的数乘. 记作

$$\boldsymbol{C}=k\boldsymbol{A}=(k\boldsymbol{a}_{ij})_{m\times n}.$$

特别地，当 $k=-1$ 时，$k\boldsymbol{A}=-\boldsymbol{A}$.

任一 n 阶数量矩阵可表示为 $a\boldsymbol{E}_n(a\neq 0)$.

由定义易知，对实数 k,l，矩阵 $\boldsymbol{A}=(\boldsymbol{a}_{ij}),\boldsymbol{B}=(\boldsymbol{b}_{ij})$ 有下列运算定律：

(1) $k(\boldsymbol{A}+\boldsymbol{B})=k\boldsymbol{A}+k\boldsymbol{B}$；

(2) $(k+l)\boldsymbol{A}=k\boldsymbol{A}+l\boldsymbol{A}$；

(3) $(kl)\boldsymbol{A}=k(l\boldsymbol{A})=l(k\boldsymbol{A})$；

(4) $1\boldsymbol{A}=\boldsymbol{A}$.

例 2.4　设两矩阵

$$\boldsymbol{A}=\begin{pmatrix} 1 & 0 & -2 \\ 4 & 2 & 3 \end{pmatrix},\boldsymbol{B}=\begin{pmatrix} 2 & 1 & 0 \\ 0 & -2 & -3 \end{pmatrix},$$

求 $3\boldsymbol{A}+2\boldsymbol{B}$.

解　$3\boldsymbol{A}+2\boldsymbol{B}=3\begin{pmatrix} 1 & 0 & -2 \\ 4 & 2 & 3 \end{pmatrix}+2\begin{pmatrix} 2 & 1 & 0 \\ 0 & -2 & -3 \end{pmatrix}=\begin{pmatrix} 7 & 2 & -6 \\ 12 & 2 & 3 \end{pmatrix}$.

例 2.5　已知矩阵

$$\boldsymbol{A}=\begin{pmatrix} 3 & -1 & 2 \\ 1 & 5 & 7 \\ 5 & 4 & -3 \end{pmatrix},\boldsymbol{B}=\begin{pmatrix} 7 & 5 & -4 \\ 5 & 1 & 9 \\ 3 & -2 & 1 \end{pmatrix},$$

且 $\boldsymbol{A}+2\boldsymbol{X}=\boldsymbol{B}$, 求矩阵 $\boldsymbol{X}$.

解 由 $\boldsymbol{A}+2\boldsymbol{X}=\boldsymbol{B}$, 得 $\boldsymbol{X}=\frac{1}{2}(\boldsymbol{B}-\boldsymbol{A})$, 所以有

$$\boldsymbol{B}-\boldsymbol{A}=\begin{pmatrix}7&5&-4\\5&1&9\\3&-2&1\end{pmatrix}-\begin{pmatrix}3&-1&2\\1&5&7\\5&4&-3\end{pmatrix}=\begin{pmatrix}4&6&-6\\4&-4&2\\-2&-6&4\end{pmatrix},$$

$$\boldsymbol{X}=\frac{1}{2}(\boldsymbol{B}-\boldsymbol{A})=\frac{1}{2}\begin{pmatrix}4&6&-6\\4&-4&2\\-2&-6&4\end{pmatrix}=\begin{pmatrix}2&3&-3\\2&-2&1\\-1&-3&2\end{pmatrix}.$$

2.2.3 矩阵的乘法

定义 2.5 设 $\boldsymbol{A}=(a_{ij})$ 是 $m\times s$ 矩阵, $\boldsymbol{B}=(b_{ij})$ 是 $s\times n$ 矩阵,

$$\boldsymbol{A}=\begin{pmatrix}a_{11}&a_{12}&\cdots&a_{1s}\\a_{21}&a_{22}&\cdots&a_{2s}\\\vdots&\vdots&&\vdots\\a_{m1}&a_{m2}&\cdots&a_{ms}\end{pmatrix},\boldsymbol{B}=\begin{pmatrix}b_{11}&b_{12}&\cdots&b_{1n}\\b_{21}&b_{22}&\cdots&b_{2n}\\\vdots&\vdots&&\vdots\\b_{s1}&b_{s2}&\cdots&b_{sn}\end{pmatrix},$$

则称 $m\times n$ 矩阵 $\boldsymbol{C}=(c_{ij})$ 为矩阵 $\boldsymbol{A}$ 与 $\boldsymbol{B}$ 的乘积,其中

$$\begin{aligned}c_{ij}&=a_{i1}b_{1j}+a_{i2}b_{2j}+\cdots+a_{is}b_{sj}\\&=\sum_{k=1}^{s}a_{ik}b_{kj}\,(i=1,2,\cdots,m;j=1,2,\cdots,n).\end{aligned}$$

记作 $\boldsymbol{C}=\boldsymbol{AB}$.

在矩阵乘法的定义中,要求第一个矩阵的列数必须等于第二个矩阵的行数. 乘积 $\boldsymbol{C}$ 的第 i 行第 j 列的元素等于 $\boldsymbol{A}$ 的第 i 行与 $\boldsymbol{B}$ 的第 j 列的对应元素的乘积的和.

例 2.6 设

$$\boldsymbol{A}=\begin{pmatrix}0&-1&2\\1&3&-1\\5&-1&4\end{pmatrix},\boldsymbol{B}=\begin{pmatrix}1&3\\2&-3\\0&4\end{pmatrix},$$

求 $\boldsymbol{AB}$.

解　$$\boldsymbol{AB}=\begin{pmatrix}0&-1&2\\1&3&-1\\5&-1&4\end{pmatrix}\begin{pmatrix}1&3\\2&-3\\0&4\end{pmatrix}$$

$$=\begin{pmatrix}0\times1+(-1)\times2+2\times0&0\times3+(-1)\times(-3)+2\times4\\1\times1+3\times2+(-1)\times0&1\times3+3\times(-3)+(-1)\times4\\5\times1+(-1)\times2+4\times0&5\times3+(-1)\times(-3)+4\times4\end{pmatrix}$$

$$=\begin{pmatrix}-2&11\\7&-10\\3&34\end{pmatrix}.$$

例 2.7　设矩阵

$$\boldsymbol{A}=\begin{pmatrix}2&4\\1&2\end{pmatrix},\boldsymbol{B}=\begin{pmatrix}2&-2\\-1&1\end{pmatrix},\boldsymbol{C}=\begin{pmatrix}-4&-2\\2&1\end{pmatrix},$$

求 $\boldsymbol{AB},\boldsymbol{BA},\boldsymbol{AC}$.

解　$$\boldsymbol{AB}=\begin{pmatrix}2&4\\1&2\end{pmatrix}\begin{pmatrix}2&-2\\-1&1\end{pmatrix}=\begin{pmatrix}0&0\\0&0\end{pmatrix},$$

$$\boldsymbol{BA}=\begin{pmatrix}2&-2\\-1&1\end{pmatrix}\begin{pmatrix}2&4\\1&2\end{pmatrix}=\begin{pmatrix}2&4\\-1&-2\end{pmatrix},$$

$$\boldsymbol{AC}=\begin{pmatrix}2&4\\1&2\end{pmatrix}\begin{pmatrix}-4&-2\\2&1\end{pmatrix}=\begin{pmatrix}0&0\\0&0\end{pmatrix}.$$

由矩阵乘法定义及上述例题可知，当矩阵 $\boldsymbol{AB}$ 有意义时，$\boldsymbol{BA}$ 不一定有意义；而且 $\boldsymbol{AB}$ 和 $\boldsymbol{BA}$ 也不一定相等，即矩阵的乘法不满足交换律. 当 $\boldsymbol{AB}=\boldsymbol{O}$ 时，$\boldsymbol{A},\boldsymbol{B}$ 可以是非零矩阵. 也即两个非零矩阵的乘积可能是零矩阵. 当有 $\boldsymbol{AB}=\boldsymbol{AC}$，且 $\boldsymbol{A}\neq\boldsymbol{O}$ 时，不一定有 $\boldsymbol{B}=\boldsymbol{C}$.

矩阵乘法与数的乘法有着不同的地方，也有相似的地方，即矩阵乘法满足下列运算定律：

(1) $(\boldsymbol{AB})\boldsymbol{C}=\boldsymbol{A}(\boldsymbol{BC})$；

(2) $\boldsymbol{A}(\boldsymbol{B}+\boldsymbol{C})=\boldsymbol{AB}+\boldsymbol{AC},(\boldsymbol{B}+\boldsymbol{C})\boldsymbol{A}=\boldsymbol{BA}+\boldsymbol{CA}$；

(3) $k(\boldsymbol{AB})=(k\boldsymbol{A})\boldsymbol{B}=\boldsymbol{A}(k\boldsymbol{B})$，$k$ 为常数；

(4) $\boldsymbol{E}_m\boldsymbol{A}_{m\times n}=\boldsymbol{A}_{m\times n}$，$\boldsymbol{A}_{m\times n}\boldsymbol{E}_n=\boldsymbol{A}_{m\times n}$.

因为矩阵的乘法满足结合律，所以可定义矩阵的幂.

设 $\boldsymbol{A}=(a_{ij})$ 是 n 阶矩阵，用 $\boldsymbol{A}^k(k>0)$ 表示 k 个 $\boldsymbol{A}$ 的连乘积，称为 $\boldsymbol{A}$ 的

k 次方幂,规定 $\boldsymbol{A}^0=\boldsymbol{E}$.

显然,矩阵的幂运算满足下列运算定律:

$$\boldsymbol{A}^k\boldsymbol{A}^l=\boldsymbol{A}^{k+l},(\boldsymbol{A}^k)^l=\boldsymbol{A}^{kl}(k,l\geqslant 0).$$

由于矩阵的乘法不满足交换律,所以等式

$$(\boldsymbol{AB})^k=\boldsymbol{A}^k\boldsymbol{B}^k$$

一般不成立.

如果 $\boldsymbol{AB}=\boldsymbol{BA}$,就称矩阵 $\boldsymbol{A}$ 与 $\boldsymbol{B}$ 可交换. 此时矩阵 $\boldsymbol{A}$ 与 $\boldsymbol{B}$ 一定是同阶方阵.

显然,n 阶单位矩阵与 n 阶数量矩阵及 n 阶零矩阵与任一 n 阶矩阵都可交换. 如果矩阵 $\boldsymbol{A}$ 与 $\boldsymbol{B}$ 可交换,则有 $(\boldsymbol{AB})^k=\boldsymbol{A}^k\boldsymbol{B}^k$.

例 2.8 设矩阵 $\boldsymbol{A}=\begin{pmatrix}1&0\\\lambda&1\end{pmatrix}$,求 $\boldsymbol{A}^{100}$.

解 因为

$$\boldsymbol{A}^2=\begin{pmatrix}1&0\\\lambda&1\end{pmatrix}\begin{pmatrix}1&0\\\lambda&1\end{pmatrix}=\begin{pmatrix}1&0\\2\lambda&1\end{pmatrix},\cdots\cdots,$$

所以 $\boldsymbol{A}^{100}=\begin{pmatrix}1&0\\100\lambda&1\end{pmatrix}$.

例 2.9 设上三角矩阵

$$\boldsymbol{A}=\begin{pmatrix}\lambda&1&0\\0&\lambda&1\\0&0&\lambda\end{pmatrix},$$

求 $\boldsymbol{A}^n$.

解 设

$$\lambda\boldsymbol{E}=\begin{pmatrix}\lambda&&\\&\lambda&\\&&\lambda\end{pmatrix},\boldsymbol{B}=\begin{pmatrix}0&1&0\\0&0&1\\0&0&0\end{pmatrix},$$

则 $\boldsymbol{A}=\lambda\boldsymbol{E}+\boldsymbol{B}$.

由于 $\lambda\boldsymbol{E}$ 与 $\boldsymbol{B}$ 可交换,因而有

$$\boldsymbol{A}^n=(\lambda\boldsymbol{E}+\boldsymbol{B})^n=\lambda^n\boldsymbol{E}+n\lambda^{n-1}\boldsymbol{B}+\frac{n(n-1)}{2}\lambda^{n-2}\boldsymbol{B}^2+\cdots+\boldsymbol{B}^n.$$

由于

$$B^2=\begin{pmatrix}0&0&1\\0&0&0\\0&0&0\end{pmatrix},B^3=B^4=\cdots=B^n=O(n\geqslant 3),$$

所以有

$$A^n=(\lambda E+B)^n=\lambda^n E+n\lambda^{n-1}B+\frac{n(n-1)}{2}\lambda^{n-2}B^2$$

$$=\begin{pmatrix}\lambda^n & n\lambda^{n-1} & \frac{n(n-1)}{2!}\lambda^{n-2}\\0 & \lambda^n & n\lambda^{n-1}\\0 & 0 & \lambda^n\end{pmatrix}(n\geqslant 2).$$

2.2.4　矩阵的转置

把一个矩阵的行列互换,所得到的矩阵称为这个矩阵的转置.

定义 2.6　设 $A=(a_{ij})$ 是一个 $m\times n$ 矩阵

$$A=\begin{pmatrix}a_{11}&a_{12}&\cdots&a_{1n}\\a_{21}&a_{22}&\cdots&a_{2n}\\\vdots&\vdots&&\vdots\\a_{m1}&a_{m2}&\cdots&a_{mn}\end{pmatrix},$$

则 $n\times m$ 矩阵

$$\begin{pmatrix}a_{11}&a_{21}&\cdots&a_{m1}\\a_{12}&a_{22}&\cdots&a_{m2}\\\vdots&\vdots&&\vdots\\a_{1n}&a_{2n}&\cdots&a_{mn}\end{pmatrix}$$

称为矩阵 A 的转置矩阵,简称 A 的转置,记作 A^T.

例 2.10　设矩阵

$$A=(a_1\quad a_2\quad\cdots\quad a_n),B=\begin{pmatrix}2&-1&0\\1&2&1\end{pmatrix},$$

求 A^TA, AA^T 和 B^TB.

解 因为

$$\boldsymbol{A}^{\mathrm{T}}=(a_1\quad a_2\quad\cdots\quad a_n)^{\mathrm{T}}=\begin{pmatrix}a_1\\a_2\\\vdots\\a_n\end{pmatrix},$$

所以

$$\boldsymbol{A}^{\mathrm{T}}\boldsymbol{A}=\begin{pmatrix}a_1\\a_2\\\vdots\\a_n\end{pmatrix}(a_1\quad a_2\quad\cdots\quad a_n)=\begin{pmatrix}a_1^2&a_1a_2&\cdots&a_1a_n\\a_2a_1&a_2^2&\cdots&a_2a_n\\\vdots&\vdots&&\vdots\\a_na_1&a_na_2&\cdots&a_n^2\end{pmatrix},$$

$$\boldsymbol{A}\boldsymbol{A}^{\mathrm{T}}=(a_1\quad a_2\quad\cdots\quad a_n)\begin{pmatrix}a_1\\a_2\\\vdots\\a_n\end{pmatrix}=a_1^2+a_2^2+\cdots+a_n^2.$$

又

$$\boldsymbol{B}^{\mathrm{T}}=\begin{pmatrix}2&-1&0\\1&2&1\end{pmatrix}^{\mathrm{T}}=\begin{pmatrix}2&1\\-1&2\\0&1\end{pmatrix},$$

所以

$$\boldsymbol{B}^{\mathrm{T}}\boldsymbol{B}=\begin{pmatrix}2&1\\-1&2\\0&1\end{pmatrix}\begin{pmatrix}2&-1&0\\1&2&1\end{pmatrix}=\begin{pmatrix}5&0&1\\0&5&2\\1&2&1\end{pmatrix}.$$

矩阵的转置满足下列运算定律：

(1) $(\boldsymbol{A}^{\mathrm{T}})^{\mathrm{T}}=\boldsymbol{A}$;

(2) $(\boldsymbol{A}+\boldsymbol{B})^{\mathrm{T}}=\boldsymbol{A}^{\mathrm{T}}+\boldsymbol{B}^{\mathrm{T}}$;

(3) $(k\boldsymbol{A})^{\mathrm{T}}=k\boldsymbol{A}^{\mathrm{T}}$（$k$ 为实数）；

(4) $(\boldsymbol{A}\boldsymbol{B})^{\mathrm{T}}=\boldsymbol{B}^{\mathrm{T}}\boldsymbol{A}^{\mathrm{T}}$.

由对称矩阵的概念可知，$\boldsymbol{A}$ 为对称矩阵即 $\boldsymbol{A}^{\mathrm{T}}=\boldsymbol{A}$;$\boldsymbol{A}$ 为反对称矩阵即 $\boldsymbol{A}^{\mathrm{T}}=-\boldsymbol{A}$.

2.2.5　方阵的行列式

定义 2.7　设 $\boldsymbol{A}=(a_{ij})$ 是一个 n 阶矩阵，由 $\boldsymbol{A}$ 的元素所构成的行列式(各元素的位置不变)，称为矩阵 $\boldsymbol{A}$ 的行列式，记作 $|\boldsymbol{A}|$ 或 $\det\boldsymbol{A}$.

由 n 阶矩阵 $\boldsymbol{A}$ 确定的行列式 $|\boldsymbol{A}|$ 的运算满足下列运算定律：

(1) $|\boldsymbol{A}^{\mathrm{T}}|=|\boldsymbol{A}|$；

(2) $|\lambda\boldsymbol{A}|=\lambda^n|\boldsymbol{A}|$，$\lambda$ 是实数，特别地，$|-\boldsymbol{A}|=(-1)^n|\boldsymbol{A}|$；

(3) $|\boldsymbol{AB}|=|\boldsymbol{A}||\boldsymbol{B}|$，特别地 $|\boldsymbol{A}^n|=|\boldsymbol{A}|^n$.

例 2.11　设 $\boldsymbol{\alpha}_1,\boldsymbol{\alpha}_2,\boldsymbol{\alpha}_3;\boldsymbol{\beta}_1,\boldsymbol{\beta}_2$ 均为四维列向量，已知

$\boldsymbol{A}=(\boldsymbol{\alpha}_1,\boldsymbol{\alpha}_2,\boldsymbol{\alpha}_3,\boldsymbol{\beta}_1)$，$\boldsymbol{B}=(\boldsymbol{\alpha}_3,\boldsymbol{\alpha}_1,\boldsymbol{\alpha}_2,\boldsymbol{\beta}_2)$，且 $|\boldsymbol{A}|=1$，$|\boldsymbol{B}|=2$. 求 $|\boldsymbol{A}+\boldsymbol{B}|$.

解　由于矩阵加法 $\boldsymbol{A}+\boldsymbol{B}=(\boldsymbol{\alpha}_1+\boldsymbol{\alpha}_3,\boldsymbol{\alpha}_2+\boldsymbol{\alpha}_1,\boldsymbol{\alpha}_3+\boldsymbol{\alpha}_2,\boldsymbol{\beta}_1+\boldsymbol{\beta}_2)$，根据行列式的性质有

$$\begin{aligned}
|\boldsymbol{A}+\boldsymbol{B}|&=|\boldsymbol{\alpha}_1+\boldsymbol{\alpha}_3,\boldsymbol{\alpha}_2+\boldsymbol{\alpha}_1,\boldsymbol{\alpha}_3+\boldsymbol{\alpha}_2,\boldsymbol{\beta}_1+\boldsymbol{\beta}_2|\\
&=|2(\boldsymbol{\alpha}_1+\boldsymbol{\alpha}_2+\boldsymbol{\alpha}_3),\boldsymbol{\alpha}_2+\boldsymbol{\alpha}_1,\boldsymbol{\alpha}_3+\boldsymbol{\alpha}_2,\boldsymbol{\beta}_1+\boldsymbol{\beta}_2|\\
&=2|\boldsymbol{\alpha}_1+\boldsymbol{\alpha}_2+\boldsymbol{\alpha}_3,\boldsymbol{\alpha}_2+\boldsymbol{\alpha}_1,\boldsymbol{\alpha}_3+\boldsymbol{\alpha}_2,\boldsymbol{\beta}_1+\boldsymbol{\beta}_2|\\
&=2|\boldsymbol{\alpha}_1+\boldsymbol{\alpha}_2+\boldsymbol{\alpha}_3,-\boldsymbol{\alpha}_3,-\boldsymbol{\alpha}_1,\boldsymbol{\beta}_1+\boldsymbol{\beta}_2|\\
&=2|\boldsymbol{\alpha}_2,-\boldsymbol{\alpha}_3,-\boldsymbol{\alpha}_1,\boldsymbol{\beta}_1+\boldsymbol{\beta}_2|\\
&=2|\boldsymbol{\alpha}_1,\boldsymbol{\alpha}_2,\boldsymbol{\alpha}_3,\boldsymbol{\beta}_1+\boldsymbol{\beta}_2|\\
&=2(|\boldsymbol{A}|+|\boldsymbol{B}|)=6.
\end{aligned}$$

在上一章中，行列式有乘法公式 $|\boldsymbol{AB}|=|\boldsymbol{A}|\cdot|\boldsymbol{B}|$，但 $|\boldsymbol{A}+\boldsymbol{B}|$ 没有运算法则，本例题考查用行列式性质对其化简. 同时要注意 $|k\boldsymbol{\alpha}_1,\boldsymbol{\alpha}_2,\cdots,\boldsymbol{\alpha}_n|=k|\boldsymbol{\alpha}_1,\boldsymbol{\alpha}_2,\cdots,\boldsymbol{\alpha}_n|$，而 $|k\boldsymbol{A}|=k^n|\boldsymbol{A}|$，不是 $k|\boldsymbol{A}|$，两者亦不能混淆.

2.3　逆矩阵

2.3.1　逆矩阵的概念和性质

前面我们定义了矩阵的加法、减法和乘法运算，那么矩阵能否定义除法

运算呢？先来看数的除法与乘法的关系.

设 a,b 为两个数，当 $a \neq 0$ 时，a 的倒数 $\frac{1}{a}$ 存在，且有 $b \div a = b \times \frac{1}{a}$，即数的除法可用乘法来表示. 上述关系成立的关键是 a 的倒数 $\frac{1}{a}$ 存在. a 的倒数也称为 a 的逆，即 $\frac{1}{a} = a^{-1}$. 显然只要 $a \neq 0$ 时，a 就有逆 a^{-1}，且满足

$$aa^{-1} = a^{-1}a = 1.$$

类似地，我们可以引入逆矩阵的概念.

定义 2.8　设 $\boldsymbol{A}$ 是一个 n 阶矩阵，若存在矩阵 $\boldsymbol{B}$，满足：

$$\boldsymbol{AB} = \boldsymbol{BA} = \boldsymbol{E}.$$

则称矩阵 $\boldsymbol{A}$ 可逆，$\boldsymbol{B}$ 是 $\boldsymbol{A}$ 的逆矩阵. 如果不存在满足条件的矩阵 $\boldsymbol{B}$，则称矩阵 $\boldsymbol{A}$ 不可逆.

例如，矩阵 $\boldsymbol{A} = \begin{pmatrix} 2 & 2 & 3 \\ 1 & -1 & 0 \\ -1 & 2 & 1 \end{pmatrix}$，$\boldsymbol{B} = \begin{pmatrix} 1 & -4 & -3 \\ 1 & -5 & -3 \\ -1 & 6 & 4 \end{pmatrix}$.

因为

$$\boldsymbol{AB} = \begin{pmatrix} 2 & 2 & 3 \\ 1 & -1 & 0 \\ -1 & 2 & 1 \end{pmatrix}\begin{pmatrix} 1 & -4 & -3 \\ 1 & -5 & -3 \\ -1 & 6 & 4 \end{pmatrix} = \begin{pmatrix} 1 & 0 & 0 \\ 0 & 1 & 0 \\ 0 & 0 & 1 \end{pmatrix},$$

$$\boldsymbol{BA} = \begin{pmatrix} 1 & -4 & -3 \\ 1 & -5 & -3 \\ -1 & 6 & 4 \end{pmatrix}\begin{pmatrix} 2 & 2 & 3 \\ 1 & -1 & 0 \\ -1 & 2 & 1 \end{pmatrix} = \begin{pmatrix} 1 & 0 & 0 \\ 0 & 1 & 0 \\ 0 & 0 & 1 \end{pmatrix}.$$

所以矩阵 $\boldsymbol{A}$ 可逆，其逆为矩阵 $\boldsymbol{B}$.

根据可逆矩阵的定义易证可逆矩阵具有以下性质：

性质 1　若矩阵 $\boldsymbol{A}$ 可逆，则 $\boldsymbol{A}$ 的逆矩阵必唯一. 此时，$\boldsymbol{A}$ 的逆矩阵记作 $\boldsymbol{A}^{-1}$.

证明　设矩阵 $\boldsymbol{B}_1,\boldsymbol{B}_2$ 都是 $\boldsymbol{A}$ 的逆矩阵，则 $\boldsymbol{B}_1\boldsymbol{A} = \boldsymbol{AB}_1 = \boldsymbol{E}$，$\boldsymbol{B}_2\boldsymbol{A} = \boldsymbol{AB}_2 = \boldsymbol{E}$，

$$\boldsymbol{B}_1 = \boldsymbol{B}_1\boldsymbol{E} = \boldsymbol{B}_1(\boldsymbol{AB}_2) = (\boldsymbol{B}_1\boldsymbol{A})\boldsymbol{B}_2 = \boldsymbol{EB}_2 = \boldsymbol{B}_2.$$

性质 2　若 $\boldsymbol{A}$ 可逆，则 $\boldsymbol{A}^{-1}$ 也可逆，且 $(\boldsymbol{A}^{-1})^{-1} = \boldsymbol{A}$.

性质 3　若 $\boldsymbol{A}$ 可逆，数 $k \neq 0$，则 $k\boldsymbol{A}$ 也可逆，且 $(k\boldsymbol{A})^{-1} = k^{-1}\boldsymbol{A}^{-1}$.

性质 4　若 n 阶矩阵 $\boldsymbol{A}$，$\boldsymbol{B}$ 可逆，则 $\boldsymbol{AB}$ 也可逆，且 $(\boldsymbol{AB})^{-1}=\boldsymbol{B}^{-1}\boldsymbol{A}^{-1}$.

证明　因为 $\boldsymbol{A}$，$\boldsymbol{B}$ 可逆，故逆矩阵 $\boldsymbol{A}^{-1}$，$\boldsymbol{B}^{-1}$ 都存在，且有

$$(\boldsymbol{AB})(\boldsymbol{B}^{-1}\boldsymbol{A}^{-1})=\boldsymbol{A}(\boldsymbol{B}\boldsymbol{B}^{-1})\boldsymbol{A}^{-1}=\boldsymbol{AE}\boldsymbol{A}^{-1}=\boldsymbol{A}\boldsymbol{A}^{-1}=\boldsymbol{E},$$

$$(\boldsymbol{B}^{-1}\boldsymbol{A}^{-1})(\boldsymbol{AB})=\boldsymbol{B}^{-1}(\boldsymbol{A}^{-1}\boldsymbol{A})\boldsymbol{B}=\boldsymbol{B}^{-1}\boldsymbol{EB}=\boldsymbol{B}^{-1}\boldsymbol{B}=\boldsymbol{E},$$

所以 $(\boldsymbol{AB})^{-1}=\boldsymbol{B}^{-1}\boldsymbol{A}^{-1}$.

上述性质 4 可以推广到多个 n 阶矩阵相乘的情形，即当 n 阶矩阵 $\boldsymbol{A}_1,\boldsymbol{A}_2,\cdots,\boldsymbol{A}_s$ 都可逆时，乘积 $\boldsymbol{A}_1\boldsymbol{A}_2\cdots\boldsymbol{A}_s$ 也可逆，且有 $(\boldsymbol{A}_1\boldsymbol{A}_2\cdots\boldsymbol{A}_s)^{-1}=\boldsymbol{A}_s^{-1}\boldsymbol{A}_{s-1}^{-1}\cdots\boldsymbol{A}_1^{-1}$.

性质 5　如果矩阵 $\boldsymbol{A}$ 可逆，则 $\boldsymbol{A}^{\mathrm{T}}$ 也可逆，且 $(\boldsymbol{A}^{\mathrm{T}})^{-1}=(\boldsymbol{A}^{-1})^{\mathrm{T}}$.

性质 6　如果矩阵 $\boldsymbol{A}$ 可逆，则 $|\boldsymbol{A}^{-1}|=|\boldsymbol{A}|^{-1}$.

2.3.2　逆矩阵的计算

定义 2.9　设 $\boldsymbol{A}=(a_{ij})$ 是一个 n 阶矩阵，A_{ij} 为 $|\boldsymbol{A}|$ 中元素 a_{ij} 的代数余子式，$i,j=1,2,\cdots,n$，称矩阵

$$\begin{pmatrix} A_{11} & A_{21} & \cdots & A_{n1} \\ A_{12} & A_{22} & \cdots & A_{n2} \\ \vdots & \vdots & & \vdots \\ A_{1n} & A_{2n} & \cdots & A_{nn} \end{pmatrix}$$

为 $\boldsymbol{A}$ 的伴随矩阵，记作 $\boldsymbol{A}^*$.

定理 2.1　n 阶矩阵 $\boldsymbol{A}$ 可逆的充分必要条件为 $|\boldsymbol{A}|\neq 0$. 如果 $\boldsymbol{A}$ 可逆，则

$$\boldsymbol{A}^{-1}=\frac{1}{|\boldsymbol{A}|}\boldsymbol{A}^*=\frac{1}{|\boldsymbol{A}|}\begin{pmatrix} A_{11} & A_{21} & \cdots & A_{n1} \\ A_{12} & A_{22} & \cdots & A_{n2} \\ \vdots & \vdots & & \vdots \\ A_{1n} & A_{2n} & \cdots & A_{nn} \end{pmatrix}.$$

证明　必要性. 设 n 阶矩阵 $\boldsymbol{A}$ 可逆，则存在矩阵 $\boldsymbol{B}$，有 $\boldsymbol{AB}=\boldsymbol{BA}=\boldsymbol{E}$. 两边取行列式得

$$|\boldsymbol{AB}|=|\boldsymbol{A}|\,|\boldsymbol{B}|=|\boldsymbol{E}|=1，所以有\ |\boldsymbol{A}|\neq 0.$$

充分性. 设 $|\boldsymbol{A}|\neq 0$，由伴随矩阵的构成及行列式按行展开的性质可得：

$$AA^* = \begin{pmatrix} a_{11} & a_{12} & \cdots & a_{1n} \\ a_{21} & a_{22} & \cdots & a_{2n} \\ \vdots & \vdots & & \vdots \\ a_{n1} & a_{n2} & \cdots & a_{nn} \end{pmatrix} \begin{pmatrix} A_{11} & A_{21} & \cdots & A_{n1} \\ A_{12} & A_{22} & \cdots & A_{n2} \\ \vdots & \vdots & & \vdots \\ A_{1n} & A_{2n} & \cdots & A_{nn} \end{pmatrix} = \begin{pmatrix} |A| & 0 & \cdots & 0 \\ 0 & |A| & \cdots & 0 \\ \vdots & \vdots & & \vdots \\ 0 & 0 & \cdots & |A| \end{pmatrix}$$

$$= |A|E,$$

所以 $A\left(\frac{1}{|A|}A^*\right)=E$. 同理有 $\left(\frac{1}{|A|}A^*\right)A=E$.

所以矩阵 A 可逆,且 $A^{-1}=\frac{1}{|A|}A^*$.

定理给出了矩阵 A 可逆的充分必要条件,同时也给出了求逆矩阵的方法,这种方法称为**伴随矩阵法**.

当矩阵 A 满足 $|A|\neq 0$ 时,称 A 为**非奇异矩阵**,否则称为**奇异矩阵**.

推论对于 n 阶矩阵 A, 如果存在矩阵 B, 有 $AB=E$, 则矩阵 A 可逆,且 $B=A^{-1}$.

例 2.12 求矩阵

$$A=\begin{pmatrix} 2 & 2 & 3 \\ 1 & -1 & 0 \\ -1 & 2 & 1 \end{pmatrix}$$

的伴随矩阵 A^*.

解 因为

$$A_{11}=\begin{vmatrix} -1 & 0 \\ 2 & 1 \end{vmatrix}=-1,\ A_{21}=-\begin{vmatrix} 2 & 3 \\ 2 & 1 \end{vmatrix}=4,\ A_{31}=\begin{vmatrix} 2 & 3 \\ -1 & 0 \end{vmatrix}=3,$$

$$A_{12}=-\begin{vmatrix} 1 & 0 \\ -1 & 1 \end{vmatrix}=-1,\ A_{22}=\begin{vmatrix} 2 & 3 \\ -1 & 1 \end{vmatrix}=5,\ A_{32}=-\begin{vmatrix} 2 & 3 \\ 1 & 0 \end{vmatrix}=3,$$

$$A_{13}=\begin{vmatrix} 1 & -1 \\ -1 & 2 \end{vmatrix}=1,\ A_{23}=-\begin{vmatrix} 2 & 2 \\ -1 & 2 \end{vmatrix}=-6,\ A_{33}=\begin{vmatrix} 2 & 2 \\ 1 & -1 \end{vmatrix}=-4,$$

所以

$$A^*=\begin{pmatrix} -1 & 4 & 3 \\ -1 & 5 & 3 \\ 1 & -6 & -4 \end{pmatrix}.$$

例 2.13　设

$$\boldsymbol{A}=\begin{pmatrix} a & b \\ c & d \end{pmatrix},$$

求 $\boldsymbol{A}$ 可逆的条件,在可逆的条件下,求 $\boldsymbol{A}^{-1}$.

解　$\boldsymbol{A}$ 可逆的充分必要条件是 $|\boldsymbol{A}|=ad-bc\neq 0$.

在此条件下,

$$\boldsymbol{A}^{-1}=\frac{1}{|\boldsymbol{A}|}\boldsymbol{A}^{*}=\frac{1}{ad-bc}\begin{pmatrix} d & -b \\ -c & a \end{pmatrix}.$$

例 2.14　矩阵

$$\boldsymbol{A}=\begin{pmatrix} 1 & 1 & 2 \\ 2 & -1 & 0 \\ 1 & 0 & 1 \end{pmatrix}$$

是否可逆？若可逆,求 $\boldsymbol{A}^{-1}$.

解　因为 $A_{11}=\begin{vmatrix} -1 & 0 \\ 0 & 1 \end{vmatrix}=-1$, $A_{21}=-\begin{vmatrix} 1 & 2 \\ 0 & 1 \end{vmatrix}=-1$, $A_{31}=\begin{vmatrix} 1 & 2 \\ -1 & 0 \end{vmatrix}=2$,

故 $|\boldsymbol{A}|=1\times(-1)+2\times(-1)+1\times 2=-1\neq 0$, 所以 $\boldsymbol{A}$ 可逆.

又

$$A_{12}=-\begin{vmatrix} 2 & 0 \\ 1 & 1 \end{vmatrix}=-2,\ A_{22}=\begin{vmatrix} 1 & 2 \\ 1 & 1 \end{vmatrix}=-1,\ A_{32}=-\begin{vmatrix} 1 & 2 \\ 2 & 0 \end{vmatrix}=4,$$

$$A_{13}=\begin{vmatrix} 2 & -1 \\ 1 & 0 \end{vmatrix}=1,\ A_{23}=-\begin{vmatrix} 1 & 1 \\ 1 & 0 \end{vmatrix}=1, A_{33}=\begin{vmatrix} 1 & 1 \\ 2 & -1 \end{vmatrix}=-3,$$

所以

$$\boldsymbol{A}^{-1}=\frac{1}{|\boldsymbol{A}|}\boldsymbol{A}^{*}=-\begin{pmatrix} -1 & -1 & 2 \\ -2 & -1 & 4 \\ 1 & 1 & -3 \end{pmatrix}=\begin{pmatrix} 1 & 1 & -2 \\ 2 & 1 & -4 \\ -1 & -1 & 3 \end{pmatrix}.$$

例 2.15 设

$$A=\begin{pmatrix}1&1&-1\\0&2&2\\1&-1&0\end{pmatrix},\ B=\begin{pmatrix}1&-1\\1&1\\2&1\end{pmatrix},$$

求矩阵 X,使得 $AX=B$.

解 因为

$$|A|=\begin{vmatrix}1&1&-1\\0&2&2\\1&-1&0\end{vmatrix}=6\neq 0,$$

所以 A 可逆,则可求得

$$A^{-1}=\frac{1}{6}\begin{pmatrix}2&1&4\\2&1&-2\\-2&2&2\end{pmatrix}.$$

在 $AX=B$ 的两边左乘 A^{-1},得 $A^{-1}AX=A^{-1}B$,即有

$$X=A^{-1}B=\frac{1}{6}\begin{pmatrix}2&1&4\\2&1&-2\\-2&2&2\end{pmatrix}\begin{pmatrix}1&-1\\1&1\\2&1\end{pmatrix}=\frac{1}{6}\begin{pmatrix}11&3\\-1&-3\\4&6\end{pmatrix}.$$

例 2.16 求证:$(A^*)^{-1}=(A^{-1})^*=\dfrac{A}{|A|}$.

证明 设 A 可逆,则

$$(A^*)^{-1}=(|A|A^{-1})^{-1}=\frac{A}{|A|},$$

$$(A^{-1})^*=|A^{-1}|(A^{-1})^{-1}=\frac{A}{|A|}.$$

例 2.17 已知 A,B 均为 n 阶矩阵,且 A 与 $E-AB$ 都是可逆矩阵,证明 $E-BA$ 可逆.

证明

$$\begin{aligned}|E-BA|&=|A^{-1}A-BA|=|(A^{-1}-B)A|\\&=|A^{-1}-B|\,|A|=|A|\,|A^{-1}-B|\\&=|A(A^{-1}-B)|=|E-AB|\neq 0\end{aligned}$$

故 $E-BA$ 可逆.

代数名家卡片(伽罗瓦)

埃瓦里斯特·伽罗瓦,1811 年 10 月 25 日生,法国数学家,现代数学中的分支学科群论的创立者. 用群论彻底解决了根式求解代数方程的问题,而且由此发展了一整套关于群和域的理论,人们称之为伽罗瓦群和伽罗瓦理论. 他系统化地阐释了为何五次以上的方程式没有公式解,而四次以下有公式解.

延伸阅读二

图书库存管理与订单分配问题

随着大数据、物联网和人工智能技术的广泛应用,中国许多大型图书馆、书店以及在线平台都采用了智能化的库存管理系统和订单分配系统. 这些系统能够根据销售数据和读者需求预测,合理安排库存,并通过智能分配算法优化物流,提升运营效率. 这一过程不仅提高了图书供应链的管理水平,也有效推动了知识的快速传播. 中国的"全民阅读"工程和"文化扶贫"战略中,许多乡村地区的中小学、图书馆都实现了信息化的图书管理系统建设. 这些系统能够精准地进行库存管理,及时补充缺货书籍,并通过高效的订单分配系统将图书配送到各地,满足读者的阅读需求,尤其是偏远地区的儿童和青少年. 这不仅缩小了城乡文化资源分配上的差距,也在国家促进教育公平、文化均衡发展的战略中起到了重要作用. 作为国家的青年力量,应当认识到技术背后更深层次的社会意义,学习先进的管理技术,同时培养社会责任感,把个人发展与国家的文化建设和社会服务事业相结合,努力为实现全民阅读、文化强国目标贡献智慧与力量.

【案例描述】

某书店接到多所学校的教科书订单. 书店需要从三个仓库为两所学校分配相应数量的教科书. 每个仓库储存的教科书数量不同,而每所学校的订单需求也各不相同. 任务是帮助书店合理分配仓库的库存,以满足学校的需求,并在某些情况下计算额外的补货需求.

【数学模型】

(1) 每个仓库的库存情况可以用矩阵 $\boldsymbol{A}$ 表示,矩阵中的元素 a_{ij} 表示仓库

i 对学校 j 的可供应数量. $\boldsymbol{A}=\begin{pmatrix}100 & 80 & 60\\ 120 & 90 & 50\end{pmatrix}$ 这个 3×2 矩阵表示仓库 1 有 100 本教科书可供给学校 1,有 80 本可供给学校 2;仓库 2 和仓库 3 类似.

(2) 学校的教科书需求可以用一个 2×1 的列矩阵 $\boldsymbol{B}$ 表示: $\boldsymbol{B}=(230\quad 220)$,其中,第一行表示学校 1 的总需求是 230 本,第二行表示学校 2 的总需求是 220 本.

通过本章的学习,学生将理解矩阵及其运算(包括加法、乘法、求逆等),并最终解决如何有效分配库存以满足学校的订单需求,或确定是否需要额外补货.

1. 矩阵的概念

首先,学生会学习矩阵的基本概念,并了解如何用矩阵来描述实际问题. 在本案例中,库存矩阵 $\boldsymbol{A}$ 和需求矩阵 $\boldsymbol{B}$ 代表仓库库存和学校需求的情况. 通过这个案例,学生可以清楚地看到矩阵如何用于表示多个实体之间的关系(即仓库和学校之间的教科书分配情况).

学生在这一部分应熟悉矩阵的维数,如何将实际问题抽象为矩阵,以及矩阵中的元素如何对应到现实问题.

2. 矩阵运算

学生接着会学习矩阵的基本运算,包括矩阵加法、标量乘法和矩阵乘法. 这里,矩阵运算可以直接用于计算各仓库为学校分配的教科书数量. 比如,仓库的总库存 $\boldsymbol{A}$ 和一个分配策略矩阵 $\boldsymbol{X}$ 的乘积 $\boldsymbol{A}\cdot\boldsymbol{X}$ 可以用于表示分配结果:

$$\begin{pmatrix}100 & 80 & 60\\ 120 & 90 & 50\end{pmatrix}\cdot(x_1\quad x_2)(230\quad 220)$$

学生将通过矩阵乘法理解如何根据仓库库存和学校需求确定合理的分配策略.

3. 逆矩阵

在解决库存分配问题时,假如仓库的库存与学校的需求存在某种线性对应关系(例如库存足够并且需求精确对应库存的分配),则可以通过逆矩阵来求解分配方案. 假设书店可以通过一定的策略调整每个仓库的库存分配,这样就能找到一个合适的库存分配矩阵 $\boldsymbol{X}$,满足 $\boldsymbol{A}\cdot\boldsymbol{X}=\boldsymbol{B}$. 通过求逆矩阵 $\boldsymbol{A}^{-1}$,学生将能够解出最优的分配策略:

$$X = A^{-1} \cdot B.$$

学生会学到如何在满足条件的情况下，利用逆矩阵解决线性方程组，找到合理分配方式.

特殊情况：库存不足或超出需求

在现实问题中，仓库的库存可能不足以完全满足需求. 在这种情况下，学生可以通过矩阵运算计算缺少的库存量. 假设仓库的库存不足，则通过矩阵乘法运算，学生可以计算出实际库存与需求的差异. 这可以引导学生在学完矩阵运算后，通过设置方程组，计算出每个仓库需要额外补充多少库存，才能完全满足学校的订单.

• 基础分配策略：学生首先需要通过矩阵乘法计算初步的库存分配情况. 假设书店采取一个简单策略，平均分配库存，那么学生可以利用矩阵乘法计算各仓库的教科书分配情况.

• 校验是否满足需求：学生将学会通过矩阵运算校验仓库库存是否能够满足学校需求，是否需要额外补货，或者是否需要重新分配库存.

• 应用逆矩阵求解最优分配：如果库存和需求完全匹配，学生可以通过逆矩阵的方法求出最优的库存分配方案，确保每个学校的需求都能被最优满足.

基本练习题二

1. 设矩阵

$$\boldsymbol{A} = \begin{pmatrix} 2 & -1 & 4 & b \\ 1 & a & -5 & -2 \end{pmatrix}, \boldsymbol{B} = \begin{pmatrix} c & -1 & 4 & 3 \\ 1 & 0 & d & -2 \end{pmatrix}$$

且 $\boldsymbol{A} = \boldsymbol{B}$, 求元素 a,b,c,d 的值.

2. 设矩阵

$$\boldsymbol{A} = \begin{pmatrix} 1 & -2 & 1 & 2 \\ 2 & 3 & -4 & 0 \\ -3 & 5 & 0 & -4 \end{pmatrix}, \boldsymbol{B} = \begin{pmatrix} -3 & 3 & 0 & -3 \\ 0 & -4 & 9 & 12 \\ 6 & -8 & -9 & 5 \end{pmatrix}.$$

求(1) $3\boldsymbol{A}-\boldsymbol{B}$; (2) $2\boldsymbol{A}+3\boldsymbol{B}$; (3) 若 $\boldsymbol{X}$ 满足 $(3\boldsymbol{A}-\boldsymbol{X})+2(\boldsymbol{B}-\boldsymbol{X})=0$, 求 $\boldsymbol{X}$.

3. 计算下列各题.

(1) $\begin{pmatrix}1 & -2 & 3\end{pmatrix}\begin{pmatrix}1\\2\\3\end{pmatrix}$；　　(2) $\begin{pmatrix}1\\-2\\3\end{pmatrix}\begin{pmatrix}-1 & 2 & 3\end{pmatrix}$；

(3) $\begin{pmatrix}-2 & 3\\5 & -4\end{pmatrix}\begin{pmatrix}3 & 4\\2 & 5\end{pmatrix}$；　　(4) $\begin{pmatrix}5 & 0\\3 & -2\\-1 & 1\end{pmatrix}\begin{pmatrix}-1 & 2 & 3\\2 & -4 & 3\end{pmatrix}$；

(5) $\begin{pmatrix}2 & 1 & 4 & 0\\1 & -1 & 3 & 4\end{pmatrix}\begin{pmatrix}1 & 3 & 1\\0 & -1 & 2\\1 & -3 & 1\\4 & 0 & -2\end{pmatrix}$.

4. 计算 $\boldsymbol{AB}-\boldsymbol{BA}$，其中

(1) $\boldsymbol{A}=\begin{pmatrix}1 & 2 & 2\\2 & 1 & 2\\1 & 2 & 3\end{pmatrix}$，$\boldsymbol{B}=\begin{pmatrix}4 & 1 & 1\\-4 & 2 & 0\\1 & 2 & 1\end{pmatrix}$；

(2) $\boldsymbol{A}=\begin{pmatrix}2 & 1 & 0\\1 & 1 & 2\\-1 & 2 & 1\end{pmatrix}$，$\boldsymbol{B}=\begin{pmatrix}3 & 1 & -2\\3 & -2 & 4\\-3 & 5 & 1\end{pmatrix}$.

5. 计算下列各题.

(1) $\begin{pmatrix}1 & -1\\1 & -1\end{pmatrix}^2$；　　(2) $\begin{pmatrix}1 & 1\\0 & 0\end{pmatrix}^2$；

(3) $\begin{pmatrix}1 & 1\\0 & 1\end{pmatrix}^n$（$n$ 是正整数）；

(4) $\begin{pmatrix}1 & -1 & -1 & -1\\-1 & 1 & -1 & -1\\-1 & -1 & 1 & -1\\-1 & -1 & -1 & 1\end{pmatrix}^n$（$n$ 是正整数）.

6. 设矩阵

$$\boldsymbol{A}=\begin{pmatrix}1 & 1 & 0\\0 & 1 & -1\\1 & -1 & 1\end{pmatrix},\ \boldsymbol{B}=\begin{pmatrix}1 & 2 & 3\\-1 & -2 & -4\\0 & 2 & 1\end{pmatrix}.$$

求 (1) $\boldsymbol{A}^{\mathrm{T}}\boldsymbol{B}$；(2) $(\boldsymbol{AB})^{\mathrm{T}}$.

7. 设矩阵 $\boldsymbol{A}$，$\boldsymbol{B}$，$\boldsymbol{C}$ 满足 $\boldsymbol{AB}=\boldsymbol{BA}$，$\boldsymbol{AC}=\boldsymbol{CA}$，试证：

(1) $\boldsymbol{A}(\boldsymbol{B}+\boldsymbol{C})=(\boldsymbol{B}+\boldsymbol{C})\boldsymbol{A}$；　　(2) $\boldsymbol{A}(\boldsymbol{BC})=(\boldsymbol{BC})\boldsymbol{A}$；

(3) $(\boldsymbol{A}+\boldsymbol{B})^3=\boldsymbol{A}^3+3\boldsymbol{A}^2\boldsymbol{B}+3\boldsymbol{A}\boldsymbol{B}^2+\boldsymbol{B}^3$.

8. 对任意 n 阶矩阵 $\boldsymbol{A}$，试证：

(1) $\boldsymbol{A}+\boldsymbol{A}^{\mathrm{T}}$ 为对称矩阵；　　(2) $\boldsymbol{A}-\boldsymbol{A}^{\mathrm{T}}$ 为反对称矩阵.

9. 举反例说明下列命题是错误的：

(1) 若 $\boldsymbol{A}^2=\boldsymbol{0}$，则 $\boldsymbol{A}=\boldsymbol{0}$；

(2) 若 $\boldsymbol{A}^2=\boldsymbol{A}$，则 $\boldsymbol{A}=\boldsymbol{0}$ 或 $\boldsymbol{A}=\boldsymbol{E}$；

(3) 若 $\boldsymbol{AB}=\boldsymbol{AC}$，且 $\boldsymbol{A}\neq\boldsymbol{0}$，则 $\boldsymbol{B}=\boldsymbol{C}$.

10. 设矩阵

$$\boldsymbol{A}=\begin{pmatrix}3&2\\5&4\end{pmatrix},\ \boldsymbol{B}=\begin{pmatrix}7&-4\\-5&3\end{pmatrix},\ \boldsymbol{C}=\begin{pmatrix}2&1\\3&4\end{pmatrix}.$$

求 (1) $|\boldsymbol{A}^{\mathrm{T}}\boldsymbol{B}^2\boldsymbol{C}|$；　(2) $|(2\boldsymbol{A}-3\boldsymbol{C})\boldsymbol{B}|$；　(3) $|(3\boldsymbol{B}\boldsymbol{B}^{\mathrm{T}})^2|$.

11. 求矩阵 $\boldsymbol{A}=\begin{pmatrix}3&-4&5\\2&-3&1\\3&-5&-1\end{pmatrix}$ 的伴随矩阵 $\boldsymbol{A}^*$.

12. 求下列矩阵的逆矩阵.

(1) $\begin{pmatrix}1&2\\3&4\end{pmatrix}$；　　(2) $\begin{pmatrix}3&-4&5\\2&-3&1\\3&-5&-1\end{pmatrix}$；

(3) $\begin{pmatrix}2&2&3\\1&-1&0\\-1&2&1\end{pmatrix}$；　　(4) $\begin{pmatrix}2&0&0\\1&2&0\\0&1&2\end{pmatrix}$；

(5) $\begin{pmatrix}1&0&0&0\\1&2&0&0\\2&1&3&0\\1&2&1&4\end{pmatrix}$；　　(6) $\begin{pmatrix}1&a&a^2&a^3\\0&1&a&a^2\\0&0&1&a\\0&0&0&1\end{pmatrix}$.

13. 求满足下列方程的矩阵 $\boldsymbol{X}$.

(1) $\begin{pmatrix}1&-2&0\\1&-2&-1\\-3&1&2\end{pmatrix}\boldsymbol{X}=\begin{pmatrix}-1&4\\2&5\\1&-3\end{pmatrix}$；

(2) $\boldsymbol{X}\begin{pmatrix}1 & 1 & 1\\0 & 1 & 1\\0 & 0 & 1\end{pmatrix}=\begin{pmatrix}1 & -2 & 1\\0 & 1 & -1\end{pmatrix}$;

(3) $\begin{pmatrix}1 & 4\\-1 & 2\end{pmatrix}\boldsymbol{X}\begin{pmatrix}2 & 0\\-1 & 1\end{pmatrix}=\begin{pmatrix}3 & 1\\0 & -1\end{pmatrix}$.

综合练习题二

1. 设矩阵

$$\boldsymbol{A}=\begin{pmatrix}3 & 2 & -1\\0 & -2 & a\end{pmatrix},\ \boldsymbol{B}=\begin{pmatrix}b & 2 & c\\0 & -2 & 4\end{pmatrix}.$$

当 $\boldsymbol{A}=\boldsymbol{B}$ 时,求 a, b, c.

2. 设二阶方阵 $\boldsymbol{A}=\begin{pmatrix}a & b\\c & d\end{pmatrix}$ 和三阶矩阵 $\boldsymbol{A}$,分别求 $(\boldsymbol{A}^*)^*$.

3. 设 $\boldsymbol{A},\boldsymbol{B}$ 都是 n 阶矩阵,已知 $|\boldsymbol{A}|=2$,$|\boldsymbol{B}|=-3$,求 $|2\boldsymbol{A}^*\boldsymbol{B}^{-1}|$.

4. 设矩阵

$$\boldsymbol{A}=\begin{pmatrix}1 & 0 & 2 & 0\\0 & -2 & 0 & 0\\-1 & 0 & 1 & 0\\0 & 0 & 0 & 1\end{pmatrix},$$

矩阵 $\boldsymbol{B}$ 满足 $\boldsymbol{AB}+\boldsymbol{B}+\boldsymbol{A}+2\boldsymbol{E}=\boldsymbol{0}$,求 $|\boldsymbol{B}+\boldsymbol{E}|$.

5. 已知方阵 $\boldsymbol{A}$ 满足 $\boldsymbol{A}^2-\boldsymbol{A}-2\boldsymbol{E}=\boldsymbol{0}$,证明 $\boldsymbol{A}$ 及 $\boldsymbol{A}+2\boldsymbol{E}$ 都可逆,并求 $\boldsymbol{A}^{-1}$ 及 $(\boldsymbol{A}+2\boldsymbol{E})^{-1}$.

6. 证明:对于任意方阵 $\boldsymbol{A}$ 满足 $\boldsymbol{A}\boldsymbol{A}^*=\boldsymbol{A}^*\boldsymbol{A}=|\boldsymbol{A}|\boldsymbol{E}$.

7. 设 $\boldsymbol{A}$ 是 $m\times n$ 阶实矩阵,则 $\boldsymbol{A}^{\mathrm{T}}\boldsymbol{A}=\boldsymbol{0}$ 的充分必要条件是 $\boldsymbol{A}=\boldsymbol{0}$.

8. 设 $\boldsymbol{A}$ 是 $n\times 1$ 阶矩阵,$\boldsymbol{B}$ 是 $1\times n$ 阶矩阵,若 $\boldsymbol{P}=\boldsymbol{AB}\neq\boldsymbol{0}$,$\boldsymbol{P}^k=\boldsymbol{0}(k>2)$,则 $\boldsymbol{P}^2=\boldsymbol{0}$.

9. 设 $\boldsymbol{A}$ 是 n 阶矩阵,$\boldsymbol{A}^*$ 是 $\boldsymbol{A}$ 的伴随矩阵,则 $\boldsymbol{A}$ 可逆的充分必要条件是 $|\boldsymbol{A}^*|\neq 0$.

10. 设 $\boldsymbol{A},\boldsymbol{B}$ 均为 n 阶可逆矩阵,证明:

(1) $(\boldsymbol{A}^k)^*=(\boldsymbol{A}^*)^k$;　　(2) $(k\boldsymbol{A})^*=k^{n-1}\boldsymbol{A}^*$;

(3) $(\boldsymbol{AB})^* = \boldsymbol{B}^* \boldsymbol{A}^*$；　　(4) $|\boldsymbol{A}^*| = |\boldsymbol{A}|^{n-1}$；

(5) $(\boldsymbol{A}^*)^* = |\boldsymbol{A}|^{n-2}\boldsymbol{A}$.

11. 设多项式 $f(x) = a_0 + a_1x + \cdots + a_mx^m$，记

$$f(\boldsymbol{A}) = a_0\boldsymbol{E} + a_1\boldsymbol{A} + \cdots + a_m\boldsymbol{A}^m,$$

$f(\boldsymbol{A})$ 称为方阵 $\boldsymbol{A}$ 的 m 次多项式.

(1) 设 $\boldsymbol{A} = \begin{pmatrix} \lambda_1 & 0 \\ 0 & \lambda_2 \end{pmatrix}$，证明：$\boldsymbol{A}^k = \begin{pmatrix} \lambda_1^k & 0 \\ 0 & \lambda_2^k \end{pmatrix}$，$f(\boldsymbol{A}) = \begin{pmatrix} f(\lambda_1) & 0 \\ 0 & f(\lambda_2) \end{pmatrix}$.

(2) 设 $\boldsymbol{A} = \boldsymbol{P\Lambda P}^{-1}$，证明：$\boldsymbol{A}^k = \boldsymbol{P\Lambda}^k\boldsymbol{P}^{-1}$，$f(\boldsymbol{A}) = \boldsymbol{P}f(\boldsymbol{\Lambda})\boldsymbol{P}^{-1}$.

拓展训练二

1. (2002 年)已知 $\boldsymbol{\alpha} = (1,2,1)^{\mathrm{T}}$，$\boldsymbol{\beta} = \left(1,\frac{1}{2},0\right)^{\mathrm{T}}$，$\boldsymbol{A} = \boldsymbol{\alpha\beta}^{\mathrm{T}}$，则 $\boldsymbol{A}^4 =$ ________.

解　因为矩阵乘法有结合律，注意到 $\boldsymbol{\beta}^{\mathrm{T}}\boldsymbol{\alpha}$ 是一个数，这就有

$$\boldsymbol{A}^2 = (\boldsymbol{\alpha\beta}^{\mathrm{T}})(\boldsymbol{\alpha\beta}^{\mathrm{T}}) = \boldsymbol{\alpha}(\boldsymbol{\beta}^{\mathrm{T}}\boldsymbol{\alpha})\boldsymbol{\beta}^{\mathrm{T}} = 2\boldsymbol{\alpha\beta}^{\mathrm{T}} = 2\boldsymbol{A},$$

$$\boldsymbol{A}^4 = 2^3\boldsymbol{A} = 2^3\begin{pmatrix}1\\2\\1\end{pmatrix}\left(1,\frac{1}{2},0\right) = 8\begin{pmatrix}1 & \frac{1}{2} & 0\\ 2 & 1 & 0\\ 1 & \frac{1}{2} & 0\end{pmatrix} = \begin{pmatrix}8 & 4 & 0\\ 16 & 8 & 0\\ 8 & 4 & 0\end{pmatrix}.$$

2. (2008 年)设 $\boldsymbol{A}$ 为 n 阶非零矩阵，$\boldsymbol{E}$ 为 n 阶单位矩阵，若 $\boldsymbol{A}^3 = \boldsymbol{0}$，则 (　　)

A. $\boldsymbol{E} - \boldsymbol{A}$ 不可逆，$\boldsymbol{E} + \boldsymbol{A}$ 不可逆

B. $\boldsymbol{E} - \boldsymbol{A}$ 不可逆，$\boldsymbol{E} + \boldsymbol{A}$ 可逆

C. $\boldsymbol{E} - \boldsymbol{A}$ 可逆，$\boldsymbol{E} + \boldsymbol{A}$ 可逆

D. $\boldsymbol{E} - \boldsymbol{A}$ 可逆，$\boldsymbol{E} + \boldsymbol{A}$ 不可逆

解　由于 $(\boldsymbol{E}-\boldsymbol{A})(\boldsymbol{E}+\boldsymbol{A}+\boldsymbol{A}^2) = \boldsymbol{E}-\boldsymbol{A}^3 = \boldsymbol{E}$，$(\boldsymbol{E}+\boldsymbol{A})(\boldsymbol{E}-\boldsymbol{A}+\boldsymbol{A}^2) = \boldsymbol{E}+\boldsymbol{A}^3 = \boldsymbol{E}$，故 $\boldsymbol{E}-\boldsymbol{A}$，$\boldsymbol{E}+\boldsymbol{A}$ 均可逆，应选 C.

3. (2009 年)设 $\boldsymbol{A}$，$\boldsymbol{B}$ 均为 2 阶矩阵，$\boldsymbol{A}^*$，$\boldsymbol{B}^*$ 分别为 $\boldsymbol{A}$，$\boldsymbol{B}$ 的伴随矩阵，若

$|\boldsymbol{A}|=2,|\boldsymbol{B}|=3$，则分块矩阵 $\begin{pmatrix}\boldsymbol{0} & \boldsymbol{A}\\ \boldsymbol{B} & \boldsymbol{0}\end{pmatrix}$ 的伴随矩阵为 （　）

A. $\begin{pmatrix}\boldsymbol{0} & 3\boldsymbol{B}^*\\ 2\boldsymbol{A}^* & \boldsymbol{0}\end{pmatrix}$　　B. $\begin{pmatrix}\boldsymbol{0} & 2\boldsymbol{B}^*\\ 3\boldsymbol{A}^* & \boldsymbol{0}\end{pmatrix}$

C. $\begin{pmatrix}\boldsymbol{0} & 3\boldsymbol{A}^*\\ 2\boldsymbol{B}^* & \boldsymbol{0}\end{pmatrix}$　　D. $\begin{pmatrix}\boldsymbol{0} & 2\boldsymbol{A}^*\\ 3\boldsymbol{B}^* & \boldsymbol{0}\end{pmatrix}$

解　因为对任意矩阵 $\boldsymbol{A}$，均有 $\boldsymbol{A}\boldsymbol{A}^*=\boldsymbol{A}^*\boldsymbol{A}=|\boldsymbol{A}|\boldsymbol{E}$.

又由题可知 $\boldsymbol{A},\boldsymbol{B}$ 均可逆，即 $\begin{pmatrix}\boldsymbol{0} & \boldsymbol{A}\\ \boldsymbol{B} & \boldsymbol{0}\end{pmatrix}$ 可逆，所以

$$\begin{pmatrix}\boldsymbol{0} & \boldsymbol{A}\\ \boldsymbol{B} & \boldsymbol{0}\end{pmatrix}^*=\begin{vmatrix}\boldsymbol{0} & \boldsymbol{A}\\ \boldsymbol{B} & \boldsymbol{0}\end{vmatrix}\begin{pmatrix}\boldsymbol{0} & \boldsymbol{A}\\ \boldsymbol{B} & \boldsymbol{0}\end{pmatrix}^{-1}=(-1)^{2\times2}|\boldsymbol{A}|\,|\boldsymbol{B}|\begin{pmatrix}\boldsymbol{0} & \boldsymbol{B}^{-1}\\ \boldsymbol{A}^{-1} & \boldsymbol{0}\end{pmatrix}$$

$$=\begin{pmatrix}\boldsymbol{0} & |\boldsymbol{A}|\,|\boldsymbol{B}|\boldsymbol{B}^{-1}\\ |\boldsymbol{A}|\,|\boldsymbol{B}|\boldsymbol{A}^{-1} & \boldsymbol{0}\end{pmatrix}$$

$$=\begin{pmatrix}\boldsymbol{0} & |\boldsymbol{A}|\boldsymbol{B}^*\\ |\boldsymbol{B}|\boldsymbol{A}^* & \boldsymbol{0}\end{pmatrix}=\begin{pmatrix}\boldsymbol{0} & 2\boldsymbol{B}^*\\ 3\boldsymbol{A}^* & \boldsymbol{0}\end{pmatrix}.$$

故答案选 B.

4. (2011 年)设 $\boldsymbol{A}$ 为 3 阶矩阵，将 $\boldsymbol{A}$ 的第二列加到第一列得到矩阵 $\boldsymbol{B}$，再交换 $\boldsymbol{B}$ 的第二行与第三行得单位矩阵. 记 $\boldsymbol{P}_1=\begin{pmatrix}1&0&0\\1&1&0\\0&0&1\end{pmatrix}$，$\boldsymbol{P}_2=\begin{pmatrix}1&0&0\\0&0&1\\0&1&0\end{pmatrix}$，则 $\boldsymbol{A}=$ （　）

A. $\boldsymbol{P}_1\boldsymbol{P}_2$　　B. $\boldsymbol{P}_1^{-1}\boldsymbol{P}_2$

C. $\boldsymbol{P}_2\boldsymbol{P}_1$　　D. $\boldsymbol{P}_2\boldsymbol{P}_1^{-1}$

解　由题意知，$\begin{pmatrix}1&0&0\\0&0&1\\0&1&0\end{pmatrix}\boldsymbol{A}\begin{pmatrix}1&0&0\\1&1&0\\0&0&1\end{pmatrix}=\boldsymbol{P}_2\boldsymbol{A}\boldsymbol{P}_1=\boldsymbol{E}$，

所以 $\boldsymbol{A}=\boldsymbol{P}_2^{-1}\boldsymbol{P}_1^{-1}=\boldsymbol{P}_2\boldsymbol{P}_1^{-1}$，即答案选 D.

5. (2017 年)设 $\boldsymbol{\alpha}$ 为 n 维单位列向量，$\boldsymbol{E}$ 为 n 阶单位矩阵，则 （　）

A. $\boldsymbol{E}-\boldsymbol{\alpha}\boldsymbol{\alpha}^{\mathrm{T}}$ 不可逆　　B. $\boldsymbol{E}+\boldsymbol{\alpha}\boldsymbol{\alpha}^{\mathrm{T}}$ 不可逆

C. $\boldsymbol{E}+2\boldsymbol{\alpha}\boldsymbol{\alpha}^{\mathrm{T}}$ 不可逆　　D. $\boldsymbol{E}-2\boldsymbol{\alpha}\boldsymbol{\alpha}^{\mathrm{T}}$ 不可逆

解　令 $\boldsymbol{A}=\boldsymbol{\alpha}\boldsymbol{\alpha}^{\mathrm{T}}$，$\boldsymbol{A}^2=\boldsymbol{A}$，由 $\boldsymbol{A}\boldsymbol{X}=\lambda\boldsymbol{X}$，即 $(\boldsymbol{A}^2-\boldsymbol{A})\boldsymbol{X}=(\lambda^2-\lambda)\boldsymbol{X}=\boldsymbol{0}$ 得，$\lambda^2-\lambda=0$，$\lambda=0$ 或 $\lambda=1$，因为 $\mathrm{tr}\boldsymbol{A}=\boldsymbol{\alpha}^{\mathrm{T}}\boldsymbol{\alpha}=1=\lambda_1+\lambda_2+\cdots+\lambda_n$ 得 $\boldsymbol{A}$

的特征值为 $\lambda_1=\lambda_2=\cdots=\lambda_{n-1}=0,\lambda_n=1$，$\boldsymbol{E}-\boldsymbol{\alpha}\boldsymbol{\alpha}^{\mathrm{T}}$ 的特征值为 $\lambda_1=\lambda_2=\cdots=\lambda_{n-1}=1,\lambda_n=0$，从而 $|\boldsymbol{E}-\boldsymbol{\alpha}\boldsymbol{\alpha}^{\mathrm{T}}|=0$，即 $\boldsymbol{E}-\boldsymbol{\alpha}\boldsymbol{\alpha}^{\mathrm{T}}$ 不可逆，所以答案选 A.

实际案例分析二

1. 在讨论国民经济的数学问题中，如何用合理的数学符号和方式来表示某一地区关于运输物资的产地和销地问题？或者调运方案问题？

分析　在国民经济问题中，常常用到矩阵，也就是说用矩阵来表示物资的产地和销地问题是一种更合理和直观的形式，例如在某一地区，煤有 s 个产地 $\boldsymbol{A}_1,\boldsymbol{A}_2,\cdots,\boldsymbol{A}_s$ 和 n 个销地 $\boldsymbol{B}_1,\boldsymbol{B}_2,\cdots,\boldsymbol{B}_n$，那么一个调运方案就可用一个矩阵 $\begin{pmatrix} a_{11} & a_{12} & \cdots & a_{1n} \\ a_{21} & a_{22} & \cdots & a_{2n} \\ \vdots & \vdots & & \vdots \\ a_{s1} & a_{s2} & \cdots & a_{sn} \end{pmatrix}$ 来表示，其中 a_{ij} 表示由产地 $\boldsymbol{A}_i$ 运到销地 $\boldsymbol{B}_j$ 的数量.

2. 一个城市有三个重要的企业：一个煤矿，一个发电厂和一条铁路. 开采 1 元钱的煤，煤矿必须支付 0.25 元的运输费. 而生产 1 元钱的电力，发电厂需支付 0.65 元的煤作燃料，自己亦需支付 0.05 元的电费来驱动辅助设备及支付 0.05 元的运输费. 而提供 1 元钱的运输费，铁路需支付 0.55 元的煤作燃料，0.10 元的电费驱动它的辅助设备. 某周内，煤矿从外面接到50 000元煤的定货，发电厂从外面接到 25 000 元电力的定货，外界对地方铁路没有要求. 问这三个企业在那一周内生产总多少时才能精确地满足它们本身的要求和外界的要求？

分析　对于一周的周期，x_1 表示煤矿的总产值，x_2 表示电厂的总产值，x_3 表示铁路的总产值.

根据题意，$\begin{cases} x_1-(0\cdot x_1+0.65x_2+0.55x_3)=50\,000, \\ x_2-(0.25x_1+0.05x_2+0.10x_3)=25\,000, \\ x_3-(0.25x_1+0.05x_2+0\cdot x_3)=0. \end{cases}$ 写成矩阵形式，得

$$\begin{pmatrix} x_1 \\ x_2 \\ x_3 \end{pmatrix}-\begin{pmatrix} 0 & 0.65 & 0.55 \\ 0.25 & 0.05 & 0.10 \\ 0.25 & 0.05 & 0 \end{pmatrix}\begin{pmatrix} x_1 \\ x_2 \\ x_3 \end{pmatrix}=\begin{pmatrix} 50\,000 \\ 25\,000 \\ 0 \end{pmatrix}.$$

记

$$\boldsymbol{X}=\begin{pmatrix}x_1\\x_2\\x_3\end{pmatrix},\boldsymbol{C}=\begin{pmatrix}0&0.65&0.55\\0.25&0.05&0.10\\0.25&0.05&0\end{pmatrix},\boldsymbol{d}=\begin{pmatrix}50\ 000\\25\ 000\\0\end{pmatrix}.$$

则上式写为 $\boldsymbol{X}-\boldsymbol{CX}=\boldsymbol{d}$，即 $(\boldsymbol{E}-\boldsymbol{C})\boldsymbol{X}=\boldsymbol{d}$.

此方程组有唯一解，其解为

$$\boldsymbol{X}=(\boldsymbol{E}-\boldsymbol{C})^{-1}\boldsymbol{d}=\frac{1}{503}\begin{pmatrix}756&542&470\\220&690&190\\200&170&630\end{pmatrix}\cdot\begin{pmatrix}50\ 000\\25\ 000\\0\end{pmatrix}=\begin{pmatrix}102\ 087\\56\ 163\\28\ 330\end{pmatrix}.$$

得煤矿总产值为 102 087 元，发电厂总产值为 56 163 元，铁路总产值为 28 330 元.

Matlab 应用二：矩阵与逆矩阵的运算

例 2.18 用 Matlab 相关命令生成如下特殊矩阵

(1) 零矩阵

```
≫zeros(3,4)                    %生成 3×4 级零矩阵
ans =                           %ans 为默认存储返回值的变量
   0  0  0  0
   0  0  0  0
   0  0  0  0
```

(2) 单位矩阵

```
≫eye(3)                         %生成 3 阶单位矩阵
ans =
   1  0  0
   0  1  0
   0  0  1
```

(3) 对角矩阵

```
≫diag([1 2 -3])                %以 1,2,-3 为主对角元素生成对角矩阵
ans =
   1  0  0
   0  2  0
   0  0  -3
```

(4) 全 1 矩阵

```
>>ones(3)                         %生成3阶元素全是1的矩阵
ans =
  1  1  1
  1  1  1
  1  1  1
```

例 2.19　设

$$\boldsymbol{A}=\begin{pmatrix}1 & 2 & -1\\0 & 1 & 2\\-3 & 6 & 4\end{pmatrix},\boldsymbol{B}=\begin{pmatrix}-1 & 0 & 1\\0 & 2 & 2\\3 & 5 & 1\end{pmatrix}.$$

求 $\boldsymbol{A}^{\mathrm{T}},\boldsymbol{A}+\boldsymbol{B},\boldsymbol{AB},\boldsymbol{A}^2,\boldsymbol{A}^{-1}\boldsymbol{B},\ \boldsymbol{A}.*\boldsymbol{B}$.

在 Matlab 命令行窗口输入如下命令：

```
>>A=[1 2 -1;0 1 2;-3 6 4]   %输入矩阵A,下面是回车后显示的返
                            回值,如果输入错误可以按向上的箭
                            头,编辑输入命令后敲回车键重新
                            输入
A =
   1   2  -1
   0   1   2
  -3   6   4
>>B=[-1 0 1;0 2 2;3 5 1]    %输入矩阵B
B =
  -1   0   1
   0   2   2
   3   5   1
>> A'                       %求矩阵A的转置矩阵,ans为返回值
                            存储默认变量
ans =
   1   0  -3
   2   1   6
  -1   2   4
>> A+B                      %计算两个矩阵的和
```

```
ans =
   0   2   0
   0   3   4
   0  11   5
≫A * B                        %计算两个矩阵的乘积(俗称差乘),如
                              果第一个矩阵的行数与第二个矩阵的
                              列数不相等会出错
ans =
   -4   -1    4
    6   12    4
   15   32   13
≫A^2                          %计算矩阵的乘方,等价于A×A
ans =
     4    -2   -1
    -6    13   10
   -15    24   31
≫inv(A) * B                   %求A的逆矩阵与B的乘积
ans =
   -1.0000   0.1304   1.3478
   0   0.3478   0.2609
   0   0.8261   0.8696
≫ A * B                       %求矩阵A与矩阵B对应元素的乘积
                              (俗称点乘).必须两个矩阵行列数相同
                              时才能运算
ans =
   -1    0   -1
    0    2    4
   -9   30    4
```

例 2.3(续) 已知矩阵 $\boldsymbol{A}=\begin{pmatrix}1&2&0\\3&1&-2\end{pmatrix}$,$\boldsymbol{B}=\begin{pmatrix}2&2&1\\2&-4&-2\end{pmatrix}$,求 $\boldsymbol{A}+\boldsymbol{B}$,$\boldsymbol{A}-\boldsymbol{B}$,$3\boldsymbol{A}+2\boldsymbol{B}$,$\boldsymbol{B}^{\mathrm{T}}$,$\boldsymbol{B}^{\mathrm{T}}\boldsymbol{B}$.

解

```
≫A=[1 2 0;3 1 -2];B=[2 2 1;2 -4 -2];   %输入矩阵 A,B
≫A+B                                     %计算矩阵 A+B
ans =
  3   4   1
  5  -3  -4
≫A-B                                     %计算矩阵 A-B
ans =
  -1  0  -1
   1  5   0
≫3 * A+2 * B                             %计算矩阵 3A+2B,乘号用 * 号表示不能省略!
ans =
   7   10    2
  13   -5  -10
≫B'                                      %求 B 的转置矩阵,注意必须是英文输入状态下的单引号
ans =
  2   2
  2  -4
  1  -2
≫B' * B                                  %求 B 的转置矩阵与 B 的乘积
ans =
   8   -4  -2
  -4   20  10
  -2   10   5
```

例 2.12(续)　求矩阵

$$A=\begin{pmatrix}2&2&3\\1&-1&0\\-1&2&1\end{pmatrix}$$

的伴随矩阵 $\boldsymbol{A}^*$.

解

```
≫A=[2 2 3;1 -1 0;-1 2 1];                    %输入矩阵A
≫A\eye(3) * det(A)                           %求A的伴随矩阵
ans =
   -1.0000   4.0000   3.0000
   -1.0000   5.0000   3.0000
   1.0000   -6.0000  -4.0000
```

例 2.15(续) 设 $\boldsymbol{A}=\begin{pmatrix}1 & 1 & -1\\0 & 2 & 2\\1 & -1 & 0\end{pmatrix}$, $\boldsymbol{B}=\begin{pmatrix}1 & -1\\1 & 1\\2 & 1\end{pmatrix}$, 求矩阵 $\boldsymbol{X}$, 使得 $\boldsymbol{AX}=\boldsymbol{B}$.

解

```
≫ format   rat                               %设定Matlab的输出为有理数
≫A=[1 1 -1;0 2 2;1 -1 0];
B=[1 -1;1 1;2 1];                            %输入矩阵A,B
≫A\B                                         %求矩阵方程AX = B的解
ans =
   11/6     1/2
   -1/6    -1/2
    2/3      1
```

第3章　矩阵的初等变换与线性方程组

实际案例

百鸡问题

今有鸡翁一，直钱五；鸡母一，直钱三；鸡雏三，直钱一，凡百钱买鸡百只. 问鸡翁、母、雏各几何？（《张邱建算经》）

矩阵的初等变换是矩阵的一种非常重要的运算，本章在引入矩阵的初等变换的基础上首先给出矩阵的秩的概念，并利用初等变换研究秩的性质；然后运用矩阵的秩来研究线性方程组无解、有唯一解或有无穷多解的充分必要条件，并简要介绍一下运用初等变换求解线性方程组的方法.

3.1　矩阵的初等变换

克拉默法则解决了含有 n 个未知量 n 个方程的线性方程组有唯一解的问题，但在自然科学、工程技术、日常生活等许多领域内，还会大量碰到另外两类方程组的求解问题：一类是方程的个数和未知数的个数不相等（如上述"百鸡问题"）；另一类是方程的个数和未知数的个数虽然相等，但方程组的系数行列式为零. 如

例 3.1　解线性方程组

$$\begin{cases} 2x_1+x_2-x_3=2, & (1) \\ x_1+2x_2+x_3=1, & (2) \\ 2x_1+4x_2+2x_3=2. & (3) \end{cases} \tag{3-1}$$

因为方程组的系数行列式 $D=\begin{vmatrix} 2 & 1 & -1 \\ 1 & 2 & 1 \\ 2 & 4 & 2 \end{vmatrix}=0$，所以由克拉默法则可知，上述方程组一定没有唯一解.

那如何来求解这类方程组呢?

我们先来回顾一下用消元法求解线性方程组的过程.

$$(3-1)\xrightarrow[(3)-2(2)]{\substack{(2)\leftrightarrow(1)\\(3)-(1)}}\begin{cases}x_1+2x_2+\ x_3=1, & (4)\\ \qquad 3x_2+3x_3=0, & (5)\\ \qquad\qquad 0=0. & (6)\end{cases}\tag{3-2}$$

$$\xrightarrow[(4)-2(8)]{\frac{1}{5}(5)}\begin{cases}x_1\quad -x_3=1, & (7)\\ \quad x_2+x_3=0, & (8)\\ \qquad\quad 0=0. & (9)\end{cases}$$

方程组(3-3)中的(9)式是恒等式,所以(3-3)是3个未知数2个有效方程的方程组,方程组(3-3)本质上即为方程组

$$\begin{cases}x_1-x_3=1, & (7)\\ \quad x_2+x_3=0. & (8)\end{cases}\tag{3-4}$$

尽管方程组(3-3)和(3-4)都已呈阶梯形,但我们无法用以前熟悉的"回代"的方法来唯一确定 x_1,x_2,x_3 的值.

若将方程组改写为

$$\begin{cases}x_1=1+x_3,\\ x_2=-x_3,\end{cases}$$

任意给定 x_3 的值,就可以确定出 x_1,x_2 的值,从而得到方程组的一个解,表达式中的 x_3 常称为自由未知量. 于是,方程组(3-1)的解可以表示为

$$\begin{cases}x_1=1+x_3,\\ x_2=-x_3,\\ x_3=x_3,\end{cases}$$

其中 x_3 可取任意数. 以后我们也常常令 $x_3=k$,把方程组的解记成

$$\begin{pmatrix}x_1\\x_2\\x_3\end{pmatrix}=\begin{pmatrix}1+k\\-k\\k\end{pmatrix},$$

即

$$\begin{pmatrix}x_1\\x_2\\x_3\end{pmatrix}=\begin{pmatrix}1\\0\\0\end{pmatrix}+k\begin{pmatrix}1\\-1\\1\end{pmatrix},\text{其中 } k \text{ 为任意常数.}$$

以上解题中的消元过程是我们大家熟悉的，消元的过程其实就是把方程组中一个或几个方程进行了这样的操作，即：

(1) 互换方程组中某两个方程的排列位置，如 (2)↔(1)；

(2) 用不等于零的数乘以方程组中的某个方程，如 $\frac{1}{3}(5)$；

(3) 一个方程加上另一个方程的 k 倍，如 (3) − 2(2) 等.

这三种操作常常称为方程组的三种变换. 显然方程组的上述三种变换都是可逆的，所以每次变换前与变换后的方程组都是同解方程组. 上述变换过程中，实际上我们是把整个方程组的每个方程看成一个整体进行变换的，改变的只是未知数的系数和常数项，未知数并没有参与运算. 由此，我们可以引入矩阵的初等变换的概念，上述解方程的主要过程可以通过与方程组相对应的矩阵的初等变换来完成.

3.1.1　矩阵的初等变换

定义 3.1　对矩阵的行(列)进行下列三种变换，称为矩阵的初等行(列)变换：

(1) 互换矩阵中的两行(列)的位置，记作 $r_i \leftrightarrow r_j$ ($c_i \leftrightarrow c_j$)；

(2) 用一个数 $k \neq 0$ 乘矩阵的某一行(列)的所有元素，记作 kr_i (kc_i)；

(3) 把矩阵的某一行(列)的所有元素乘数 k 加到另一行(列)对应的元素上去，记作 $r_i + kr_j$ ($c_i + kc_j$).

矩阵的初等行变换和初等列变换统称为矩阵的初等变换.

当一个矩阵经过初等变换后，就变成了另外一个新的矩阵. 例如，把矩阵

$$\boldsymbol{A} = \begin{pmatrix} 2 & 1 & -1 & 2 \\ 1 & 2 & 1 & 1 \\ 1 & -1 & -3 & 0 \end{pmatrix}$$

的第 1 行和第 2 行互换，就得到矩阵

$$\boldsymbol{B} = \begin{pmatrix} 1 & 2 & 1 & 1 \\ 2 & 1 & -1 & 2 \\ 1 & -1 & -3 & 0 \end{pmatrix}.$$

定义 3.2　如果矩阵 $\boldsymbol{B}$ 可以由矩阵 $\boldsymbol{A}$ 经过一系列初等变换而得到，则称矩阵 $\boldsymbol{A}$ 与 $\boldsymbol{B}$ 是等价的，记作 $\boldsymbol{A} \sim \boldsymbol{B}$.

等价是矩阵之间的一种重要关系，具有下列性质：

(1) **反身性**,即 $\boldsymbol{A} \sim \boldsymbol{A}$;

(2) **对称性**,即若 $\boldsymbol{A} \sim \boldsymbol{B}$,则 $\boldsymbol{B} \sim \boldsymbol{A}$;

(3) **传递性**,即若 $\boldsymbol{A} \sim \boldsymbol{B}, \boldsymbol{B} \sim \boldsymbol{C}$,则 $\boldsymbol{A} \sim \boldsymbol{C}$.

在等价的矩阵中,常常会用到以下几种比较重要的特殊矩阵.

定义 3.3　满足下面两个条件的矩阵称为行阶梯形矩阵:

(1) 零行(若有零行)在下方;

(2) 各个非零行的第一个不为零的元素 a_{ij} (称为首非零元),它的列标 (j)随着行标(i)的递增而严格增大.

例如矩阵

$$\begin{pmatrix} 1 & 1 & 0 & 2 \\ 0 & 2 & 3 & -1 \\ 0 & 0 & 0 & 0 \end{pmatrix}, \begin{pmatrix} 5 & 1 & 0 & 2 \\ 0 & 2 & 0 & -1 \\ 0 & 0 & 0 & -6 \end{pmatrix}, \begin{pmatrix} 1 & 1 & 2 & 0 & 2 \\ 0 & 0 & 1 & -1 & 1 \\ 0 & 0 & 0 & 0 & 0 \\ 0 & 0 & 0 & 0 & 0 \end{pmatrix}$$

都是行阶梯形矩阵.

定义 3.4　满足下面两个条件的行阶梯形矩阵称为行最简形矩阵:

(1) 各个非零行的首非零元都是 1;

(2) 每个首非零元所在的列的其余元素都是零.

如矩阵

$$\begin{pmatrix} 1 & 0 & 0 \\ 0 & 1 & 0 \\ 0 & 0 & 1 \end{pmatrix}, \begin{pmatrix} 1 & 4 & 0 & 0 \\ 0 & 0 & 1 & 0 \\ 0 & 0 & 0 & 0 \end{pmatrix}, \begin{pmatrix} 1 & 2 & 0 & -2 & 1 \\ 0 & 0 & 1 & 0 & 1 \\ 0 & 0 & 0 & 0 & 0 \\ 0 & 0 & 0 & 0 & 0 \end{pmatrix}$$

都是行最简形矩阵.

定义 3.5　如果一个矩阵的左上角是一个单位矩阵,其他位置上的元素都为零,则称这矩阵为标准形矩阵.

例 3.2　化矩阵

$$\boldsymbol{A} = \begin{pmatrix} 1 & 3 & -2 & 2 \\ 2 & 6 & -4 & 5 \\ -1 & -3 & 4 & 0 \end{pmatrix}$$

为行最简形矩阵和标准形矩阵.

解　$$A=\begin{pmatrix}1&3&-2&2\\2&6&-4&5\\-1&-3&4&0\end{pmatrix}\xrightarrow[r_3+r_1]{r_2-2r_1}\begin{pmatrix}1&3&-2&2\\0&0&0&1\\0&0&2&2\end{pmatrix}$$

$$\xrightarrow{r_3\leftrightarrow r_2}\begin{pmatrix}1&3&-2&2\\0&0&2&2\\0&0&0&1\end{pmatrix}=B_1\text{（}B_1\text{是行阶梯形矩阵）}$$

$$\xrightarrow{r_2\div 2}\begin{pmatrix}1&3&-2&2\\0&0&1&1\\0&0&0&1\end{pmatrix}=B_2\text{（}B_2\text{也是行阶梯形矩阵）}$$

$$\xrightarrow[r_2-r_3]{\substack{r_1+2r_2\\ r_1-4r_3}}\begin{pmatrix}1&3&0&0\\0&0&1&0\\0&0&0&1\end{pmatrix}=B_3\text{（}B_3\text{是行最简形矩阵），}$$

对 B_3 继续施行初等列变换，有

$$A=\begin{pmatrix}1&3&-2&2\\2&6&-4&5\\-1&-3&4&0\end{pmatrix}\xrightarrow{r}\begin{pmatrix}1&3&0&0\\0&0&1&0\\0&0&0&1\end{pmatrix}\xrightarrow[c_3\leftrightarrow c_4]{\substack{c_2-3c_1\\ c_2\leftrightarrow c_3}}\begin{pmatrix}1&0&0&0\\0&1&0&0\\0&0&1&0\end{pmatrix}=B_4,$$

B_4 是标准形矩阵.

由此我们可以得到

定理 3.1　**对任何非零矩阵 $A_{m\times n}$ 都可以仅经过有限次初等行变换化为行最简形矩阵，任何非零矩阵 $A_{m\times n}$ 矩阵都可经过初等变换化为标准形矩阵.**

即任何矩阵都等价于相应的行最简形矩阵和标准形矩阵.

3.1.2　初等矩阵

矩阵间的等价关系也可通过矩阵间的运算来表示.

定义 3.6　**由单位矩阵 E 经过一次初等变换而得到的矩阵称为初等矩阵.**

对应于三种初等变换，有三种初等矩阵. 每个初等变换都有一个初等矩阵与之对应.

(1) 把单位矩阵 i 行与 j 行的位置互换（或第 i 列与 j 列的位置互换），得到的初等矩阵记作 $E(i,j)$，即

$$
\boldsymbol{E}(i,j)=\begin{pmatrix}
1 & & & & & & & & \\
 & \ddots & & & & & & & \\
 & & 1 & & & & & & \\
 & & & 0 & & & 1 & & \\
 & & & & 1 & & & & \\
 & & & & & \ddots & & & \\
 & & & & & & 1 & & \\
 & & & 1 & & & 0 & & \\
 & & & & & & & \ddots & \\
 & & & & & & & & 1
\end{pmatrix}
\begin{matrix} \\ \\ \\ \leftarrow 第\, i\, 行 \\ \\ \\ \\ \leftarrow 第\, j\, 行 \\ \\ \\ \end{matrix}
$$

$$
\begin{matrix} 第\, i\, 列 & & 第\, j\, 列 \end{matrix}
$$

(2) 用非零数 k 乘以单位矩阵的第 i 行(或第 i 列),得到的初等矩阵记作 $\boldsymbol{E}(i(k))$,即

$$
\boldsymbol{E}(i(k))=\begin{pmatrix}
1 & & & & & & \\
 & \ddots & & & & & \\
 & & 1 & & & & \\
 & & & k & & & \\
 & & & & 1 & & \\
 & & & & & \ddots & \\
 & & & & & & 1
\end{pmatrix}
\begin{matrix} \\ \\ \\ \leftarrow 第\, i\, 行 \\ \\ \\ \\ \end{matrix}
$$

$$
第\, i\, 列
$$

(3) 用 k 乘单位矩阵的第 j 行再加到第 i 行(或 k 乘单位矩阵的第 i 列再加到第 j 列),得到的初等矩阵记作 $\boldsymbol{E}(i,j(k))$,即

$$
\boldsymbol{E}(i,j(k))=\begin{pmatrix}
1 & & & & & & \\
 & \ddots & & & & & \\
 & & 1 & \cdots & k & & \\
 & & & \ddots & \vdots & & \\
 & & & & 1 & & \\
 & & & & & \ddots & \\
 & & & & & & 1
\end{pmatrix}
\begin{matrix} \\ \\ \leftarrow 第\, i\, 行 \\ \\ \leftarrow 第\, j\, 行 \\ \\ \\ \end{matrix}
$$

$$
\begin{matrix} 第\, i\, 列 & & 第\, j\, 列 \end{matrix}
$$

不难看出，初等矩阵都是可逆的，并且它们的逆矩阵是同一类型的初等矩阵：

$$\boldsymbol{E}(i,j)^{-1}=\boldsymbol{E}(i,j),$$
$$\boldsymbol{E}(i(k))^{-1}=\boldsymbol{E}(i(k^{-1})),$$
$$\boldsymbol{E}(i,j(k))^{-1}=\boldsymbol{E}(i,j(-k)).$$

有了初等矩阵的概念之后，我们就可以把一般矩阵 $\boldsymbol{A}$ 的初等变换同矩阵与初等矩阵的乘法运算联系起来了. 我们先来看一个简单的例子：

设

$$\boldsymbol{A}=\begin{pmatrix} a_{11} & a_{12} & a_{13} \\ a_{21} & a_{22} & a_{23} \end{pmatrix},$$

用 2 阶初等矩阵 $\boldsymbol{E}(1,2)$，$\boldsymbol{E}(2(k))$，$\boldsymbol{E}(1,2(k))$左乘 $\boldsymbol{A}$，得

$$\boldsymbol{E}(1,2)\boldsymbol{A}=\begin{pmatrix} 0 & 1 \\ 1 & 0 \end{pmatrix}\begin{pmatrix} a_{11} & a_{12} & a_{13} \\ a_{21} & a_{22} & a_{23} \end{pmatrix}=\begin{pmatrix} a_{21} & a_{22} & a_{23} \\ a_{11} & a_{12} & a_{13} \end{pmatrix},$$

$$\boldsymbol{E}(2(k))\boldsymbol{A}=\begin{pmatrix} 1 & 0 \\ 0 & k \end{pmatrix}\begin{pmatrix} a_{11} & a_{12} & a_{13} \\ a_{21} & a_{22} & a_{23} \end{pmatrix}=\begin{pmatrix} a_{11} & a_{12} & a_{13} \\ ka_{21} & ka_{22} & ka_{23} \end{pmatrix},$$

$$\boldsymbol{E}(1,2(k))\boldsymbol{A}=\begin{pmatrix} 1 & k \\ 0 & 1 \end{pmatrix}\begin{pmatrix} a_{11} & a_{12} & a_{13} \\ a_{21} & a_{22} & a_{23} \end{pmatrix}$$
$$=\begin{pmatrix} a_{11}+ka_{21} & a_{12}+ka_{22} & a_{13}+ka_{23} \\ a_{21} & a_{22} & a_{23} \end{pmatrix};$$

用 3 阶初等矩阵 $\boldsymbol{E}(1,2)$，$\boldsymbol{E}(2(k))$，$\boldsymbol{E}(1,2(k))$右乘 $\boldsymbol{A}$，得

$$\boldsymbol{AE}(1,2)=\begin{pmatrix} a_{11} & a_{12} & a_{13} \\ a_{21} & a_{22} & a_{23} \end{pmatrix}\begin{pmatrix} 0 & 1 & 0 \\ 1 & 0 & 0 \\ 0 & 0 & 1 \end{pmatrix}=\begin{pmatrix} a_{12} & a_{11} & a_{13} \\ a_{22} & a_{21} & a_{23} \end{pmatrix},$$

$$\boldsymbol{AE}(2(k))=\begin{pmatrix} a_{11} & a_{12} & a_{13} \\ a_{21} & a_{22} & a_{23} \end{pmatrix}\begin{pmatrix} 1 & 0 & 0 \\ 0 & k & 0 \\ 0 & 0 & 1 \end{pmatrix}=\begin{pmatrix} a_{11} & ka_{12} & a_{13} \\ a_{21} & ka_{22} & a_{23} \end{pmatrix},$$

$$\boldsymbol{AE}(1,2(k))=\begin{pmatrix} a_{11} & a_{12} & a_{13} \\ a_{21} & a_{22} & a_{23} \end{pmatrix}\begin{pmatrix} 1 & k & 0 \\ 0 & 1 & 0 \\ 0 & 0 & 1 \end{pmatrix}=\begin{pmatrix} a_{11} & ka_{11}+a_{12} & a_{13} \\ a_{21} & ka_{21}+a_{22} & a_{23} \end{pmatrix}.$$

从上面的结果可知：用 2 阶初等矩阵 $\boldsymbol{E}(1,2)$，$\boldsymbol{E}(2(k))$，$\boldsymbol{E}(1,2(k))$左乘

$\boldsymbol{A}$,分别相当于交换 $\boldsymbol{A}$ 的1、2两行,用 k 乘 $\boldsymbol{A}$ 的第2行,把 $\boldsymbol{A}$ 的第2行乘以 k 加到第1行上;用3阶初等矩阵 $\boldsymbol{E}(1,2)$,$\boldsymbol{E}(2(k))$,$\boldsymbol{E}(1,2(k))$ 右乘 $\boldsymbol{A}$,分别相当于交换 $\boldsymbol{A}$ 的1、2两列,用 k 乘 $\boldsymbol{A}$ 的第2列,把 $\boldsymbol{A}$ 的第1列乘以 k 加到第2列上.

一般地,有

定理3.2 设 $\boldsymbol{A}=(a_{ij})_{m\times n}$,**对 $\boldsymbol{A}$ 施行一次初等行变换相当于在 $\boldsymbol{A}$ 的左边乘上一个相应的初等矩阵;对 $\boldsymbol{A}$ 施行一次初等列变换相当于在 $\boldsymbol{A}$ 的右边乘上一个相应的初等矩阵.**

推论1 **矩阵 $\boldsymbol{A},\boldsymbol{B}$ 等价的充分必要条件是有初等矩阵 $\boldsymbol{P}_1,\boldsymbol{P}_2,\cdots,\boldsymbol{P}_s;\boldsymbol{Q}_1,\boldsymbol{Q}_2,\cdots,\boldsymbol{Q}_t$,使得**

$$\boldsymbol{A}=\boldsymbol{P}_s\cdots\boldsymbol{P}_1\boldsymbol{B}\boldsymbol{Q}_1\cdots\boldsymbol{Q}_t.$$

推论2 **n 阶矩阵 $\boldsymbol{A}$ 可逆的充分必要条件是 $\boldsymbol{A}=\boldsymbol{P}_s\boldsymbol{P}_{s-1}\cdots\boldsymbol{P}_1$,其中 $\boldsymbol{P}_s,\boldsymbol{P}_{s-1},\cdots,\boldsymbol{P}_1$ 都是初等矩阵.**

由推论2,若 $\boldsymbol{A}$ 可逆,则有

$$\boldsymbol{A}=\boldsymbol{P}_s\boldsymbol{P}_{s-1}\cdots\boldsymbol{P}_1,$$

故有

$$\boldsymbol{P}_1^{-1}\boldsymbol{P}_2^{-1}\cdots\boldsymbol{P}_s^{-1}\boldsymbol{A}=\boldsymbol{E}$$

及

$$\boldsymbol{A}^{-1}=\boldsymbol{P}_1^{-1}\boldsymbol{P}_2^{-1}\cdots\boldsymbol{P}_s^{-1}.$$

由此,我们可以得到用初等变换求逆矩阵的方法:在矩阵 $\boldsymbol{A}$ 的右边写上一个同阶的单位矩阵 $\boldsymbol{E}$,构成一个 $n\times 2n$ 的矩阵 $(\boldsymbol{A},\boldsymbol{E})\xrightarrow{r}(\boldsymbol{E},\boldsymbol{A}^{-1})$. 若左半部分的矩阵不能化成单位矩阵 $\boldsymbol{E}$,则矩阵 $\boldsymbol{A}$ 不存在逆矩阵.

例3.3 已知矩阵 $\boldsymbol{A}=\begin{pmatrix}2&2&3\\1&-1&0\\-1&2&1\end{pmatrix}$,求 $\boldsymbol{A}^{-1}$.

解 构作矩阵 $(\boldsymbol{A},\boldsymbol{E})$ 并对其进行初等行变换:

$$(\boldsymbol{A},\boldsymbol{E})=\begin{pmatrix}2&2&3&1&0&0\\1&-1&0&0&1&0\\-1&2&1&0&0&1\end{pmatrix}\xrightarrow[r_3+r_1]{\substack{r_1\leftrightarrow r_2\\ r_2-2r_1}}\begin{pmatrix}1&-1&0&0&1&0\\0&4&3&1&-2&0\\0&1&1&0&1&1\end{pmatrix}$$

$$\xrightarrow[r_3-4r_2]{\substack{r_1+r_2\\ r_2\leftrightarrow r_3}}\begin{pmatrix}1&0&1&0&2&1\\0&1&1&0&1&1\\0&0&-1&1&-6&-4\end{pmatrix}\xrightarrow[(-1)\times r_3]{r_2+r_3}\begin{pmatrix}1&0&0&1&-4&-3\\0&1&0&1&-5&-3\\0&0&1&-1&6&4\end{pmatrix}.$$

所以 $\boldsymbol{A}^{-1}=\begin{pmatrix}1&-4&-3\\1&-5&-3\\-1&6&4\end{pmatrix}$.

例 3.4　求矩阵方程 $\boldsymbol{AX}=\boldsymbol{B}$，其中 $\boldsymbol{A}=\begin{pmatrix}3&1&-1\\2&2&0\\1&-1&-2\end{pmatrix}$，$\boldsymbol{B}=\begin{pmatrix}1&-2\\2&2\\1&-3\end{pmatrix}$.

解　由推论 2，若 $\boldsymbol{A}$ 可逆，则有

$$\boldsymbol{A}=\boldsymbol{P}_s\boldsymbol{P}_{s-1}\cdots\boldsymbol{P}_1,$$

故有

$$\boldsymbol{P}_1^{-1}\boldsymbol{P}_2^{-1}\cdots\boldsymbol{P}_s^{-1}\boldsymbol{A}=\boldsymbol{E}.$$

用 $\boldsymbol{A}^{-1}\boldsymbol{B}$ 右乘等式两端，有 $\boldsymbol{P}_1^{-1}\boldsymbol{P}_2^{-1}\cdots\boldsymbol{P}_s^{-1}\boldsymbol{B}=\boldsymbol{A}^{-1}\boldsymbol{B}=\boldsymbol{X}$，比较两式可以看出，对 $\boldsymbol{A}$ 与 $\boldsymbol{B}$ 施行一系列相同的初等行变换，当 $\boldsymbol{A}$ 化成单位矩阵时，$\boldsymbol{B}$ 化成了 $\boldsymbol{A}^{-1}\boldsymbol{B}=\boldsymbol{X}$，即

$$(\boldsymbol{A},\boldsymbol{B})\xrightarrow{r}(\boldsymbol{E},\boldsymbol{A}^{-1}\boldsymbol{B}).$$

于是有

$$(\boldsymbol{A},\boldsymbol{B})=\begin{pmatrix}3&1&-1&1&-2\\2&2&0&2&2\\1&-1&-2&1&-3\end{pmatrix}\xrightarrow{r_1\leftrightarrow r_3}\begin{pmatrix}1&-1&-2&1&-3\\2&2&0&2&2\\3&1&-1&1&-2\end{pmatrix}$$

$$\xrightarrow[r_3-3r_1]{r_2-2r_1}\begin{pmatrix}1&-1&-2&1&-3\\0&4&4&0&8\\0&4&5&-2&7\end{pmatrix}\xrightarrow{r_2\div 4}\begin{pmatrix}1&-1&-2&1&-3\\0&1&1&0&2\\0&4&5&-2&7\end{pmatrix}$$

$$\xrightarrow[r_3-4r_2]{r_1+r_2}\begin{pmatrix}1&0&-1&1&-1\\0&1&1&0&2\\0&0&1&-2&-1\end{pmatrix}\xrightarrow[r_2-r_3]{r_1+r_3}\begin{pmatrix}1&0&0&-1&-2\\0&1&0&2&3\\0&0&1&-2&-1\end{pmatrix}.$$

所以 $\boldsymbol{X}=\boldsymbol{A}^{-1}\boldsymbol{B}=\begin{pmatrix}-1 & -2\\ 2 & 3\\ -2 & -1\end{pmatrix}$.

3.2 矩阵的秩

矩阵经过初等变换后，元素可以发生很大的变化，但等价矩阵之间也有许多特性是保持不变的，其中最本质的不变特性就是矩阵的秩.

定义 3.7 设有 $m\times n$ 矩阵 $\boldsymbol{A}$，在 $\boldsymbol{A}$ 中位于任意选定的 k 行 k 列交点上的 k^2 个元素，按原来的次序组成的 k 阶行列式，称为 $\boldsymbol{A}$ 的一个 k 阶子式，其中 $k\leqslant\min\{m,n\}$.

定义 3.8 矩阵 $\boldsymbol{A}$ 的非零子式的最高阶数称为矩阵 $\boldsymbol{A}$ 的秩，记作 $\mathrm{R}(\boldsymbol{A})$ 或 $\mathrm{Rank}(\boldsymbol{A})$.

规定：零矩阵 $\boldsymbol{O}$ 的秩为零，即 $\mathrm{R}(\boldsymbol{O})=0$.

例 3.5 求下列矩阵的秩，

$$\boldsymbol{A}=\begin{pmatrix}1 & -2 & 3 & 5\\ 0 & 1 & 2 & 1\\ 1 & -1 & 5 & 6\end{pmatrix},\ \boldsymbol{B}=\begin{pmatrix}2 & -1 & 0 & 3 & -2\\ 0 & 1 & 1 & -2 & 4\\ 0 & 0 & 0 & 1 & 1\\ 0 & 0 & 0 & 0 & 0\end{pmatrix}.$$

解 因为 $\boldsymbol{A}$ 的一个二阶子式

$$\begin{vmatrix}1 & -2\\ 0 & 1\end{vmatrix}\neq 0,$$

又 $\boldsymbol{A}$ 的四个三阶子式

$$\begin{vmatrix}1 & -2 & 3\\ 0 & 1 & 2\\ 1 & -1 & 5\end{vmatrix}=\begin{vmatrix}1 & -2 & 5\\ 0 & 1 & 1\\ 1 & -1 & 6\end{vmatrix}=\begin{vmatrix}1 & 3 & 5\\ 0 & 2 & 1\\ 1 & 5 & 6\end{vmatrix}=\begin{vmatrix}-2 & 3 & 5\\ 1 & 2 & 1\\ -1 & 5 & 6\end{vmatrix}=0,$$

所以有 $\mathrm{R}(\boldsymbol{A})=2$.

对于矩阵 $\boldsymbol{B}$，容易发现 $\boldsymbol{B}$ 的所有四阶子式都为零，同时有一个三阶子式

$$\begin{vmatrix} 2 & -1 & 3 \\ 0 & 1 & -2 \\ 0 & 0 & 1 \end{vmatrix} \neq 0,$$

所以有 $R(\boldsymbol{B})=3$.

非零子式在矩阵的初等变换中，有一个非常重要的特性，那就是：如果 $\boldsymbol{A}\sim\boldsymbol{B}$，则 $\boldsymbol{A}$ 与 $\boldsymbol{B}$ 中非零子式的最高阶数相等. 从而有

定理 3.3　任何矩阵经初等变换后，其秩不变.

推论　等价矩阵具有相同的秩.

由定义易知矩阵的秩具有如下简单的性质：

(1) 设 $\boldsymbol{A}=(a_{ij})_{m\times n}$，则 $0\leqslant R(\boldsymbol{A})\leqslant \min\{m,n\}$.

(2) 若矩阵 $\boldsymbol{A}$ 中有一个 r 阶子式不为零，则 $R(\boldsymbol{A})\geqslant r$；若矩阵 $\boldsymbol{A}$ 的所有 r 阶子式都为零，则 $R(\boldsymbol{A})<r$.

(3) 行阶梯形矩阵的秩等于它的非零行的个数.

设 $\boldsymbol{A}=(a_{ij})_{m\times n}$，如果 $R(\boldsymbol{A})=m$ ($R(\boldsymbol{A})=n$)，则称矩阵 $\boldsymbol{A}$ 为行(列)满秩矩阵，简称满秩矩阵.

定理 3.4　n 阶矩阵 $\boldsymbol{A}$ 可逆的充分必要条件是 $\boldsymbol{A}$ 为满秩矩阵.

推论　n 阶可逆矩阵 $\boldsymbol{A}$ 与单位矩阵等价.

对于一般阶数较高的矩阵，用定义来求出它的秩往往比较麻烦，而对于行阶梯形矩阵，由于行阶梯形矩阵的秩等于它的非零行的行数，一看便可知道，因此，把一个矩阵先化为行阶梯形矩阵再来求秩是一种常用的简便方法.

例 3.6　求矩阵的秩

$$\boldsymbol{A}=\begin{pmatrix} 1 & -2 & 1 & -4 & 2 \\ 0 & 1 & -1 & 3 & 1 \\ 2 & -4 & 4 & 10 & -4 \\ 4 & -7 & 4 & -4 & 5 \end{pmatrix}.$$

解　$$\boldsymbol{A}=\begin{pmatrix} 1 & -2 & 1 & -4 & 2 \\ 0 & 1 & -1 & 3 & 1 \\ 2 & -4 & 4 & 10 & -4 \\ 4 & -7 & 4 & -4 & 5 \end{pmatrix} \xrightarrow[r_4-4r_1]{r_3-2r_1} \begin{pmatrix} 1 & -2 & 1 & -4 & 2 \\ 0 & 1 & -1 & 3 & 1 \\ 0 & 0 & 2 & 18 & -8 \\ 0 & 1 & 0 & 12 & -3 \end{pmatrix}$$

$$\xrightarrow[r_4-\frac{1}{2}r_3]{r_4-r_2} \begin{pmatrix} 1 & -2 & 1 & -4 & 2 \\ 0 & 1 & -1 & 3 & 1 \\ 0 & 0 & 2 & 18 & -8 \\ 0 & 0 & 0 & 0 & 0 \end{pmatrix}.$$

由秩的性质可得，$R(\boldsymbol{A})=3$.

此外，对于矩阵的运算，还有以下一些性质：

(1) $\max\{R(\boldsymbol{A}),R(\boldsymbol{B})\}\leqslant R(\boldsymbol{A},\boldsymbol{B})\leqslant R(\boldsymbol{A})+R(\boldsymbol{B})$;

(2) $R(\boldsymbol{A}+\boldsymbol{B})\leqslant R(\boldsymbol{A})+R(\boldsymbol{B})$;

(3) $R(\boldsymbol{AB})\leqslant\min\{R(\boldsymbol{A}),R(\boldsymbol{B})\}$.

3.3 线性方程组的解

n 个未知量 $x_1,x_2,\cdots,x_n$，m 个方程的线性方程组

$$\begin{cases}a_{11}x_1+a_{12}x_2+\cdots+a_{1n}x_n=b_1,\\ a_{21}x_1+a_{22}x_2+\cdots+a_{2n}x_n=b_2,\\ \cdots\cdots\\ a_{m1}x_1+a_{m2}x_2+\cdots+a_{mn}x_n=b_m,\end{cases}\tag{3-5}$$

(3-5)式可以用矩阵形式写成

$$\boldsymbol{Ax}=\boldsymbol{b},\tag{3-6}$$

其中，$\boldsymbol{A}=\begin{pmatrix}a_{11}&a_{12}&\cdots&a_{1n}\\a_{21}&a_{22}&\cdots&a_{2n}\\\vdots&\vdots&&\vdots\\a_{m1}&a_{m2}&\cdots&a_{mn}\end{pmatrix}$为系数矩阵，$\boldsymbol{b}=\begin{pmatrix}b_1\\b_2\\\vdots\\b_m\end{pmatrix}$为常数项矩阵，$\boldsymbol{x}=\begin{pmatrix}x_1\\x_2\\\vdots\\x_n\end{pmatrix}$为未知数矩阵，$(\boldsymbol{A},\boldsymbol{b})$称为增广矩阵.

显然，这个方程和前面讨论的矩阵方程 $\boldsymbol{AX}=\boldsymbol{B}$ 不同(因为 $\boldsymbol{A}$ 不一定是方阵)，但我们依然可以通过把增广矩阵$(\boldsymbol{A},\boldsymbol{b})$化为行最简形矩阵来讨论方程组的解.

例 3.7 解方程组$\begin{cases}x_1-x_2-x_3+x_4=1,\\-2x_1-3x_2+6x_3+2x_4=1,\\5x_1+5x_2-13x_3-3x_4=-2.\end{cases}$

解　$(\boldsymbol{A},\boldsymbol{b})=\begin{pmatrix}1&-1&-1&1&1\\-2&-3&6&2&1\\5&5&-13&-3&-2\end{pmatrix}\xrightarrow[r_3-5r_1]{r_2+2r_1}$

$$\begin{pmatrix}1&-1&-1&1&1\\0&-5&4&4&3\\0&10&-8&-8&-7\end{pmatrix}\xrightarrow{r_3+2r_2}\begin{pmatrix}1&-1&-1&1&1\\0&-5&4&4&3\\0&0&0&0&-1\end{pmatrix}.$$

由此可得 $\mathrm{R}(\boldsymbol{A})=2$，$\mathrm{R}(\boldsymbol{A},\boldsymbol{b})=3$，由矩阵$(\boldsymbol{A},\boldsymbol{b})$可化成的行阶梯形矩阵可知，线性方程组 $\boldsymbol{Ax}=\boldsymbol{b}$ 是无解的，因为行阶梯形矩阵的第 3 行所对应的方程 $0=-1$ 是一个矛盾方程！

由此可得

定理 3.5　线性方程组(3－5)有解的充分必要条件是它的系数矩阵的秩等于它的增广矩阵的秩. 即

$$\mathrm{R}(\boldsymbol{A})=\mathrm{R}(\boldsymbol{A},\boldsymbol{b}).$$

例 3.8　解方程组$\begin{cases}x_1+2x_2-x_3+4x_4=2,\\2x_1+5x_2+x_3+15x_4=7,\\x_1+3x_2+2x_3+11x_4=5.\end{cases}$

解　$(\boldsymbol{A},\boldsymbol{b})=\begin{pmatrix}1&2&-1&4&2\\2&5&1&15&7\\1&3&2&11&5\end{pmatrix}\xrightarrow[r_3-r_1]{r_2-2r_1}\begin{pmatrix}1&2&-1&4&2\\0&1&3&7&3\\0&1&3&7&3\end{pmatrix}$

$$\xrightarrow[r_3-r_2]{r_1-2r_2}\begin{pmatrix}1&0&-7&-10&-4\\0&1&3&7&3\\0&0&0&0&0\end{pmatrix}.$$

显然，$\mathrm{R}(\boldsymbol{A})=\mathrm{R}(\boldsymbol{A},\boldsymbol{b})=2$，由定理 3.5 可知，原方程组有解，与原方程组同解的方程组为

$$\begin{cases}x_1-7x_3-10x_4=-4,\\\quad x_2+3x_3+7x_4=3,\end{cases}$$

此时我们无法唯一确定 x_1,x_2,x_3,x_4 的值，若将方程组改写为

$$\begin{cases}x_1=-4+7x_3+10x_4,\\x_2=3-3x_3-7x_4,\end{cases}$$

任意给定 x_3,x_4 的一组值，则就可以确定出 x_1,x_2 的值，从而得到方程组的一个解，表达式中含有两个自由未知量 x_3,x_4.

如令 $x_3=k_1,x_4=k_2$，k_1,k_2 可以任意取值，则方程组的解可以写成

$$\begin{cases}x_1=-4+7k_1+10k_2,\\x_2=3-3k_1-7k_2,\\x_3=k_1,\\x_4=k_2,\end{cases}\quad(k_1,k_2\text{ 为任意实数})$$

即

$$\begin{pmatrix}x_1\\x_2\\x_3\\x_4\end{pmatrix}=\begin{pmatrix}-4\\3\\0\\0\end{pmatrix}+k_1\begin{pmatrix}7\\-3\\1\\0\end{pmatrix}+k_2\begin{pmatrix}10\\-7\\0\\1\end{pmatrix}.\ (k_1,k_2\text{ 为任意实数})$$

上述这样的表达式称为线性方程组的通解，由于 k_1,k_2 可取任意实数，所以方程组有无穷多个解.

综合前面的讨论，有

推论　(1) 当 $\mathrm{R}(\boldsymbol{A})=\mathrm{R}(\boldsymbol{A},\boldsymbol{b})=n$ 时，方程组没有自由未知量，只有唯一解；

(2) 当 $\mathrm{R}(\boldsymbol{A})=\mathrm{R}(\boldsymbol{A},\boldsymbol{b})=r<n$ 时，方程组有 $n-r$ 个自由未知量，令它们分别等于 $k_1,k_2,\cdots,k_{n-r}$，可得含 $n-r$ 个参数 $k_1,k_2,\cdots,k_{n-r}$ 的解，这些参数可任意取值，因此这时方程组有无穷多个解；

(3) $\mathrm{R}(\boldsymbol{A})\neq\mathrm{R}(\boldsymbol{A},\boldsymbol{b})$ 时，即($\mathrm{R}(\boldsymbol{A})<\mathrm{R}(\boldsymbol{A},\boldsymbol{b})$ 时)，方程组中含有矛盾方程，无解.

例 3.9　λ 为何值时，方程组 $\begin{cases}\lambda x_1+x_2+x_3=1\\x_1+\lambda x_2+x_3=\lambda\\x_1+x_2+\lambda x_3=\lambda^2\end{cases}$ 有解？

解　$$(\boldsymbol{A},\boldsymbol{b})=\begin{pmatrix}\lambda&1&1&1\\1&\lambda&1&\lambda\\1&1&\lambda&\lambda^2\end{pmatrix}\xrightarrow{r_1\leftrightarrow r_3}\begin{pmatrix}1&1&\lambda&\lambda^2\\1&\lambda&1&\lambda\\\lambda&1&1&1\end{pmatrix}$$

$$\xrightarrow[r_3-\lambda r_1]{r_2-r_1}\begin{pmatrix}1&1&\lambda&\lambda^2\\0&\lambda-1&1-\lambda&\lambda-\lambda^2\\0&1-\lambda&1-\lambda^2&1-\lambda^3\end{pmatrix}\xrightarrow{r_3+r_2}$$

$$\begin{pmatrix}1&1&\lambda&\lambda^2\\0&\lambda-1&1-\lambda&\lambda-\lambda^2\\0&0&(\lambda+2)(1-\lambda)&(\lambda+1)^2(1-\lambda)\end{pmatrix}.$$

(1) 当 $\lambda \neq -2$ 且 $\lambda \neq 1$ 时，$\mathrm{R}(\boldsymbol{A}) = \mathrm{R}(\boldsymbol{A},\boldsymbol{b}) = 3$，方程组有唯一解；

(2) 当 $\lambda = -2$ 时，$\mathrm{R}(\boldsymbol{A}) = -2$，$\mathrm{R}(\boldsymbol{A},\boldsymbol{b}) = 3$，方程组无解；

(3) 当 $\lambda = 1$ 时，$\mathrm{R}(\boldsymbol{A}) = \mathrm{R}(\boldsymbol{A},\boldsymbol{b}) = 1 < 3$，方程组有无穷多个解，此时

$$(\boldsymbol{A},\boldsymbol{b}) \xrightarrow{r} \begin{pmatrix} 1 & 1 & 1 & 1 \\ 0 & 0 & 0 & 0 \\ 0 & 0 & 0 & 0 \end{pmatrix},$$

由此得到

$$x_1 + x_2 + x_3 = 1,$$

若把 x_2, x_3 取为自由未知量，便可得到方程组的通解

$$\begin{cases} x_1 = 1 - x_2 - x_3, \\ x_2 = \qquad x_2, \\ x_3 = \qquad\qquad x_3, \end{cases} \quad (x_2, x_3 \text{ 可取任意值})$$

即
$$\begin{pmatrix} x_1 \\ x_2 \\ x_3 \end{pmatrix} = \begin{pmatrix} 1 \\ 0 \\ 0 \end{pmatrix} + k_1 \begin{pmatrix} -1 \\ 1 \\ 0 \end{pmatrix} + k_2 \begin{pmatrix} -1 \\ 0 \\ 1 \end{pmatrix} \ (k_1, k_2 \text{为任意常数}).$$

当线性方程组(3-5)中的常数项全为零时，方程组(3-5)即为

$$\begin{cases} a_{11}x_1 + a_{12}x_2 + \cdots + a_{1n}x_n = 0, \\ a_{21}x_1 + a_{22}x_2 + \cdots + a_{2n}x_n = 0, \\ \qquad\cdots\cdots \\ a_{m1}x_1 + a_{m2}x_2 + \cdots + a_{mn}x_n = 0, \end{cases} \tag{3-7}$$

用矩阵形式表示写成

$$\boldsymbol{Ax} = \boldsymbol{0}. \tag{3-8}$$

方程组(3-7)常常称为 n 元齐次线性方程组. 因为方程组(3-8)的增广矩阵只比系数矩阵多一列零向量，所以它们的秩总是相等的. 也即方程组(3-7)总是有解的，显然，$x_1 = x_2 = \cdots = x_n = 0$ 就是方程组的一个解，常称为齐次线性方程组的零解. 若有不全为零的一组 $x_1, x_2, \cdots, x_n$ 的值使方程组(3-7)成立，则它称为齐次线性方程组(3-7)的非零解.

由上面的论述和定理 3.5 的推论可得：

定理 3.6 齐次线性方程组(3-7)有非零解的充分必要条件是 $R(\boldsymbol{A}) < n$.

例 3.10 解方程组 $\begin{cases}2x_1-3x_2-2x_3+x_4=0,\\3x_1+5x_2+4x_3-2x_4=0,\\8x_1+7x_2+6x_3-3x_4=0.\end{cases}$

解 $\boldsymbol{A}=\begin{pmatrix}2&-3&-2&1\\3&5&4&-2\\8&7&6&-3\end{pmatrix}\xrightarrow[r_3-4r_1]{r_2-r_1}\begin{pmatrix}2&-3&-2&1\\1&8&6&-3\\0&19&14&-7\end{pmatrix}$

$$\xrightarrow[r_3+r_2]{\substack{r_2\leftrightarrow r_1\\ r_2-2r_1}}\begin{pmatrix}1&8&6&-3\\0&-19&-14&7\\0&0&0&0\end{pmatrix}\xrightarrow[r_1-8r_2]{r_2\div(-19)}\begin{pmatrix}1&0&\frac{2}{19}&-\frac{1}{19}\\0&1&\frac{14}{19}&-\frac{7}{19}\\0&0&0&0\end{pmatrix}.$$

显然有 $R(\boldsymbol{A})=2<4$,因而齐次线性方程组有非零解,同解方程组为

$$\begin{cases}x_1+\dfrac{2}{19}x_3-\dfrac{1}{19}x_4=0,\\x_2+\dfrac{14}{19}x_3-\dfrac{7}{19}x_4=0,\end{cases}$$

由此即得

$$\begin{cases}x_1=-\dfrac{2}{19}x_3+\dfrac{1}{19}x_4,\\x_2=-\dfrac{14}{19}x_3+\dfrac{7}{19}x_4,\text{(}x_3,x_4\text{ 可任意取值)}\\x_3=\quad x_3,\\x_4=\quad\quad x_4,\end{cases}$$

即

$$\begin{pmatrix}x_1\\x_2\\x_3\\x_4\end{pmatrix}=k_1\begin{pmatrix}-\frac{2}{19}\\-\frac{14}{19}\\1\\0\end{pmatrix}+k_2\begin{pmatrix}\frac{1}{19}\\\frac{7}{19}\\0\\1\end{pmatrix}\ (k_1,k_2\in\mathbf{R}),$$

也可以写成

$$\begin{pmatrix} x_1 \\ x_2 \\ x_3 \\ x_4 \end{pmatrix} = k_1 \begin{pmatrix} -2 \\ -14 \\ 19 \\ 0 \end{pmatrix} + k_2 \begin{pmatrix} 1 \\ 7 \\ 0 \\ 19 \end{pmatrix} \quad (k_1, k_2 \in \mathbf{R}).$$（想一想：为什么？）

对于矩阵 $\mathbf{A}_{m\times n}$，由于 $R(\mathbf{A})\leqslant\min\{m,n\}$，所以我们由定理 3.6 可得

推论　如果齐次方程组(3 - 7)中，$m<n$，则它一定有非零解.

人物卡片(克拉默)：

克拉默(Gabriel Cramer，瑞士数学家，1704—1752)，主要著作是《代数曲线的分析引论》，首先定义了正则、非正则、超越曲线和无理曲线等概念，第一次正式引入坐标系的纵轴(Y 轴)，然后讨论曲线变换，并依据曲线方程的阶数将曲线进行分类. 为了确定经过 5 个点的一般二次曲线的系数，应用了著名的“克拉默法则”，即由线性方程组的系数确定方程组解的表达式. 该法则于 1729 年由英国数学家马克劳林得到，1748 年发表，但克拉默的优越符号使之流传.

延伸阅读三

交通网络的调度问题

近年来，随着中国城市化进程加快，交通网络日益复杂，如何有效调度和优化交通资源成为一项重要课题. 通过智能调度系统，利用大数据、人工智能、云计算等先进技术，国家在缓解城市交通拥堵、提高交通效率和减少碳排放方面取得了显著成效. 比如在北京、上海等大城市，智能交通系统能够实时分析道路交通状况，优化信号灯时长、公交车发车频率，以及及时调度交通资源，最大限度地减少交通拥堵. 这不仅提高了人们的出行体验，也对社会经济效率起到了积极的促进作用. 在这一过程中，科技创新起到了核心作用. 智能调度系统通过数据的精准分析、预测模型的建立和调度算法的优化，极大提升了交通网络的管理水平. 而这背后，离不开中国科研人员在算法、硬件设备和大数据平台上的长期攻关与自主创新. 这一切体现了国家“科技强国”的战略方针，也彰显了中国不断突破关键核心技术、推

动科技自立自强的决心. 这不仅仅是一个技术问题,它体现了国家在推动绿色发展、促进社会公平、实现高质量发展的战略目标. 新时代的学生应当学习交通领域的先进技术和管理经验,同时树立社会责任感,将个人发展与国家需求相结合,努力为中国的智能交通建设和交通强国目标贡献力量.

【案例描述】

某城市正在规划一条公交线路,这条线路共有 3 个站点:A、B 和 C. 城市管理者需要设计一套调度方案,确保从站点 A 出发的车辆可以顺利经过 B 站和 C 站,并到达终点站,但由于各种交通限制,某些路线的通行能力有限. 为了简化问题,假设从 A 到 B、B 到 C 以及 C 到终点的道路有不同的通行能力限制,交通部门希望通过数学方法来确定最佳的调度方案.

这个问题可以归结为一个线性方程组的求解问题. 每条道路的通行能力可以看作一个方程的系数,车辆的数量则为未知数. 通过求解这个线性方程组,管理者可以确定从 A 到 C 站的最佳车辆分配方案.

【数学模型】

我们假设 A、B、C 三个站点的通行能力分别为 1、2、3 辆车每小时,交通部门给出以下线性方程组:

$$x_1+x_2+x_3=10 \quad \text{从 } A \text{ 站出发的总车辆数;}$$
$$2x_1-x_2+3x_3=15 \quad \text{各路段车辆通行的限制;}$$
$$x_1-x_2+x_3=5 \quad \text{站点 } C \text{ 通行限制.}$$

其中,x_1,x_2,x_3 分别表示从 A 到 B、B 到 C 以及 C 到终点的调度车辆数量.

1. 矩阵的初等变换

通过将这个线性方程组表示为矩阵形式:

$$\begin{pmatrix}1 & 1 & 1\\ 2 & -1 & 3\\ 1 & -1 & 1\end{pmatrix}(x_1 \quad x_2 \quad x_3)(10 \quad 15 \quad 5).$$

学生可以利用初等行变换来简化矩阵并求解车辆的分配方案.

2. 矩阵的秩

通过行简化矩阵,学生能够直观地了解矩阵秩的含义,以及秩在求解方程组时的作用. 如果方程组无解或有无穷多个解,学生将学会如何通过计算矩阵的秩来判断系统是否有解,并且是否存在多种方案.

3. 线性方程组的解

通过对简化后的矩阵进行回代，学生可以得到具体的解 x_1, x_2, x_3，从而得出每个路段需要调度的车辆数量. 这不仅解决了实际交通问题，也帮助学生深入理解线性方程组的解法.

基本练习题三

1. 用初等行变换把下列矩阵化为行最简形矩阵：

(1) $\begin{pmatrix} 1 & 2 & -3 & 2 & 2 \\ 2 & 5 & -8 & 6 & 5 \\ 3 & 4 & -5 & 2 & 4 \end{pmatrix}$；　(2) $\begin{pmatrix} 2 & 3 & 1 & 4 \\ 1 & -2 & 4 & -5 \\ 3 & 8 & -2 & 13 \\ 4 & -1 & 9 & -6 \end{pmatrix}$；

(3) $\begin{pmatrix} 1 & 0 & 1 & 1 & 0 & 1 & 1 \\ 1 & 1 & 0 & 1 & 1 & 0 & 0 \\ 1 & 0 & 1 & 2 & 1 & 0 & 1 \\ 2 & 1 & 1 & 3 & 2 & 0 & 1 \end{pmatrix}$；　(4) $\begin{pmatrix} 1 & 1 & 1 & 0 & 1 & 1 & 2 & 0 \\ 1 & 1 & 1 & 1 & 0 & 1 & 1 & 0 \\ 2 & 2 & 2 & 1 & 1 & 2 & 3 & 1 \\ 3 & 3 & 3 & 2 & 1 & 3 & 4 & 1 \end{pmatrix}$.

2. 利用矩阵的初等变换，求下列矩阵的逆矩阵：

(1) $\begin{pmatrix} 1 & 2 \\ 3 & 4 \end{pmatrix}$；　(2) $\begin{pmatrix} 3 & -4 & 5 \\ 2 & -3 & 1 \\ 3 & -5 & -1 \end{pmatrix}$；

(3) $\begin{pmatrix} 2 & 2 & 3 \\ 1 & -1 & 0 \\ -1 & 2 & 1 \end{pmatrix}$；　(4) $\begin{pmatrix} 2 & 0 & 0 \\ 1 & 2 & 0 \\ 0 & 1 & 2 \end{pmatrix}$.

3. 用矩阵的初等变换，求解下列矩阵方程：

(1) $\begin{pmatrix} 2 & 1 & 1 \\ 0 & 1 & 0 \\ -3 & 2 & -4 \end{pmatrix}\boldsymbol{X} = \begin{pmatrix} 1 \\ 2 \\ 3 \end{pmatrix}$；

(2) $\begin{pmatrix} 1 & -2 & 0 \\ 1 & -2 & -1 \\ -3 & 1 & 2 \end{pmatrix}\boldsymbol{X} = \begin{pmatrix} -1 & 4 \\ 2 & 5 \\ 1 & -3 \end{pmatrix}$；

(3) $\begin{pmatrix} 1 & 2 & -1 \\ 3 & 4 & -2 \\ 5 & -4 & 1 \end{pmatrix} X = \begin{pmatrix} 1 & 0 \\ 0 & 1 \\ 0 & 0 \end{pmatrix}$；

(4) $\begin{pmatrix} 1 & 1 & 2 \\ 2 & -1 & 0 \\ 1 & 0 & 1 \end{pmatrix} X = \begin{pmatrix} 1 & 0 & 0 \\ 0 & 1 & 1 \\ 0 & 0 & 1 \end{pmatrix}$.

4. 求下列矩阵的秩：

(1) $\begin{pmatrix} 1 & 1 & 1 & 0 & 1 \\ 2 & 1 & 1 & -1 & 1 \\ 0 & 1 & 1 & 1 & 1 \end{pmatrix}$；　(2) $\begin{pmatrix} 1 & 2 & -1 & 4 & 1 & 1 \\ 2 & 5 & 1 & 15 & -2 & 5 \\ 1 & 3 & 2 & 11 & 2 & 7 \end{pmatrix}$；

(3) $\begin{pmatrix} 1 & 1 & 0 & 1 & 0 & 0 & 1 \\ 1 & 1 & 1 & 0 & 1 & 1 & 0 \\ 2 & 2 & 1 & 1 & 0 & 1 & 1 \end{pmatrix}$；　(4) $\begin{pmatrix} 1 & 0 & 0 \\ 0 & 1 & 0 \\ 1 & 0 & 1 \\ 0 & 1 & 1 \\ 1 & 1 & 0 \end{pmatrix}$.

5. 设 $\boldsymbol{A} = \begin{pmatrix} 1 & 2 & -2 \\ 4 & t & 3 \\ 3 & -1 & 1 \end{pmatrix}$，若 $\mathrm{R}(\boldsymbol{A})=2$，求 t 的值.

6. 证明：$\max\{\mathrm{R}(\boldsymbol{A}),\mathrm{R}(\boldsymbol{B})\} \leqslant \mathrm{R}(\boldsymbol{A},\boldsymbol{B}) \leqslant \mathrm{R}(\boldsymbol{A})+\mathrm{R}(\boldsymbol{B})$.

7. 证明：$\mathrm{R}(\boldsymbol{A}+\boldsymbol{B}) \leqslant \mathrm{R}(\boldsymbol{A})+\mathrm{R}(\boldsymbol{B})$.

8. 设 $\boldsymbol{A}$ 为 n 阶方阵，证明：$\mathrm{R}(\boldsymbol{A}+\boldsymbol{E})+\mathrm{R}(\boldsymbol{A}-\boldsymbol{E}) \geqslant n$.

9. 求解下列非齐次线性方程组：

(1) $\begin{cases} x_1 + 2x_2 + 5x_3 = -9, \\ x_1 - x_2 + 3x_3 = 2, \\ 3x_1 - 6x_2 - x_3 = 25; \end{cases}$　(2) $\begin{cases} x_1 - 2x_2 + 3x_3 = -4, \\ 3x_1 - 6x_2 + 7x_3 = -6, \\ 2x_1 - 4x_2 + 3x_3 = 1; \end{cases}$

(3) $\begin{cases} x_1 + x_2 + x_3 = 1, \\ 2x_1 + x_2 + x_3 - x_4 = 1, \\ x_2 + x_3 + x_4 = 1; \end{cases}$　(4) $\begin{cases} x_1 + x_3 - x_4 = -3, \\ 2x_1 - x_2 + 4x_3 - 3x_4 = -4, \\ 3x_1 + x_2 + x_3 = 1, \\ 7x_1 + 7x_3 - 3x_4 = 3. \end{cases}$

10. 求解下列齐次线性方程组：

(1) $\begin{cases} x_1 + x_2 + 2x_3 - x_4 = 0, \\ 2x_1 + x_2 + x_3 - x_4 = 0, \\ 2x_1 + 2x_2 + x_3 + 2x_4 = 0; \end{cases}$

(2) $\begin{cases} 2x_1 - 3x_2 - 2x_3 + x_4 = 0, \\ 3x_1 + 5x_2 + 4x_3 - 2x_4 = 0, \\ 8x_1 + 7x_2 + 6x_3 - 3x_4 = 0; \end{cases}$

(3) $\begin{cases} x_1 - x_2 + 2x_3 + x_4 = 0, \\ 2x_1 - x_2 + x_3 + 2x_4 = 0, \\ x_1 - x_3 + x_4 = 0, \\ 3x_1 - x_2 + 3x_4 = 0; \end{cases}$

(4) $\begin{cases} x_1 + 2x_2 - 2x_3 + 2x_4 - x_5 = 0, \\ x_1 + 2x_2 - x_3 + 3x_4 - 2x_5 = 0, \\ 2x_1 + 4x_2 - 7x_3 + x_4 + x_5 = 0. \end{cases}$

11. λ 为何值时，齐次线性方程组 $\begin{cases} 2x_1 + x_2 - x_3 = 0, \\ \lambda x_1 - x_2 + x_3 = 0, \\ 2x_1 + 3x_2 + x_3 = 0 \end{cases}$ 有非零解？

综合练习题三

1. 若矩阵 $\boldsymbol{A}$ 中存在 r 阶子式 $|\boldsymbol{A}_r| \neq 0$，则 $\mathrm{R}(\boldsymbol{A})$ 与 r 的大小关系是________.

2. 已知 $\boldsymbol{A}$ 为 4×3 矩阵，$\mathrm{R}(\boldsymbol{A}) = 2$，$\boldsymbol{B} = \begin{pmatrix} 1 & 0 & 0 \\ 0 & 2 & 0 \\ -1 & 0 & 3 \end{pmatrix}$，则 $\mathrm{R}(\boldsymbol{AB}) =$ ________.

3. 设矩阵 $\boldsymbol{A} = \begin{pmatrix} k & 1 & 1 & 1 \\ 1 & k & 1 & 1 \\ 1 & 1 & k & 1 \\ 1 & 1 & 1 & k \end{pmatrix}$，且 $\mathrm{R}(\boldsymbol{A}) = 3$，则 $k =$________.

4. 当 $\lambda =$________时，齐次线性方程组 $\begin{cases} x_1 + x_2 + x_3 = 0, \\ x_1 + 2x_2 + \lambda x_3 = 0, \\ x_1 + 4x_2 + \lambda^2 x_3 = 0 \end{cases}$ 一定有非零解.

5. 已知方程组 $\begin{pmatrix} 1 & 2 & 1 \\ 2 & 3 & a+2 \\ 1 & a & -2 \end{pmatrix} \begin{pmatrix} x_1 \\ x_2 \\ x_3 \end{pmatrix} = \begin{pmatrix} 1 \\ 3 \\ 0 \end{pmatrix}$ 无解，则 $a =$________.

6. 设 $\boldsymbol{A}$ 为 n 阶矩阵,如果 $\boldsymbol{A}$ 经过若干次初等变换后得到 $\boldsymbol{B}$,则必有　(　　)

A. $|\boldsymbol{A}|=|\boldsymbol{B}|$　　B. $|\boldsymbol{A}|\neq|\boldsymbol{B}|$

C. 若 $|\boldsymbol{A}|=0$,则 $|\boldsymbol{B}|=0$　　D. 若 $|\boldsymbol{A}|>0$,则 $|\boldsymbol{B}|>0$

7. 设 $\boldsymbol{A}$ 为 $m\times n$ 矩阵, $\boldsymbol{b}$ 为 $m\times 1$ 矩阵,则　(　　)

A. 若 $\boldsymbol{Ax}=\boldsymbol{0}$ 有非零解,则 $\boldsymbol{Ax}=\boldsymbol{b}$ 有无穷多组解

B. 若 $\boldsymbol{Ax}=\boldsymbol{0}$ 只有零解,则 $\boldsymbol{Ax}=\boldsymbol{b}$ 无解

C. 若 $\boldsymbol{Ax}=\boldsymbol{b}$ 有无穷多组解,则 $\boldsymbol{Ax}=\boldsymbol{0}$ 有非零解

D. 若 $\boldsymbol{Ax}=\boldsymbol{b}$ 有唯一解,则 $\boldsymbol{Ax}=\boldsymbol{0}$ 有非零解

8. 已知矩阵

$$\boldsymbol{A}=\begin{pmatrix}1 & 3 & 2 & k\\ -1 & 1 & k & 1\\ 1 & 7 & 5 & 3\end{pmatrix},$$

若 $\mathrm{R}(\boldsymbol{A})=2$, 求 k 的值.

9. 求作一个秩为 4 的方阵, 它的两个行是

$$(1\quad 0\quad 1\quad 0\quad 0), (1\quad -1\quad 0\quad 0\quad 0).$$

10. 设矩阵 $\boldsymbol{A}=\begin{pmatrix}1 & 1 & 1 & 1\\ 0 & -1 & 1 & b\\ 2 & a & 3 & 4\\ 3 & 1 & 5 & 7\end{pmatrix}$, 当 a,b 满足何条件时,可使

(1) $\mathrm{R}(\boldsymbol{A})=4$; (2) $\mathrm{R}(\boldsymbol{A})=3$; (3) $\mathrm{R}(\boldsymbol{A})=2$.

11. λ 为何值时, 非齐次线性方程组 $\begin{cases}\lambda x_1+x_2+x_3=1,\\ x_1+\lambda x_2+x_3=\lambda,\\ x_1+x_2+\lambda x_3=\lambda^2\end{cases}$

(1) 有唯一解; (2) 无解; (3) 有无穷多个解.

拓展训练三

1. (2006 年)设 $\boldsymbol{A}$ 为 3 阶矩阵,将 $\boldsymbol{A}$ 的第 2 行加到第 1 行得 $\boldsymbol{B}$,再将 $\boldsymbol{B}$ 的第 1 列的 -1 倍加到第 2 列得 $\boldsymbol{C}$,记 $\boldsymbol{P}=\begin{pmatrix}1 & 1 & 0\\ 0 & 1 & 0\\ 0 & 0 & 1\end{pmatrix}$,则　(　　)

A. $\boldsymbol{C}=\boldsymbol{P}^{-1}\boldsymbol{AP}$　　B. $\boldsymbol{C}=\boldsymbol{PAP}^{-1}$　　C. $\boldsymbol{C}=\boldsymbol{P}^{\mathrm{T}}\boldsymbol{AP}$　　D. $\boldsymbol{C}=\boldsymbol{PAP}^{\mathrm{T}}$

解　按已知条件,用初等矩阵描述有

$$B=\begin{pmatrix}1&1&0\\0&1&0\\0&0&1\end{pmatrix}A,C=B\begin{pmatrix}1&-1&0\\0&1&0\\0&0&1\end{pmatrix},$$

于是 $C=\begin{pmatrix}1&1&0\\0&1&0\\0&0&1\end{pmatrix}A\begin{pmatrix}1&-1&0\\0&1&0\\0&0&1\end{pmatrix}=PAP^{-1}$. 所以应选 B.

2. (2016 年)设矩阵 $\begin{pmatrix}a&-1&-1\\-1&a&-1\\-1&-1&a\end{pmatrix}$ 与 $\begin{pmatrix}1&1&0\\0&-1&1\\1&0&1\end{pmatrix}$ 等价,则 $a=$ ________.

解　因为 $A=\begin{pmatrix}a&-1&-1\\-1&a&-1\\-1&-1&a\end{pmatrix}$ 与 $B=\begin{pmatrix}1&1&0\\0&-1&1\\1&0&1\end{pmatrix}$ 等价,所以 $R(A)=R(B)$.

又因为 $B=\begin{pmatrix}1&1&0\\0&-1&1\\1&0&1\end{pmatrix}\sim\begin{pmatrix}1&1&0\\0&-1&1\\0&0&0\end{pmatrix}$, 所以 $R(A)=R(B)=2$.

从而 $|A|=0$, 即

$$\begin{vmatrix}a&-1&-1\\-1&a&-1\\-1&-1&a\end{vmatrix}=0,$$ 得 $a=2$ 或 $a=-1$.

当 $a=-1$ 时, $A=\begin{pmatrix}-1&-1&-1\\-1&-1&-1\\-1&-1&-1\end{pmatrix}$, 此时 $R(A)=1$,不合题意,所以 $a=2$.

3. (2015 年)设矩阵 $A=\begin{pmatrix}1&1&1\\1&2&a\\1&4&a^2\end{pmatrix}$, $b=\begin{pmatrix}1\\d\\d^2\end{pmatrix}$, 若集合 $\Omega=\{1,2\}$, 则线性方程组 $Ax=b$ 有无穷多解的充分必要条件为　(　　)

A. $a\notin\Omega,\ d\notin\Omega$　　B. $a\notin\Omega,\ d\in\Omega$

C. $a\in\Omega,\ d\notin\Omega$　　D. $a\in\Omega,\ d\in\Omega$

解 $(\boldsymbol{A},\boldsymbol{b})=$

$$\begin{pmatrix}1&1&1&1\\1&2&a&d\\1&4&a^2&d^2\end{pmatrix}\sim\begin{pmatrix}1&1&1&1\\0&1&a-1&d-1\\0&0&(a-1)(a-2)&(d-1)(d-2)\end{pmatrix},$$

$\boldsymbol{Ax}=\boldsymbol{b}$ 有无穷多解 $\Leftrightarrow \mathrm{R}(\boldsymbol{A})=\mathrm{R}(\boldsymbol{A},\boldsymbol{b})<3\Leftrightarrow a=1$ 或 $a=2$ 且 $d=1$ 或 $d=2$. 所以选 D.

4. (2010 年)设 $\boldsymbol{A}$ 是 $m\times n$ 矩阵,$\boldsymbol{B}$ 是 $n\times m$ 矩阵,且 $\boldsymbol{AB}=\boldsymbol{E}$,其中 $\boldsymbol{E}$ 为 m 阶单位矩阵,则 ( )

A. $\mathrm{R}(\boldsymbol{A})=\mathrm{R}(\boldsymbol{B})=m$ B. $\mathrm{R}(\boldsymbol{A})=m;\mathrm{R}(\boldsymbol{B})=n$

C. $\mathrm{R}(\boldsymbol{A})=n;\mathrm{R}(\boldsymbol{B})=m$ D. $\mathrm{R}(\boldsymbol{A})=\mathrm{R}(\boldsymbol{B})=n$

解 因为 $\boldsymbol{AB}=\boldsymbol{E}$,故 $\mathrm{R}(\boldsymbol{E})=m$. 又 $\mathrm{R}(\boldsymbol{AB})\leqslant\mathrm{R}(\boldsymbol{A})$, $\mathrm{R}(\boldsymbol{AB})\leqslant\mathrm{R}(\boldsymbol{B})$,故有

$$m=\mathrm{R}(\boldsymbol{AB})\leqslant\mathrm{R}(\boldsymbol{A}),\ m=\mathrm{R}(\boldsymbol{AB})\leqslant\mathrm{R}(\boldsymbol{B}).$$

又 $\boldsymbol{A}$ 是 $m\times n$ 矩阵,$\boldsymbol{B}$ 是 $n\times m$ 矩阵,故 $\mathrm{R}(\boldsymbol{A})\leqslant m$,$\mathrm{R}(\boldsymbol{B})\leqslant m$. 结合上述不等式可得 $\mathrm{R}(\boldsymbol{A})=\mathrm{R}(\boldsymbol{B})=m$,即应该选 A.

5. (1998 年)设 $n(n\geqslant 3)$ 阶矩阵 $\boldsymbol{A}=\begin{pmatrix}1&a&a&\cdots&a\\a&1&a&\cdots&a\\a&a&1&\cdots&a\\\vdots&\vdots&\vdots&&\vdots\\a&a&a&\cdots&1\end{pmatrix}$,若矩阵 $\boldsymbol{A}$ 的秩为 $n-1$,则 a 必为 ( )

A. 1 B. $\dfrac{1}{1-n}$ C. -1 D. $\dfrac{1}{n-1}$

解 $\mathrm{R}(\boldsymbol{A})<n\Rightarrow|\boldsymbol{A}|=0\Rightarrow a=1$ 或 $a=\dfrac{1}{1-n}$. 当 $a=1$ 时,显然 $\mathrm{R}(\boldsymbol{A})=1$,故选 B.

6. (1997 年)非齐次线性方程组 $\boldsymbol{Ax}=\boldsymbol{b}$ 中未知量个数为 n,方程个数为 m,系数矩阵 $\boldsymbol{A}$ 的秩为 r,则 ( )

A. 当 $r=m$ 时,方程组 $\boldsymbol{Ax}=\boldsymbol{b}$ 有解

B. 当 $r=n$ 时,方程组 $\boldsymbol{Ax}=\boldsymbol{b}$ 有唯一解

C. 当 $m=n$ 时,方程组 $\boldsymbol{Ax}=\boldsymbol{b}$ 有唯一解

D. 当 $r<n$ 时,方程组 $\boldsymbol{Ax}=\boldsymbol{b}$ 有无穷多解

解 因为 $\boldsymbol{A}$ 是 $m\times n$ 矩阵,若秩 $\mathrm{R}(\boldsymbol{A})=m$,则

$$m=\mathrm{R}(\boldsymbol{A})\leqslant\mathrm{R}(\boldsymbol{A},\boldsymbol{b})\leqslant m.$$

于是 $\mathrm{R}(\boldsymbol{A})=\mathrm{R}(\boldsymbol{A},\boldsymbol{b})$,故方程组有解,应选 A.

7.（2016 年）设矩阵 $\boldsymbol{A}=\begin{pmatrix}1&1&1-a\\1&0&a\\a+1&1&a+1\end{pmatrix}$，$\boldsymbol{\beta}=\begin{pmatrix}0\\1\\2a-2\end{pmatrix}$，且方程组 $\boldsymbol{Ax}=\boldsymbol{\beta}$ 无解.

（1）求 a 的值；

（2）求方程组 $\boldsymbol{A}^{\mathrm{T}}\boldsymbol{Ax}=\boldsymbol{A}^{\mathrm{T}}\boldsymbol{\beta}$ 的通解.

解　（1）$(\boldsymbol{A},\boldsymbol{\beta})=\begin{pmatrix}1&1&1-a&0\\1&0&a&1\\a+1&1&a+1&2a-2\end{pmatrix}\xrightarrow[r_3-(a+1)r_1]{r_2-r_1}$

$\begin{pmatrix}1&1&1-a&0\\0&-1&2a-1&1\\0&-a&a^2+a&2a-2\end{pmatrix}\xrightarrow[r_3+ar_2]{(-1)r_2}\begin{pmatrix}1&1&1-a&0\\0&1&1-2a&-1\\0&0&2a-a^2&a-2\end{pmatrix}$，方程组 $\boldsymbol{Ax}=\boldsymbol{\beta}$ 无解，所以 $\mathrm{R}(\boldsymbol{A})\neq\mathrm{R}(\boldsymbol{A},\boldsymbol{\beta})$，因此 $a=0$.

（2）将 $a=0$ 代入可得 $\boldsymbol{A}=\begin{pmatrix}1&1&1\\1&0&0\\1&1&1\end{pmatrix}$，$\boldsymbol{\beta}=\begin{pmatrix}0\\1\\-2\end{pmatrix}$，从而 $\boldsymbol{A}^{\mathrm{T}}\boldsymbol{A}=\begin{pmatrix}1&1&1\\1&0&1\\1&0&1\end{pmatrix}\begin{pmatrix}1&1&1\\1&0&0\\1&1&1\end{pmatrix}=\begin{pmatrix}3&2&2\\2&2&2\\2&2&2\end{pmatrix}$，$\boldsymbol{A}^{\mathrm{T}}\boldsymbol{\beta}=\begin{pmatrix}1&1&1\\1&0&1\\1&0&1\end{pmatrix}\begin{pmatrix}0\\1\\-2\end{pmatrix}=\begin{pmatrix}-1\\-1\\-2\end{pmatrix}$，

因此 $(\boldsymbol{A}^{\mathrm{T}}\boldsymbol{A},\ \boldsymbol{A}^{\mathrm{T}}\boldsymbol{\beta})=\begin{pmatrix}3&2&2&-1\\2&2&2&-2\\2&2&2&-2\end{pmatrix}\sim\begin{pmatrix}1&0&0&1\\0&1&1&-2\\0&0&0&0\end{pmatrix}$，故有方程组 $\begin{cases}x_1=1,\\x_2+x_3=-2,\end{cases}$ 即 $\begin{cases}x_1=1,\\x_2=-2-x_3,\\x_3=x_3,\end{cases}$ 令 $\boldsymbol{\xi}_0=\begin{pmatrix}1\\-2\\0\end{pmatrix}$，$\boldsymbol{\xi}=\begin{pmatrix}0\\-1\\1\end{pmatrix}$，则原方程组的通解为 $\boldsymbol{x}=\boldsymbol{\xi}_0+k\boldsymbol{\xi}$，其中 k 为任意常数.

实际案例分析三

今有鸡翁一，直钱五；鸡母一，直钱三；鸡雏三，直钱一，凡百钱买鸡百只．问鸡翁、母、雏各几何？（《张邱建算经》）

假设 x,y,z 分别为买鸡翁、鸡母、鸡雏的只数，则由问题可得非齐次线性方程组

$$\begin{cases}x+y+z=100,\\5x+3y+\dfrac{1}{3}z=100.\end{cases}$$

$$(\boldsymbol{A},\boldsymbol{b})=\begin{pmatrix}1&1&1&100\\5&3&\frac{1}{3}&100\end{pmatrix}\xrightarrow{r_2-5r_1}\begin{pmatrix}1&1&1&100\\0&-2&-\frac{14}{3}&-400\end{pmatrix}$$

$$\xrightarrow[r_1-r_2]{r_2\div(-2)}\begin{pmatrix}1&0&-\frac{4}{3}&-100\\0&1&\frac{7}{3}&200\end{pmatrix}.$$

显然，$R(\boldsymbol{A})=R(\boldsymbol{A},\boldsymbol{b})=2<3$，原方程组有无穷多解，同解方程组为

$$\begin{cases}x-\frac{4}{3}z=-100,\\y+\frac{7}{3}z=200,\end{cases}$$

即

$$\begin{cases}x=-100+\frac{4}{3}z,\\y=200-\frac{7}{3}z,\\z=z.\end{cases}$$

由于 x,y,z 一定为正整数，可得 $75<z<85$，且 z 为 3 的倍数，所以 $z=78,81,84$，与此相对应的 $x=4,8,12$；$y=18,11,4$.

即 $$\begin{cases}x_1=4,\\y_1=18,\\z_1=78;\end{cases}\quad\begin{cases}x_2=8,\\y_2=11,\\z_2=81;\end{cases}\quad\begin{cases}x_3=12,\\y_3=4,\\z_3=84.\end{cases}$$

这恰好是张邱建给出的三组解. 至于如何得到的这三组解，《张邱建算经》的“术”文是：

“鸡翁每增四，鸡母每减七，鸡雏每益三，即得.”

这实际上表明了这个非齐次线性方程组的通解公式为

$$\begin{cases}x=4+4k,\\y=18-7k,\ (k\in\mathbf{R}).\\z=78+3k\end{cases}$$

想一想，通解公式 $\begin{cases}x=-100+\frac{4}{3}z,\\y=200-\frac{7}{3}z,\\z=z\end{cases}$ 能写成 $\begin{cases}x=4+4k,\\y=18-7k,\\z=78+3k\end{cases}$ 的形式吗？

Matlab 应用三:矩阵的初等变换与线性方程组的解

相关 Matlab 命令或函数

Rank(A) 求矩阵 **A** 的秩

rref(A) 将矩阵 **A** 化为行最简矩阵

inv(A) 求矩阵 **A** 的逆

例 3.2(续) 化矩阵 $\boldsymbol{A}=\begin{pmatrix}1 & 3 & -2 & 2\\ 2 & 6 & -4 & 5\\ -1 & -3 & 4 & 0\end{pmatrix}$ 为行最简形矩阵.

解

```
>>A=[1 3 -2 2;2 6 -4 5;-1 -3 4 0];
>>rref(A)                      %求A的行最简形矩阵
ans =
   1   3   0   0
   0   0   1   0
   0   0   0   1
```

例 3.4(续) 求矩阵方程 $\boldsymbol{AX}=\boldsymbol{B}$,其中 $\boldsymbol{A}=\begin{pmatrix}3 & 1 & -1\\ 2 & 2 & 0\\ 1 & -1 & -2\end{pmatrix}$,$\boldsymbol{B}=\begin{pmatrix}1 & -2\\ 2 & 2\\ 1 & -3\end{pmatrix}$.

解

```
>>A=[3 1 -1;2 2 0;1 -1 -2];
>>B=[1 -2;2 2;1 -3];
>>rref([A,B])                  %解法一,将矩阵[A,B]化为行最简矩阵
ans =
1   0   0   -1   -2
0   1   0    2    3
0   0   1   -2   -1
>>X=inv(A)*B                   %解法二,求矩阵A的逆与矩阵B的乘积
>> X =
```

```
-1.0000   -2.0000
 2.0000    3.0000
-2.0000   -1.0000
```

所以 $\boldsymbol{X}=\boldsymbol{A}^{-1}\boldsymbol{B}=\begin{pmatrix}-1 & -2\\ 2 & 3\\ -2 & -1\end{pmatrix}$.

例 3.8(续) 解方程组 $\begin{cases}x_1+2x_2-x_3+4x_4=2,\\ 2x_1+5x_2+x_3+15x_4=7,\\ x_1+3x_2+2x_3+11x_4=5.\end{cases}$

解

```
≫D=[1 2 -1 4;2 5 1 15;1 3 2 11];
≫b=[2 7 5]'
≫Rank(D)                    %求系数矩阵D的秩
ans= 2
≫Rank([D,b])                %求增广矩阵[D,b]的秩
ans=2
                            %R(D)=R(D,b)=2<4,方程有无穷多解
≫rref([D,b])                %将矩阵[D,b]化为行最简矩阵
ans=
1  0  -7  -10  -4
0  1   3    7   3
0  0   0    0   0
```

%原方程的通解方程为 $\begin{cases}x_1-7x_3-10x_4=-4,\\ \quad x_2+3x_3+7x_4=3.\end{cases}$

原方程组的通解为：

$$\begin{pmatrix}x_1\\x_2\\x_3\\x_4\end{pmatrix}=\begin{pmatrix}-4\\3\\0\\0\end{pmatrix}+k_1\begin{pmatrix}7\\-3\\1\\0\end{pmatrix}+k_2\begin{pmatrix}10\\-7\\0\\1\end{pmatrix}.\ (k_1,k_2\text{ 为任意实数})$$

例 3.10(续) 解方程组 $\begin{cases}2x_1-3x_2-2x_3+x_4=0,\\ 3x_1+5x_2+4x_3-2x_4=0,\\ 8x_1+7x_2+6x_3-3x_4=0.\end{cases}$

解

```
≫A=[2 -3 -2 1;3 5 4 -2;8 7 6 -3];
≫Rank(A)                    %求矩阵 A 的秩
ans=2
                             %R(A)=2<4，齐次线性方程组有非
                             零解。
≫ format rat                 %将 Matlab 的输出设置为分数
≫rref(A)                     %将矩阵 A 化为行最简矩阵
ans =
   1     0     2/19     -1/19
   0     1     14/19    -7/19
   0     0     0         0
```

同解方程组为

$$\begin{cases} x_1 + \dfrac{2}{19}x_3 - \dfrac{1}{19}x_4 = 0, \\ x_2 + \dfrac{14}{19}x_3 - \dfrac{7}{19}x_4 = 0, \end{cases}$$

由此即得

$$\begin{cases} x_1 = -\dfrac{2}{19}x_3 + \dfrac{1}{19}x_4, \\ x_2 = -\dfrac{14}{19}x_3 + \dfrac{7}{19}x_4, (x_3, x_4 \text{ 可任意取值}), \\ x_3 = x_3, \\ x_4 = x_4 \end{cases}$$

即

$$\begin{pmatrix} x_1 \\ x_2 \\ x_3 \\ x_4 \end{pmatrix} = k_1 \begin{pmatrix} -\dfrac{2}{19} \\ -\dfrac{14}{19} \\ 1 \\ 0 \end{pmatrix} + k_2 \begin{pmatrix} \dfrac{1}{19} \\ \dfrac{7}{19} \\ 0 \\ 1 \end{pmatrix} \quad (k_1, k_2 \in \mathbf{R}).$$

第 4 章　向量组的线性相关性

实际案例

某地区有 12 个气象观测站，现有各站 10 年来的年降水量数据. 为节省开支，想要适当减少气象观测站. 问题：减少哪些气象观测站可以使所得的年降水量数据的信息量仍然足够大？

本章主要介绍 n 维向量的定义、向量组的线性表示和线性相关性及向量组的秩；同时通过向量组的线性表示与线性方程组和矩阵之间的联系给出了线性方程组解的结构，最后研究了向量空间及有关性质.

4.1　向量组及其线性组合

定义 4.1　n **个有序的数** $a_1,a_2,\cdots,a_n$ **所组成的数组称为** n **维向量，这** n **个数称为该向量的** n **个分量，第** i **个数** a_i **称为第** i **个分量.**

分量全为实数的向量称为实向量，分量为复数的向量称为复向量. 如不特别说明本章主要讨论实向量.

几何中的向量可以认为是 n 维向量的特殊情形，即 $n=2,3$ 时的情形. 当 $n>3$ 时，n 维向量就没有这种几何形象和意义了.

n 维向量可写成一行，也可写成一列. 分别称为行向量和列向量，也可以看作行矩阵和列矩阵，并规定向量都按矩阵的运算规则进行运算. 因此，n 维列向量

$$\boldsymbol{a}=\begin{pmatrix}a_1\\a_2\\\vdots\\a_n\end{pmatrix}$$

与 n 维行向量 $\boldsymbol{a}^{\mathrm{T}}=(a_1,a_2,\cdots,a_n)$ 总是看作是两个不同的向量(按定义 4.1，$\boldsymbol{a},\boldsymbol{a}^{\mathrm{T}}$ 应是同一向量). 下面讨论的向量不作说明时都当作列向量.

列向量用黑体小写字母 $\boldsymbol{a},\boldsymbol{b},\boldsymbol{\alpha},\boldsymbol{\beta}$ 等表示，行向量则用 $\boldsymbol{a}^{\mathrm{T}},\boldsymbol{b}^{\mathrm{T}},\boldsymbol{\alpha}^{\mathrm{T}},\boldsymbol{\beta}^{\mathrm{T}}$ 等表示.

几何中，“空间”是作为点的集合，这样的空间叫作点空间. 我们把三维向量的全体所组成的集合

$$\mathbf{R}^3=\{\boldsymbol{r}=(x,y,z)^{\mathrm{T}}\mid x,y,z\in\mathbf{R}\}$$

叫作 3 维向量空间. 在点空间中取定坐标系后，空间中的点与 3 维向量之间有一一对应的关系，因此，向量空间可以类比为取定了坐标系的点空间.

类似地，n 维向量的全体所组成的集合

$$\mathbf{R}^n=\{\boldsymbol{x}=(x_1,x_2,\cdots,x_n)^{\mathrm{T}}\mid x_1,x_2,\cdots,x_n\in\mathbf{R}\}$$

叫作 n 维向量空间.

若干个同维数的向量所组成的集合叫作向量组. 例如一个 $m\times n$ 矩阵的全体列向量是一个含 n 个 m 维列向量的有序向量组. 而线性方程组 $\boldsymbol{A}_{m\times n}\boldsymbol{x}=\boldsymbol{0}$ 在 $\mathrm{R}(\boldsymbol{A})<n$ 时，其全体解是一个含无限多个 n 维列向量的向量组.

反之，一个含有限个向量的向量组 $A:\boldsymbol{a}_1,\boldsymbol{a}_2,\cdots,\boldsymbol{a}_m$ 总可以构成一个矩阵 $\boldsymbol{A}=(\boldsymbol{a}_1,\boldsymbol{a}_2,\cdots,\boldsymbol{a}_m)$. 含有限个向量的有序向量组可以与矩阵一一对应.

定义 4.2　给定向量组 $A:\boldsymbol{a}_1,\boldsymbol{a}_2,\cdots,\boldsymbol{a}_m$，对于任何一组实数 $k_1,k_2,\cdots,k_m$，表达式

$$k_1\boldsymbol{a}_1+k_2\boldsymbol{a}_2+\cdots+k_m\boldsymbol{a}_m$$

称为向量组 A 的一个线性组合，实数 $k_1,k_2,\cdots,k_m$ 称为这个线性组合的系数.

给定向量组 $A:\boldsymbol{a}_1,\boldsymbol{a}_2,\cdots,\boldsymbol{a}_m$ 和向量 $\boldsymbol{b}$，如果存在一组数 $k_1,k_2,\cdots,k_m$，使

$$\boldsymbol{b}=k_1\boldsymbol{a}_1+k_2\boldsymbol{a}_2+\cdots+k_m\boldsymbol{a}_m,$$

则向量 $\boldsymbol{b}$ 是向量组 A 的一个线性组合，这时称向量 $\boldsymbol{b}$ 能由向量组 A 线性表示.

例如零向量能由任一向量组线性表示.

任一向量 $\boldsymbol{a}^{\mathrm{T}}=(a_1,a_2,\cdots,a_n)$ 都能由 n 维单位向量组 $\boldsymbol{\varepsilon}_1^{\mathrm{T}}=(1,0,\cdots,0)$，$\boldsymbol{\varepsilon}_2^{\mathrm{T}}=(0,1,\cdots,0)$，$\cdots$，$\boldsymbol{\varepsilon}_n^{\mathrm{T}}=(0,0,\cdots,1)$ 线性表示，即有

$$\boldsymbol{a}=a_1\boldsymbol{\varepsilon}_1+a_2\boldsymbol{\varepsilon}_2+\cdots+a_n\boldsymbol{\varepsilon}_n.$$

n 维向量 $\boldsymbol{b}$ 能由向量组 $A:\boldsymbol{a}_1,\boldsymbol{a}_2,\cdots,\boldsymbol{a}_m$ 线性表示，也就是方程组

$$x_1\boldsymbol{a}_1+x_2\boldsymbol{a}_2+\cdots+x_m\boldsymbol{a}_m=\boldsymbol{b}\text{ 或}$$

$$\boldsymbol{Ax}=(\boldsymbol{a}_1,\boldsymbol{a}_2,\cdots,\boldsymbol{a}_m)\begin{pmatrix}x_1\\x_2\\\vdots\\x_m\end{pmatrix}=\boldsymbol{b}$$

有解. 由线性方程组有解的结论可知：

定理 4.1 **n 维向量 $\boldsymbol{b}$ 能由向量组 $\boldsymbol{A}:\boldsymbol{a}_1,\boldsymbol{a}_2,\cdots,\boldsymbol{a}_m$ 线性表示的充要条件是矩阵 $\boldsymbol{A}=(\boldsymbol{a}_1,\boldsymbol{a}_2,\cdots,\boldsymbol{a}_m)$ 的秩等于矩阵 $\boldsymbol{B}=(\boldsymbol{a}_1,\boldsymbol{a}_2,\cdots,\boldsymbol{a}_m,\boldsymbol{b})$ 的秩.**

例 4.1 设

$$\boldsymbol{a}_1=\begin{pmatrix}1\\1\\2\\2\end{pmatrix},\boldsymbol{a}_2=\begin{pmatrix}1\\2\\1\\3\end{pmatrix},\boldsymbol{a}_3=\begin{pmatrix}1\\-1\\4\\0\end{pmatrix},\boldsymbol{b}=\begin{pmatrix}1\\0\\3\\1\end{pmatrix},$$

证明向量 $\boldsymbol{b}$ 能由向量组 $\boldsymbol{a}_1,\boldsymbol{a}_2,\boldsymbol{a}_3$ 线性表示，并求表示式.

证明 由定理可知，只要证 $\boldsymbol{A}=(\boldsymbol{a}_1,\boldsymbol{a}_2,\boldsymbol{a}_3)$ 的秩等于矩阵 $\boldsymbol{B}=(\boldsymbol{a}_1,\boldsymbol{a}_2,\boldsymbol{a}_3,\boldsymbol{b})$ 的秩. 所以有

$$\boldsymbol{B}=\begin{pmatrix}1&1&1&1\\1&2&-1&0\\2&1&4&3\\2&3&0&1\end{pmatrix}\sim\begin{pmatrix}1&0&3&2\\0&1&-2&-1\\0&0&0&0\\0&0&0&0\end{pmatrix},$$

可得 $\mathrm{R}(\boldsymbol{A})=\mathrm{R}(\boldsymbol{B})$，所以向量 $\boldsymbol{b}$ 能由向量组 $\boldsymbol{a}_1,\boldsymbol{a}_2,\boldsymbol{a}_3$ 线性表示.

又由方程组 $\boldsymbol{Ax}=\boldsymbol{b}$ 的通解为

$$\begin{pmatrix}x_1\\x_2\\x_3\end{pmatrix}=k\begin{pmatrix}-3\\2\\1\end{pmatrix}+\begin{pmatrix}2\\-1\\0\end{pmatrix}=\begin{pmatrix}-3k+2\\2k-1\\k\end{pmatrix},k\in\mathbf{R}.$$

可得

$$\boldsymbol{b}=(\boldsymbol{a}_1,\boldsymbol{a}_2,\boldsymbol{a}_3)\begin{pmatrix}x_1\\x_2\\x_3\end{pmatrix}=(-3k+2)\boldsymbol{a}_1+(2k-1)\boldsymbol{a}_2+k\boldsymbol{a}_3,k\in\mathbf{R}.$$

定义 4.3　设有两个向量组 $A:\boldsymbol{a}_1,\boldsymbol{a}_2,\cdots,\boldsymbol{a}_m$ 及 $B:\boldsymbol{b}_1,\boldsymbol{b}_2,\cdots,\boldsymbol{b}_l$，若 B 组中每个向量都能由向量组 A 线性表示，则称向量组 B 能由向量组 A 线性表示. 若向量组 A 与向量组 B 能相互表示，则称这两个向量组等价.

向量组 $A:\boldsymbol{a}_1,\boldsymbol{a}_2,\cdots,\boldsymbol{a}_m$ 及 $B:\boldsymbol{b}_1,\boldsymbol{b}_2,\cdots,\boldsymbol{b}_l$ 所构成的矩阵分别记为 $\boldsymbol{A}=(\boldsymbol{a}_1,\boldsymbol{a}_2,\cdots,\boldsymbol{a}_m)$ 及 $\boldsymbol{B}=(\boldsymbol{b}_1,\boldsymbol{b}_2,\cdots,\boldsymbol{b}_l)$，则向量组 B 能由向量组 A 线性表示，即对每个向量 $\boldsymbol{b}_j(j=1,2,\cdots,l)$ 存在数 $k_{1j},k_{2j},\cdots,k_{mj}$，使

$$\boldsymbol{b}_j=k_{1j}\boldsymbol{a}_1+k_{2j}\boldsymbol{a}_2+\cdots+k_{mj}\boldsymbol{a}_m=(\boldsymbol{a}_1,\boldsymbol{a}_2,\cdots,\boldsymbol{a}_m)\begin{pmatrix}k_{1j}\\k_{2j}\\\vdots\\k_{mj}\end{pmatrix},$$

从而有

$$\boldsymbol{B}=(\boldsymbol{b}_1,\boldsymbol{b}_2,\cdots,\boldsymbol{b}_l)=(\boldsymbol{a}_1,\boldsymbol{a}_2,\cdots,\boldsymbol{a}_m)\begin{pmatrix}k_{11}&k_{12}&\cdots&k_{1l}\\k_{21}&k_{22}&\cdots&k_{2l}\\\vdots&\vdots&&\vdots\\k_{m1}&k_{m2}&\cdots&k_{ml}\end{pmatrix}=\boldsymbol{AK}.$$

由此，向量组 B 能由向量组 A 线性表示，即矩阵方程 $\boldsymbol{AX}=\boldsymbol{B}$ 有解.

定理 4.2　向量组 $B:\boldsymbol{b}_1,\boldsymbol{b}_2,\cdots,\boldsymbol{b}_l$ 能由向量组 $A:\boldsymbol{a}_1,\boldsymbol{a}_2,\cdots,\boldsymbol{a}_m$ 线性表示的充要条件是矩阵方程 $\boldsymbol{AX}=\boldsymbol{B}$ 有解，即 $\mathrm{R}(\boldsymbol{A})=\mathrm{R}(\boldsymbol{A},\boldsymbol{B})$.

推论　向量组 $A:\boldsymbol{a}_1,\boldsymbol{a}_2,\cdots,\boldsymbol{a}_m$，与向量组 $B:\boldsymbol{b}_1,\boldsymbol{b}_2,\cdots,\boldsymbol{b}_l$ 等价的充要条件是

$$\mathrm{R}(\boldsymbol{A})=\mathrm{R}(\boldsymbol{B})=\mathrm{R}(\boldsymbol{A},\boldsymbol{B}).$$

4.2　向量组的线性相关性

定义 4.4　设有向量组 $A:\boldsymbol{a}_1,\boldsymbol{a}_2,\cdots,\boldsymbol{a}_m$，如果存在不全为零的数 $k_1,k_2,\cdots,k_m$，使得

$$k_1\boldsymbol{a}_1+k_2\boldsymbol{a}_2+\cdots+k_m\boldsymbol{a}_m=\boldsymbol{0},$$

则称向量组 A 是线性相关的，否则称为线性无关.

例如含零向量的向量组 $\boldsymbol{0},\boldsymbol{a}_1,\boldsymbol{a}_2,\cdots,\boldsymbol{a}_m$ 一定是线性相关的. 因为存在不

全为零的数 1,0,0,…,0，使得 $1\cdot\mathbf{0}+0\boldsymbol{a}_1+0\boldsymbol{a}_2+\cdots+0\boldsymbol{a}_m=\mathbf{0}$. 几何中的共线向量组或共面向量组也是线性相关的. 而不共线或不共面的向量组则是线性无关的.

两个向量线性相关的充要条件是其对应分量成比例.

由定义可知,向量组 A:$\boldsymbol{a}_1,\boldsymbol{a}_2,\cdots,\boldsymbol{a}_m$ 线性相关的充要条件也即线性方程组 $\boldsymbol{Ax}=\mathbf{0}$ 或

$$x_1\boldsymbol{a}_1+x_2\boldsymbol{a}_2+\cdots+x_m\boldsymbol{a}_m=\mathbf{0}$$

有非零解.

向量组 A:$\boldsymbol{a}_1,\boldsymbol{a}_2,\cdots,\boldsymbol{a}_m$ 线性无关的充要条件也即线性方程组 $\boldsymbol{Ax}=\mathbf{0}$ 或

$$x_1\boldsymbol{a}_1+x_2\boldsymbol{a}_2+\cdots+x_m\boldsymbol{a}_m=\mathbf{0}$$

只有零解.

定理 4.3　向量组 A:$\boldsymbol{a}_1,\boldsymbol{a}_2,\cdots,\boldsymbol{a}_m$ 线性相关的充要条件是矩阵 $\boldsymbol{A}=(\boldsymbol{a}_1,\boldsymbol{a}_2,\cdots,\boldsymbol{a}_m)$ 的秩小于向量个数 m，即 $\mathrm{R}(\boldsymbol{A})<m$；向量组 A:$\boldsymbol{a}_1,\boldsymbol{a}_2,\cdots,\boldsymbol{a}_m$ 线性无关的充要条件是 $\boldsymbol{A}=(\boldsymbol{a}_1,\boldsymbol{a}_2,\cdots,\boldsymbol{a}_m)$ 的秩等于向量个数 m，即 $\mathrm{R}(\boldsymbol{A})=m$.

n 维向量构成的向量组 A:$\boldsymbol{a}_1,\boldsymbol{a}_2,\cdots,\boldsymbol{a}_m$，当 $m>n$ 时一定线性相关.

定理 4.4　向量组 A:$\boldsymbol{a}_1,\boldsymbol{a}_2,\cdots,\boldsymbol{a}_m(m\geqslant 2)$ 线性相关的充要条件是其中至少有一个向量可以由其余向量线性表示.

证明　必要性　若向量组 A:$\boldsymbol{a}_1,\boldsymbol{a}_2,\cdots,\boldsymbol{a}_m(m\geqslant 2)$ 线性相关,则存在不全为零的数 $k_1,k_2,\cdots,k_m$，使得

$$k_1\boldsymbol{a}_1+k_2\boldsymbol{a}_2+\cdots+k_m\boldsymbol{a}_m=\mathbf{0}.$$

不妨设 $k_1\neq 0$，则由上式可得

$$\boldsymbol{a}_1=-\frac{k_2}{k_1}\boldsymbol{a}_2-\cdots-\frac{k_m}{k_1}\boldsymbol{a}_m.$$

即向量 $\boldsymbol{a}_1$ 能用其余向量线性表示.

充分性　不妨设 $\boldsymbol{a}_1$ 能用其余向量线性表示,则有数 $k_2,\cdots,k_m$，使得

$$\boldsymbol{a}_1=k_2\boldsymbol{a}_2+\cdots+k_m\boldsymbol{a}_m,$$

所以有

$$1\boldsymbol{a}_1-k_2\boldsymbol{a}_2-\cdots-k_m\boldsymbol{a}_m=0.$$

因系数 $1,-k_2,\cdots,-k_m$ 不全为零,所以向量组 A:$\boldsymbol{a}_1,\boldsymbol{a}_2,\cdots,\boldsymbol{a}_m(m\geqslant 2)$

线性相关.

推论　向量组 $A:\boldsymbol{a}_1,\boldsymbol{a}_2,\cdots,\boldsymbol{a}_m(m\geqslant 2)$ 线性无关的充要条件是其中任一个向量都不能由其余向量线性表示.

定理 4.5　向量组 $A:\boldsymbol{a}_1,\boldsymbol{a}_2,\cdots,\boldsymbol{a}_m(m\geqslant 2)$ 线性无关，而向量组 $B:\boldsymbol{a}_1,\boldsymbol{a}_2,\cdots,\boldsymbol{a}_m,\boldsymbol{\beta}$ 线性相关，则向量 $\boldsymbol{\beta}$ 一定能由向量组 $A:\boldsymbol{a}_1,\boldsymbol{a}_2,\cdots,\boldsymbol{a}_m(m\geqslant 2)$ 线性表示，且表示唯一.

证明 1　向量组 $B:\boldsymbol{a}_1,\boldsymbol{a}_2,\cdots,\boldsymbol{a}_m,\boldsymbol{\beta}$ 线性相关，所以存在不全为零的数 $k_1,k_2,\cdots,k_m,l$，使得

$$k_1\boldsymbol{a}_1+k_2\boldsymbol{a}_2+\cdots+k_m\boldsymbol{a}_m+l\boldsymbol{\beta}=\boldsymbol{0}.$$

若 $l=0$，则有

$$k_1\boldsymbol{a}_1+k_2\boldsymbol{a}_2+\cdots+k_m\boldsymbol{a}_m=\boldsymbol{0}$$

且必有 $k_1,k_2,\cdots,k_m$ 不全为零，故有 $A:\boldsymbol{a}_1,\boldsymbol{a}_2,\cdots,\boldsymbol{a}_m$ 线性相关与条件相矛盾. 因此 $l\neq 0$，所以必有

$$\boldsymbol{\beta}=-\frac{k_1}{l}\boldsymbol{a}_1-\frac{k_2}{l}\boldsymbol{a}_2-\cdots-\frac{k_m}{l}\boldsymbol{a}_m,$$

即向量 $\boldsymbol{\beta}$ 一定能由向量组 $A:\boldsymbol{a}_1,\boldsymbol{a}_2,\cdots,\boldsymbol{a}_m(m\geqslant 2)$ 线性表示.

又设

$$\boldsymbol{\beta}=k_1\boldsymbol{a}_1+k_2\boldsymbol{a}_2+\cdots+k_m\boldsymbol{a}_m=l_1\boldsymbol{a}_1+l_2\boldsymbol{a}_2+\cdots+l_m\boldsymbol{a}_m,$$

则有

$$(k_1-l_1)\boldsymbol{a}_1+(k_2-l_2)\boldsymbol{a}_2+\cdots+(k_m-l_m)\boldsymbol{a}_m=0.$$

由向量组 $A:\boldsymbol{a}_1,\boldsymbol{a}_2,\cdots,\boldsymbol{a}_m(m\geqslant 2)$ 线性无关，故必有

$$k_1-l_1=0,k_2-l_2=0,\cdots,k_m-l_m=0,$$

所以向量 $\boldsymbol{\beta}$ 由向量组 $A:\boldsymbol{a}_1,\boldsymbol{a}_2,\cdots,\boldsymbol{a}_m(m\geqslant 2)$ 的表示唯一.

证明 2　设矩阵 $\boldsymbol{A}=(\boldsymbol{a}_1,\boldsymbol{a}_2,\cdots,\boldsymbol{a}_m)$，$\boldsymbol{B}=(\boldsymbol{a}_1,\boldsymbol{a}_2,\cdots,\boldsymbol{a}_m,\boldsymbol{\beta})$，则有 $\mathrm{R}(\boldsymbol{A})\leqslant\mathrm{R}(\boldsymbol{B})$，又向量组 A 线性无关，向量组 B 线性相关，故有 $\mathrm{R}(\boldsymbol{A})=m$，$\mathrm{R}(\boldsymbol{B})<m+1$.

所以有 $\mathrm{R}(\boldsymbol{B})=m$.

由此方程组 $\boldsymbol{Ax}=\boldsymbol{\beta}$ 有唯一解.

也即向量 $\boldsymbol{\beta}$ 一定能由向量组 $A:\boldsymbol{a}_1,\boldsymbol{a}_2,\cdots,\boldsymbol{a}_m(m\geqslant 2)$ 线性表示,且表示唯一.

定理 4.6　向量组 $A:\boldsymbol{a}_1,\boldsymbol{a}_2,\cdots,\boldsymbol{a}_m,B:\boldsymbol{b}_1,\boldsymbol{b}_2,\cdots,\boldsymbol{b}_l$,如果

(1) 向量组 $B:\boldsymbol{b}_1,\boldsymbol{b}_2,\cdots,\boldsymbol{b}_l$ 可以由 $A:\boldsymbol{a}_1,\boldsymbol{a}_2,\cdots,\boldsymbol{a}_m$ 线性表示;

(2) $m<l$.

则向量组 $B:\boldsymbol{b}_1,\boldsymbol{b}_2,\cdots,\boldsymbol{b}_l$ 一定线性相关.

证明　因为向量组 $B:\boldsymbol{b}_1,\boldsymbol{b}_2,\cdots,\boldsymbol{b}_l$ 可以由 $A:\boldsymbol{a}_1,\boldsymbol{a}_2,\cdots,\boldsymbol{a}_m$ 线性表示,所以有

$$\mathrm{R}(\boldsymbol{B})\leqslant\mathrm{R}(\boldsymbol{A},\boldsymbol{B})=\mathrm{R}(\boldsymbol{A})\leqslant m<l.$$

所以向量组 $B:\boldsymbol{b}_1,\boldsymbol{b}_2,\cdots,\boldsymbol{b}_l$ 线性相关.

例 4.2　已知向量组 $\boldsymbol{a}_1,\boldsymbol{a}_2,\boldsymbol{a}_3$ 线性无关,$\boldsymbol{b}_1=\boldsymbol{a}_1+\boldsymbol{a}_2,\boldsymbol{b}_2=\boldsymbol{a}_2+\boldsymbol{a}_3,\boldsymbol{b}_3=\boldsymbol{a}_3+\boldsymbol{a}_1$,试证向量组 $\boldsymbol{b}_1,\boldsymbol{b}_2,\boldsymbol{b}_3$ 线性无关.

证明 1　设有数 x_1,x_2,x_3,使

$$x_1\boldsymbol{b}_1+x_2\boldsymbol{b}_2+x_3\boldsymbol{b}_3=\boldsymbol{0},$$

即

$$x_1(\boldsymbol{a}_1+\boldsymbol{a}_2)+x_2(\boldsymbol{a}_2+\boldsymbol{a}_3)+x_3(\boldsymbol{a}_3+\boldsymbol{a}_1)=\boldsymbol{0},$$

亦即有

$$(x_1+x_3)\boldsymbol{a}_1+(x_1+x_2)\boldsymbol{a}_2+(x_2+x_3)\boldsymbol{a}_3=\boldsymbol{0},$$

因 $\boldsymbol{a}_1,\boldsymbol{a}_2,\boldsymbol{a}_3$ 线性无关,故有

$$\begin{cases}x_1+x_3=0,\\x_1+x_2=0,\\x_2+x_3=0,\end{cases}$$

此方程组只有零解 $x_1=x_2=x_3=0$. 所以向量组 $\boldsymbol{b}_1,\boldsymbol{b}_2,\boldsymbol{b}_3$ 线性无关.

证明 2　由题意,可得

$$(\boldsymbol{b}_1,\boldsymbol{b}_2,\boldsymbol{b}_3)=(\boldsymbol{a}_1,\boldsymbol{a}_2,\boldsymbol{a}_3)\begin{pmatrix}1&0&1\\1&1&0\\0&1&1\end{pmatrix},$$

记为 $\boldsymbol{B}=\boldsymbol{AK}$,因 $|\boldsymbol{K}|=2\neq 0$,所以矩阵 $\boldsymbol{K}$ 可逆,所以有 $\mathrm{R}(\boldsymbol{B})=\mathrm{R}(\boldsymbol{A})=3$,所以

向量组 $\boldsymbol{b}_1,\boldsymbol{b}_2,\boldsymbol{b}_3$ 线性无关.

证明 3　由题意,可得

$$(\boldsymbol{b}_1,\boldsymbol{b}_2,\boldsymbol{b}_3)=(\boldsymbol{a}_1,\boldsymbol{a}_2,\boldsymbol{a}_3)\begin{pmatrix}1&0&1\\1&1&0\\0&1&1\end{pmatrix},$$

记为 $\boldsymbol{B}=\boldsymbol{AK}$. 设 $\boldsymbol{Bx}=\boldsymbol{0}$, 则有 $\boldsymbol{A}(\boldsymbol{Kx})=\boldsymbol{0}$, 因矩阵 $\boldsymbol{A}$ 的列向量组线性无关, 所以有 $\boldsymbol{Kx}=\boldsymbol{0}$, 又因 $|\boldsymbol{K}|=2\neq 0$, 即有 $\mathrm{R}(\boldsymbol{K})=3$(列满秩),所以方程 $\boldsymbol{Kx}=\boldsymbol{0}$ 只有唯一解零解 $\boldsymbol{x}=\boldsymbol{0}$, 所以矩阵 $\boldsymbol{B}$ 的列向量组 $\boldsymbol{b}_1,\boldsymbol{b}_2,\boldsymbol{b}_3$ 线性无关.

4.3　向量组的秩

在研究向量组线性表示和线性相关性时都利用了矩阵的秩,同样在向量组中也可以引入秩的概念.

定义 4.5　设有向量组 A, 其中的向量组 A_0:$\boldsymbol{a}_1,\boldsymbol{a}_2,\cdots,\boldsymbol{a}_r$ 是向量组 A 的一个部分组,且满足

(1) 向量组 A_0 线性无关;

(2) 向量组 A 的任一向量都能用向量组 A_0 线性表示.

则称向量组 A_0 是向量组 A 的一个最大线性无关组(简称最大无关组). 最大无关组所含向量个数 r 称为向量组 A 的秩,记作 R_A.

只含零向量的向量组没有最大无关组,规定它的秩为 0.

向量组 A:$\boldsymbol{a}_1,\boldsymbol{a}_2,\cdots,\boldsymbol{a}_m$ 线性无关,则 A 自身就是它的最大无关组,其秩等于所含向量的个数. 即有向量组 A:$\boldsymbol{a}_1,\boldsymbol{a}_2,\cdots,\boldsymbol{a}_m$ 线性无关的充要条件是 $\mathrm{R}_A=m$.

向量组 A:$\boldsymbol{a}_1,\boldsymbol{a}_2,\cdots,\boldsymbol{a}_m$ 线性相关的充要条件是 $\mathrm{R}_A<m$.

例如有向量组 A:$\boldsymbol{a}_1=(-2,0,1)^{\mathrm{T}},\boldsymbol{a}_2=(1,-2,1)^{\mathrm{T}},\boldsymbol{a}_3=(2,0,-1)^{\mathrm{T}}$, 可以验证向量组 A:$\boldsymbol{a}_1,\boldsymbol{a}_2,\boldsymbol{a}_3$ 线性相关,但其中的部分向量组 $\boldsymbol{a}_1,\boldsymbol{a}_2$ 线性无关, 且 $\boldsymbol{a}_3=-1\boldsymbol{a}_1$, 即向量组 A 都可由 $\boldsymbol{a}_1,\boldsymbol{a}_2$ 线性表示,故 $\boldsymbol{a}_1,\boldsymbol{a}_2$ 是向量组 A:$\boldsymbol{a}_1$, $\boldsymbol{a}_2,\boldsymbol{a}_3$ 的一个最大无关组,所以有 $\mathrm{R}_A=2$.

同样可验证 $\boldsymbol{a}_2,\boldsymbol{a}_3$ 也是向量组 A:$\boldsymbol{a}_1,\boldsymbol{a}_2,\boldsymbol{a}_3$ 的一个最大无关组.

向量组的任一最大无关组与向量组等价,所以向量组的任意两个最大无关组都等价.

向量组 $A:\boldsymbol{a}_1,\boldsymbol{a}_2,\cdots,\boldsymbol{a}_m$ 与矩阵 $\boldsymbol{A}=(\boldsymbol{a}_1,\boldsymbol{a}_2,\cdots,\boldsymbol{a}_m)$ 的秩之间关系有：

定理 4.7　向量组 $A:\boldsymbol{a}_1,\boldsymbol{a}_2,\cdots,\boldsymbol{a}_m$ 的秩等于矩阵 $\boldsymbol{A}=(\boldsymbol{a}_1,\boldsymbol{a}_2,\cdots,\boldsymbol{a}_m)$ 的秩，即 $\mathrm{R}_A=\mathrm{R}(\boldsymbol{A})$.

证明　不妨设 $A_0:\boldsymbol{a}_1,\boldsymbol{a}_2,\cdots,\boldsymbol{a}_r$ 是向量组 A 的一个最大无关组，则 $\mathrm{R}_A=r$；同时也有矩阵 $(\boldsymbol{a}_1,\boldsymbol{a}_2,\cdots,\boldsymbol{a}_r)$ 的秩 $\mathrm{R}(\boldsymbol{a}_1,\boldsymbol{a}_2,\cdots,\boldsymbol{a}_r)=r$.

又向量 $\boldsymbol{a}_{r+1},\cdots,\boldsymbol{a}_m$ 能由 $A_0:\boldsymbol{a}_1,\boldsymbol{a}_2,\cdots,\boldsymbol{a}_r$ 线性表示，由矩阵的初等变换可知，应有

$$\boldsymbol{A}=(\boldsymbol{a}_1,\boldsymbol{a}_2,\cdots,\boldsymbol{a}_r,\boldsymbol{a}_{r+1},\cdots,\boldsymbol{a}_m)\sim(\boldsymbol{a}_1,\boldsymbol{a}_2,\cdots,\boldsymbol{a}_r,\boldsymbol{0},\cdots,\boldsymbol{0}).$$

故有

$$\mathrm{R}(\boldsymbol{A})=\mathrm{R}(\boldsymbol{a}_1,\boldsymbol{a}_2,\cdots,\boldsymbol{a}_r,0,\cdots,0)=\mathrm{R}(\boldsymbol{a}_1,\boldsymbol{a}_2,\cdots,\boldsymbol{a}_r)=r=\mathrm{R}_A.$$

类似可证明矩阵的行向量组的秩也等于矩阵的秩.

向量组 $A:\boldsymbol{a}_1,\boldsymbol{a}_2,\cdots,\boldsymbol{a}_m$ 的秩也可记作 $\mathrm{R}(\boldsymbol{a}_1,\boldsymbol{a}_2,\cdots,\boldsymbol{a}_m)$.

通过计算矩阵的秩，可以计算向量组的秩并求出一个最大无关组.

例 4.3　设向量组

$$A:\boldsymbol{a}_1=\begin{pmatrix}-1\\2\\0\\0\end{pmatrix},\boldsymbol{a}_2=\begin{pmatrix}1\\-1\\1\\-1\end{pmatrix},\boldsymbol{a}_3=\begin{pmatrix}0\\1\\1\\-1\end{pmatrix},\boldsymbol{a}_4=\begin{pmatrix}-1\\4\\2\\1\end{pmatrix},$$

求向量组 A 的秩和一个最大无关组.

解　由矩阵

$$\boldsymbol{A}=(\boldsymbol{a}_1,\boldsymbol{a}_2,\boldsymbol{a}_3,\boldsymbol{a}_4)=\begin{pmatrix}-1&1&0&-1\\2&-1&1&4\\0&1&1&2\\0&-1&-1&1\end{pmatrix}\sim\begin{pmatrix}-1&1&0&-1\\0&1&1&0\\0&0&0&3\\0&0&0&0\end{pmatrix},$$

所以有 $\mathrm{R}(\boldsymbol{A})=3$，即有 $\mathrm{R}(\boldsymbol{a}_1,\boldsymbol{a}_2,\boldsymbol{a}_3,\boldsymbol{a}_4)=3$.

由上面矩阵中非零行的首个非零元分别在 1、2、4 列，故有非零子式

$\begin{vmatrix}-1&1&-1\\0&1&0\\0&0&3\end{vmatrix}$，可知 $(\boldsymbol{a}_1,\boldsymbol{a}_2,\boldsymbol{a}_4)$ 中必有相应的非零子式，即 $\mathrm{R}(\boldsymbol{a}_1,\boldsymbol{a}_2,\boldsymbol{a}_4)=3$.

故可知 $\boldsymbol{a}_1,\boldsymbol{a}_2,\boldsymbol{a}_4$ 线性无关为原向量组的一个最大无关组.

由于对矩阵做初等行变换不改变列向量之间的线性关系，因此，可以通过矩阵的初等行变换来研究向量之间的线性表示关系.

考虑将向量 $\boldsymbol{a}_3$ 用 $\boldsymbol{a}_1,\boldsymbol{a}_2,\boldsymbol{a}_4$ 线性表示，则可将 $\boldsymbol{A}$ 进一步化为行最简形矩阵

$$\boldsymbol{A}=(\boldsymbol{a}_1,\boldsymbol{a}_2,\boldsymbol{a}_3,\boldsymbol{a}_4)\sim\begin{pmatrix}-1&1&0&-1\\0&1&1&0\\0&0&0&3\\0&0&0&0\end{pmatrix}\sim\begin{pmatrix}1&0&1&0\\0&1&1&0\\0&0&0&1\\0&0&0&0\end{pmatrix},$$

则由此可得 $\boldsymbol{a}_3=\boldsymbol{a}_1+\boldsymbol{a}_2$.

4.4　线性方程组的解的结构

4.4.1　齐次线性方程组的解的结构

设有齐次线性方程组

$$\begin{cases}a_{11}x_1+a_{12}x_2+\cdots+a_{1n}x_n=0,\\a_{21}x_1+a_{22}x_2+\cdots+a_{2n}x_n=0,\\\cdots\cdots\\a_{m1}x_1+a_{m2}x_2+\cdots+a_{mn}x_n=0,\end{cases}\tag{4-1}$$

记
$$\boldsymbol{A}=\begin{pmatrix}a_{11}&a_{12}&\cdots&a_{1n}\\a_{21}&a_{22}&\cdots&a_{2n}\\\vdots&\vdots&&\vdots\\a_{m1}&a_{m2}&\cdots&a_{mn}\end{pmatrix},\boldsymbol{x}=\begin{pmatrix}x_1\\x_2\\\vdots\\x_n\end{pmatrix},$$

则方程组可表示为向量方程

$$\boldsymbol{Ax}=\boldsymbol{0}.\tag{4-2}$$

若 $x_1=\xi_1,x_2=\xi_2,\cdots,x_n=\xi_n$ 为(4－1)的解，则

$$\boldsymbol{x}=\boldsymbol{\xi}=\begin{pmatrix}\xi_1\\\xi_2\\\vdots\\\xi_n\end{pmatrix}$$

称为方程组(4-1)的解向量,它也是向量方程(4-2)的解.

性质 1　若 $\boldsymbol{\xi}_1,\boldsymbol{\xi}_2$ 为 $\boldsymbol{Ax}=\boldsymbol{0}$ 的解,则 $\boldsymbol{\xi}_1+\boldsymbol{\xi}_2$ 也是 $\boldsymbol{Ax}=\boldsymbol{0}$ 的解.

证明　因 $\boldsymbol{A}(\boldsymbol{\xi}_1+\boldsymbol{\xi}_2)=\boldsymbol{A}\boldsymbol{\xi}_1+\boldsymbol{A}\boldsymbol{\xi}_2=\boldsymbol{0}+\boldsymbol{0}=\boldsymbol{0}$,所以 $\boldsymbol{\xi}_1+\boldsymbol{\xi}_2$ 也是 $\boldsymbol{Ax}=\boldsymbol{0}$ 的解.

性质 2　若 $\boldsymbol{\xi}$ 为 $\boldsymbol{Ax}=\boldsymbol{0}$ 的解,k 为实数,则 $k\boldsymbol{\xi}$ 也是 $\boldsymbol{Ax}=\boldsymbol{0}$ 的解.

证明　因 $\boldsymbol{A}(k\boldsymbol{\xi})=k(\boldsymbol{A}\boldsymbol{\xi})=k\boldsymbol{0}=\boldsymbol{0}$,所以 $k\boldsymbol{\xi}$ 也是 $\boldsymbol{Ax}=\boldsymbol{0}$ 的解.

把方程组 $\boldsymbol{Ax}=\boldsymbol{0}$ 的全体解所组成的集合记作 S,如果能求得解集 S 的一个最大无关组 $S_0:\xi_1,\xi_2,\cdots,\xi_t$,则方程组 $\boldsymbol{Ax}=\boldsymbol{0}$ 的任一解都可由最大无关组 S_0 线性表示;另一方面,由性质可知,最大无关组 S_0 的任何线性组合

$$\boldsymbol{x}=k_1\boldsymbol{\xi}_1+k_2\boldsymbol{\xi}_2+\cdots+k_t\boldsymbol{\xi}_t$$

都是方程组 $\boldsymbol{Ax}=\boldsymbol{0}$ 的解,因此上式即为方程组 $\boldsymbol{Ax}=\boldsymbol{0}$ 的通解.

齐次线性方程组的解集的最大无关组称为该齐次线性方程组的基础解系.即要求齐次线性方程组的通解,只需求出它的一个基础解系.

设方程组(4-1)的系数矩阵 $\boldsymbol{A}$ 的秩为 r,不妨设 $\boldsymbol{A}$ 的前 r 个列向量线性无关,则 $\boldsymbol{A}$ 的行最简矩阵为

$$\boldsymbol{B}=\begin{pmatrix}1&\cdots&0&b_{11}&\cdots&b_{1,n-r}\\ \vdots&&\vdots&\vdots&&\vdots\\ 0&\cdots&1&b_{r1}&\cdots&b_{r,n-r}\\ 0&&&\cdots&&0\\ \vdots&&&&&\vdots\\ 0&&&\cdots&&0\end{pmatrix}.$$

与 $\boldsymbol{B}$ 对应的方程组为

$$\begin{cases}x_1=-b_{11}x_{r+1}-\cdots-b_{1,n-r}x_n,\\ \cdots\cdots\\ x_r=-b_{r1}x_{r+1}-\cdots-b_{r,n-r}x_n,\end{cases}\tag{4-3}$$

把 $x_{r+1},\cdots,x_n$ 作为自由未知数,并依次取 $k_{r+1},\cdots,k_n$,由此可得方程组 $\boldsymbol{Ax}=\boldsymbol{0}$ 的通解:

$$\begin{pmatrix}x_1\\ \vdots\\ x_r\\ x_{r+1}\\ x_{r+2}\\ \vdots\\ x_n\end{pmatrix}=k_1\begin{pmatrix}-b_{11}\\ \vdots\\ -b_{r1}\\ 1\\ 0\\ \vdots\\ 0\end{pmatrix}+k_2\begin{pmatrix}-b_{12}\\ \vdots\\ -b_{r2}\\ 0\\ 1\\ \vdots\\ 0\end{pmatrix}+\cdots+k_{n-r}\begin{pmatrix}-b_{1,n-r}\\ \vdots\\ -b_{r,n-r}\\ 0\\ 0\\ \vdots\\ 1\end{pmatrix}.$$

记上式为

$$\boldsymbol{x} = k_1 \boldsymbol{\xi}_1 + k_2 \boldsymbol{\xi}_2 + \cdots + k_{n-r} \boldsymbol{\xi}_{n-r}.$$

可知方程组的解集 S 中的任一解 $\boldsymbol{x}$ 能由 $\boldsymbol{\xi}_1,\boldsymbol{\xi}_2,\cdots,\boldsymbol{\xi}_{n-r}$ 线性表示，又因矩阵 $(\boldsymbol{\xi}_1,\boldsymbol{\xi}_2,\cdots,\boldsymbol{\xi}_{n-r})$ 中有 $n-r$ 阶子式 $|\boldsymbol{E}_{n-r}|\neq 0$，故 $(\boldsymbol{\xi}_1,\boldsymbol{\xi}_2,\cdots,\boldsymbol{\xi}_{n-r})$ 的秩为 $n-r$，所以向量组 $\boldsymbol{\xi}_1,\boldsymbol{\xi}_2,\cdots,\boldsymbol{\xi}_{n-r}$ 线性无关，即可知 $\boldsymbol{\xi}_1,\boldsymbol{\xi}_2,\cdots,\boldsymbol{\xi}_{n-r}$ 是解集 S 的一个最大无关组，即 $\boldsymbol{\xi}_1,\boldsymbol{\xi}_2,\cdots,\boldsymbol{\xi}_{n-r}$ 是方程组 $\boldsymbol{Ax}=\boldsymbol{0}$ 的基础解系.

我们也可先求方程组 $\boldsymbol{Ax}=\boldsymbol{0}$ 的基础解系，在得到方程组(4－3)后，令 $x_{r+1},\cdots,x_n$ 取下列 $n-r$ 组数：

$$\begin{pmatrix} x_{r+1} \\ x_{r+2} \\ \vdots \\ x_n \end{pmatrix} = \begin{pmatrix} 1 \\ 0 \\ \vdots \\ 0 \end{pmatrix}, \begin{pmatrix} 0 \\ 1 \\ \vdots \\ 0 \end{pmatrix}, \cdots, \begin{pmatrix} 0 \\ 0 \\ \vdots \\ 1 \end{pmatrix},$$

则由方程组(4－3)便可得基础解系

$$\boldsymbol{\xi}_1 = \begin{pmatrix} -b_{11} \\ \vdots \\ -b_{r1} \\ 1 \\ 0 \\ \vdots \\ 0 \end{pmatrix}, \boldsymbol{\xi}_2 = \begin{pmatrix} -b_{12} \\ \vdots \\ -b_{r2} \\ 0 \\ 1 \\ \vdots \\ 0 \end{pmatrix}, \cdots, \boldsymbol{\xi}_{n-r} = \begin{pmatrix} -b_{1,n-r} \\ \vdots \\ -b_{r,n-r} \\ 0 \\ 0 \\ \vdots \\ 1 \end{pmatrix}.$$

再由基础解系即可写出方程组的通解.

自由未知数 $x_{r+1},\cdots,x_n$ 的取值不是唯一的，但必须使所取的 $n-r$ 组数构成的子式为非零子式，这样才能确保所得的向量组 $\xi_1,\xi_2,\cdots,\xi_{n-r}$ 线性无关. 方程组的基础解系不唯一，故方程组的通解的形式也不是唯一的.

定理 4.8　设 $m\times n$ 矩阵 A 的秩为 r，则 n 元齐次线性方程组 $\boldsymbol{Ax}=\boldsymbol{0}$ 的解集 S 的秩为 $n-r$.

例 4.4　求齐次线性方程组

$$\begin{cases} 4x_1 + 6x_2 - x_3 - x_4 = 0, \\ 2x_1 + 3x_2 + x_3 - 5x_4 = 0 \end{cases}$$

的一个基础解系和通解.

解 化系数矩阵为行最简形矩阵,有

$$\boldsymbol{A}=\begin{pmatrix}4&6&-1&-1\\2&3&1&-5\end{pmatrix}\sim\begin{pmatrix}1&\frac{3}{2}&0&-1\\0&0&1&-3\end{pmatrix}.$$

令 x_2,x_4 为自由未知数,得对应的方程组

$$\begin{cases}x_1=-\frac{3}{2}x_2+x_4,\\x_2=x_2,\\x_3=3x_4,\\x_4=x_4.\end{cases}$$

取 $\begin{pmatrix}x_2\\x_4\end{pmatrix}=\begin{pmatrix}1\\0\end{pmatrix},\begin{pmatrix}x_2\\x_4\end{pmatrix}=\begin{pmatrix}0\\1\end{pmatrix}$,可得基础解系

$$\boldsymbol{\xi}_1=\begin{pmatrix}-\frac{3}{2}\\1\\0\\0\end{pmatrix},\boldsymbol{\xi}_2=\begin{pmatrix}1\\0\\3\\1\end{pmatrix},$$

并由此得通解

$$\boldsymbol{x}=k_1\boldsymbol{\xi}_1+k_2\boldsymbol{\xi}_2(k_1,k_2\in\mathbf{R}).$$

若取 $\begin{pmatrix}x_2\\x_4\end{pmatrix}=\begin{pmatrix}2\\0\end{pmatrix},\begin{pmatrix}x_2\\x_4\end{pmatrix}=\begin{pmatrix}2\\1\end{pmatrix}$,则可得不同的基础解系

$$\boldsymbol{\eta}_1=\begin{pmatrix}-3\\2\\0\\0\end{pmatrix},\boldsymbol{\eta}_2=\begin{pmatrix}-2\\2\\3\\1\end{pmatrix},$$

并由此得通解

$$\boldsymbol{x}=k_1\boldsymbol{\eta}_1+k_2\boldsymbol{\eta}_2(k_1,k_2\in\mathbf{R}).$$

例 4.5 设 $\boldsymbol{A}_{m\times n}\boldsymbol{B}_{n\times l}=\boldsymbol{0}$, 证明 $\mathrm{R}(\boldsymbol{A})+\mathrm{R}(\boldsymbol{B})\leqslant n$.

证明 记 $\boldsymbol{B}=(\boldsymbol{b}_1,\boldsymbol{b}_2,\cdots,\boldsymbol{b}_l)$, 则有

$$\boldsymbol{A}(\boldsymbol{b}_1,\boldsymbol{b}_2,\cdots,\boldsymbol{b}_l)=(\boldsymbol{0},\boldsymbol{0},\cdots,\boldsymbol{0}),$$

即

$$\boldsymbol{A}\boldsymbol{b}_i = \boldsymbol{0}(i = 1,2,\cdots,l),$$

表明矩阵 $\boldsymbol{B}$ 的所有列向量都是齐次方程 $\boldsymbol{A}\boldsymbol{x} = \boldsymbol{0}$ 的解. 记 $\boldsymbol{A}\boldsymbol{x} = \boldsymbol{0}$ 的解集为 S, 则必有 $R(\boldsymbol{B}) = R(\boldsymbol{b}_1,\boldsymbol{b}_2,\cdots,\boldsymbol{b}_l) \leqslant R_S = n - R(\boldsymbol{A})$, 所以有 $R(\boldsymbol{A}) + R(\boldsymbol{B}) \leqslant n$.

4.4.2　非齐次线性方程组的解的结构

设有非齐次线性方程组

$$\begin{cases} a_{11}x_1 + a_{12}x_2 + \cdots + a_{1n}x_n = b_1, \\ a_{21}x_1 + a_{22}x_2 + \cdots + a_{2n}x_n = b_2, \\ \cdots\cdots \\ a_{m1}x_1 + a_{m2}x_2 + \cdots + a_{mn}x_n = b_m. \end{cases} \tag{4-4}$$

记作向量方程

$$\boldsymbol{A}\boldsymbol{x} = \boldsymbol{b}, \tag{4-5}$$

向量方程(4－5)的解也就是方程组(4－4)的解.

性质 3　若 $\boldsymbol{\eta}_1,\boldsymbol{\eta}_2$ 为 $\boldsymbol{A}\boldsymbol{x} = \boldsymbol{b}$ 的解,则 $\boldsymbol{\eta}_1 - \boldsymbol{\eta}_2$ 是对应的齐次线性方程组 $\boldsymbol{A}\boldsymbol{x} = \boldsymbol{0}$ 的解.

证明　因 $\boldsymbol{A}(\boldsymbol{\eta}_1 - \boldsymbol{\eta}_2) = \boldsymbol{A}\boldsymbol{\eta}_1 - \boldsymbol{A}\boldsymbol{\eta}_2 = \boldsymbol{b} - \boldsymbol{b} = \boldsymbol{0}$, 所以 $\boldsymbol{\eta}_1 - \boldsymbol{\eta}_2$ 是 $\boldsymbol{A}\boldsymbol{x} = \boldsymbol{0}$ 的解.

性质 4　若 $\boldsymbol{\eta}$ 为 $\boldsymbol{A}\boldsymbol{x} = \boldsymbol{b}$ 的解, $\boldsymbol{\xi}$ 是对应的齐次线性方程组 $\boldsymbol{A}\boldsymbol{x} = \boldsymbol{0}$ 的解, 则 $\boldsymbol{\xi} + \boldsymbol{\eta}$ 是 $\boldsymbol{A}\boldsymbol{x} = \boldsymbol{b}$ 的解.

证明　因 $\boldsymbol{A}(\boldsymbol{\xi} + \boldsymbol{\eta}) = \boldsymbol{A}\boldsymbol{\xi} + \boldsymbol{A}\boldsymbol{\eta} = \boldsymbol{0} + \boldsymbol{b} = \boldsymbol{b}$, 所以 $\boldsymbol{\xi} + \boldsymbol{\eta}$ 是 $\boldsymbol{A}\boldsymbol{x} = \boldsymbol{b}$ 的解.

由上述性质可知,若求得方程(4－5)的一个解 $\boldsymbol{\eta}^*$, 则方程(4－5)的任一解总可表示为

$$\boldsymbol{x} = \boldsymbol{\xi} + \boldsymbol{\eta}^*,$$

其中 $\boldsymbol{x} = \boldsymbol{\xi}$ 是对应的齐次线性方程组 $\boldsymbol{A}\boldsymbol{x} = \boldsymbol{0}$ 的解. 又 $\boldsymbol{A}\boldsymbol{x} = \boldsymbol{0}$ 的通解为 $\boldsymbol{x} = k_1\boldsymbol{\xi}_1 + k_2\boldsymbol{\xi}_2 + \cdots + k_{n-r}\boldsymbol{\xi}_{n-r}$, 方程(4－5)的任一解可表示为

$$\boldsymbol{x} = k_1\boldsymbol{\xi}_1 + k_2\boldsymbol{\xi}_2 + \cdots + k_{n-r}\boldsymbol{\xi}_{n-r} + \boldsymbol{\eta}^*.$$

而对任何实数 $k_1,k_2,\cdots,k_{n-r}$, 上式总是方程(4－5)的解,所以方程(4－5)的

通解为

$$\boldsymbol{x}=k_1\boldsymbol{\xi}_1+k_2\boldsymbol{\xi}_2+\cdots+k_{n-r}\boldsymbol{\xi}_{n-r}+\boldsymbol{\eta}^*,k_1,k_2,\cdots,k_{n-r}\in\mathbf{R}.$$

其中 $\boldsymbol{\xi}_1,\boldsymbol{\xi}_2,\cdots,\boldsymbol{\xi}_{n-r}$ 是对应的齐次线性方程组 $\boldsymbol{Ax}=\boldsymbol{0}$ 的基础解系.

例 4.6 求解非齐次线性方程组

$$\begin{cases}x_1+x_2-x_3+x_4=1,\\2x_1-x_2-5x_3+8x_4=5,\\x_2+x_3-2x_4=-1.\end{cases}$$

解 对增广矩阵作初等行变换:

$$(\boldsymbol{A}\,\vdots\,\boldsymbol{b})=\begin{pmatrix}1&1&-1&1&1\\2&-1&-5&8&5\\0&1&1&-2&-1\end{pmatrix}\sim\begin{pmatrix}1&0&-2&3&2\\0&1&1&-2&-1\\0&0&0&0&0\end{pmatrix}.$$

由 $\mathrm{R}(\boldsymbol{A}\,\vdots\,\boldsymbol{b})=\mathrm{R}(\boldsymbol{A})=2$,所以方程组有解.取 x_3,x_4 为自由未知量,并有

$$\begin{cases}x_1=2x_3-3x_4+2,\\x_2=-x_3+2x_4-1,\\x_3=x_3,\\x_4=x_4.\end{cases}$$

所以得对应的齐次线性方程组的基础解系为

$$\boldsymbol{\xi}_1=\begin{pmatrix}2\\-1\\1\\0\end{pmatrix},\boldsymbol{\xi}_2=\begin{pmatrix}-3\\2\\0\\1\end{pmatrix},$$

方程组的一个解为

$$\boldsymbol{\eta}^*=\begin{pmatrix}2\\-1\\0\\0\end{pmatrix}.$$

并由此得方程组的通解为

$$\boldsymbol{x}=k_1\boldsymbol{\xi}_1+k_2\boldsymbol{\xi}_2+\boldsymbol{\eta}^*\,(k_1,k_2\in\mathbf{R}).$$

4.5 向量空间

4.5.1 向量空间

在§4.1 中，定义了 n 维向量，并把 n 维向量的全体所构成的集合 $\mathbf{R}^n$ 叫作 n 维向量空间.

对于 $\mathbf{R}^n$ 中的每一个向量，可以看成 $\mathbf{R}^n$ 中的一个元素. 于是集合 $\mathbf{R}^n$ 的元素间定义了加法和数乘两种运算，且加法和数乘具有了如下的性质：

(1) 加法的交换律：$\boldsymbol{\alpha}+\boldsymbol{\beta}=\boldsymbol{\beta}+\boldsymbol{\alpha}$；

(2) 加法的结合律：$(\boldsymbol{\alpha}+\boldsymbol{\beta})+\boldsymbol{\gamma}=\boldsymbol{\alpha}+(\boldsymbol{\beta}+\boldsymbol{\gamma})$；

(3) $\boldsymbol{\alpha}+\mathbf{0}=\boldsymbol{\alpha}$；

(4) $\boldsymbol{\alpha}+(-\boldsymbol{\alpha})=\mathbf{0}$；

(5) 对数 1，有 $1\boldsymbol{\alpha}=\boldsymbol{\alpha}$；

(6) 对数 k,l，有 $(kl)\boldsymbol{\alpha}=k(l\boldsymbol{\alpha})$；

(7) $k(\boldsymbol{\alpha}+\boldsymbol{\beta})=k\boldsymbol{\alpha}+k\boldsymbol{\beta}$；

(8) $(k+l)\boldsymbol{\alpha}=k\boldsymbol{\alpha}+l\boldsymbol{\alpha}$.

其中 $\boldsymbol{\alpha},\boldsymbol{\beta},\boldsymbol{\gamma}$ 为 $\mathbf{R}^n$ 中的任意元素，k,l 为 $\mathbf{R}$ 中的任意数.

定义 4.6　设 V 为 n 维向量的集合，如果集合 V 非空，且定义了加法和数乘并且满足上述八条性质，则我们称集合 V 为向量空间.

4.5.2 子空间

在三维空间中，过原点的一个平面上的所有向量也能构成一个向量空间，并且它的向量是三维空间中的一部分向量构成的.

定义 4.7　若 n 维向量空间 $\mathbf{R}^n$ 的一个非空子集 V_1 对向量的加法和数乘运算也构成一个向量空间，则称 V_1 是 $\mathbf{R}^n$ 的一个子空间.

$\mathbf{R}^n$ 的非空子集的 V_1 中的元素显然对加法和数乘满足向量空间所需的八条性质，因此 V_1 是否为 $\mathbf{R}^n$ 的子空间，只需看其对加法和数乘运算是否封闭. 即有如下定理：

定理 4.9　$\mathbf{R}^n$ 的非空子集的 V_1 是子空间的充分必要条件是 V_1 对向量加法及数乘运算封闭. 即对任意 $\boldsymbol{\alpha},\boldsymbol{\beta}\in V_1$，则 $\boldsymbol{\alpha}+\boldsymbol{\beta}\in V_1$，$k\boldsymbol{\alpha}\in V_1(k\in\mathbf{R})$.

例 4.7 设 $\boldsymbol{\alpha},\boldsymbol{\beta}$ 为向量空间 V 中的两个元素，则 V 的子集 $V_1=\{k\boldsymbol{\alpha}+l\boldsymbol{\beta}\mid k,l\in\mathbf{R}\}$ 是 V 的子空间.

证明 因为若 $\boldsymbol{\alpha}_1=k_1\boldsymbol{\alpha}+l_1\boldsymbol{\beta}$，$\boldsymbol{\alpha}_2=k_2\boldsymbol{\alpha}+l_2\boldsymbol{\beta}$，则

$$\boldsymbol{\alpha}_1+\boldsymbol{\alpha}_2=(k_1+k_2)\boldsymbol{\alpha}+(l_1+l_2)\boldsymbol{\beta}\in V,$$

$$k\boldsymbol{\alpha}_1=(kk_1)\boldsymbol{\alpha}+(kl_1)\boldsymbol{\beta}\in V,$$

所以，$V_1=\{k\boldsymbol{\alpha}+l\boldsymbol{\beta}\mid k,l\in\mathbf{R}\}$ 是 V 的子空间. 这个子空间也称为由向量 $\boldsymbol{\alpha}$，$\boldsymbol{\beta}$ 所生成的子空间.

一般地，由向量空间 V 中的向量组 $\boldsymbol{\alpha}_1,\boldsymbol{\alpha}_2,\cdots,\boldsymbol{\alpha}_s$ 所生成的向量空间为

$$V_1=\{k_1\boldsymbol{\alpha}_1+k_2\boldsymbol{\alpha}_2+\cdots+k_s\boldsymbol{\alpha}_s\mid k_1,k_2,\cdots,k_s\in\mathbf{R}\},$$

它是 V 的子空间.

例 4.8 证明 $\mathbf{R}^n$ 的子集 $V=\{(x_1,x_2,\cdots,x_{n-1},0)\mid x_1,x_2,\cdots,x_{n-1}\in\mathbf{R}\}$ 是 $\mathbf{R}^n$ 的子空间.

证明 显然 $\mathbf{0}=(0,0,\cdots,0)\in V$，故 V 非空. 设

$$\boldsymbol{\alpha}=(x_1,x_2,\cdots,x_{n-1},0),\ \boldsymbol{\beta}=(y_1,y_2,\cdots,y_{n-1},0),\text{则有}$$

$$\boldsymbol{\alpha}+\boldsymbol{\beta}=(x_1+y_1,x_2+y_2,\cdots,x_{n-1}+y_{n-1},0)\in V,$$

$$k\boldsymbol{\alpha}=(kx_1,kx_2,\cdots,kx_{n-1},0)\in V,\ k\in\mathbf{R},$$

所以，V 是 $\mathbf{R}^n$ 的子空间.

4.5.3 基、维数、坐标

定义 4.8 **设 V 是一向量空间，如果 $\boldsymbol{\alpha}_1,\boldsymbol{\alpha}_2,\cdots,\boldsymbol{\alpha}_m$ 是 V 的一组向量，且满足**

(1) $\boldsymbol{\alpha}_1,\boldsymbol{\alpha}_2,\cdots,\boldsymbol{\alpha}_m$ 线性无关；

(2) V 中的任一向量都可由 $\boldsymbol{\alpha}_1,\boldsymbol{\alpha}_2,\cdots,\boldsymbol{\alpha}_m$ 线性表示.

则称 $\boldsymbol{\alpha}_1,\boldsymbol{\alpha}_2,\cdots,\boldsymbol{\alpha}_m$ 为向量空间 V 的一个基，m 称为向量空间 V 的维数，记作 $\dim V=m$，称 V 为 m 维向量空间.

如果向量空间 V 没有基，则称 V 的维数为 0. 0 维向量空间只含有一个零向量.

如果把向量空间 V 看作为一组向量，则 V 的基也就是这组向量的一个最大线性无关组，向量空间 V 的维数也就是这组向量的秩.

对向量空间 $\mathbf{R}^n$，易知 $\boldsymbol{\varepsilon}_1,\boldsymbol{\varepsilon}_2,\cdots,\boldsymbol{\varepsilon}_n$ 是 $\mathbf{R}^n$ 的一个基，$\mathbf{R}^n$ 的维数为 n，所以称 $\mathbf{R}^n$ 为 n 维向量空间.

由定义，若 $\boldsymbol{\alpha}_1,\boldsymbol{\alpha}_2,\cdots,\boldsymbol{\alpha}_m$ 是向量空间 V 的一个基，则 V 可表示为

$$V=\{k_1\boldsymbol{\alpha}_1+k_2\boldsymbol{\alpha}_2+\cdots+k_m\boldsymbol{\alpha}_m \mid k_1,k_2,\cdots,k_m\in\mathbf{R}\}.$$

例 4.9　求由向量组

$$\boldsymbol{\alpha}_1=\begin{pmatrix}-1\\2\\0\\0\end{pmatrix},\boldsymbol{\alpha}_2=\begin{pmatrix}1\\-1\\1\\-1\end{pmatrix},\boldsymbol{\alpha}_3=\begin{pmatrix}0\\1\\1\\-1\end{pmatrix},\boldsymbol{\alpha}_4=\begin{pmatrix}-1\\4\\2\\1\end{pmatrix},$$

生成的向量空间 V 的一个基及 V 的维数.

解　求向量空间 V 的一个基也即求向量组 $\boldsymbol{\alpha}_1,\boldsymbol{\alpha}_2,\boldsymbol{\alpha}_3,\boldsymbol{\alpha}_4$ 的一个最大线性无关组，易求得 $\boldsymbol{\alpha}_1,\boldsymbol{\alpha}_2,\boldsymbol{\alpha}_3,\boldsymbol{\alpha}_4$ 的一个最大线性无关组为 $\boldsymbol{\alpha}_1,\boldsymbol{\alpha}_2,\boldsymbol{\alpha}_4$，故向量空间 V 的一个基为 $\boldsymbol{\alpha}_1,\boldsymbol{\alpha}_2,\boldsymbol{\alpha}_4$，$V$ 的维数为 3.

定义 4.9　**在 n 维向量空间 V 中，$\boldsymbol{\alpha}_1,\boldsymbol{\alpha}_2,\cdots,\boldsymbol{\alpha}_n$ 是 V 的一个基，设 $\boldsymbol{\alpha}$ 是 V 中的任一向量，则 $\boldsymbol{\alpha}$ 可由 $\boldsymbol{\alpha}_1,\boldsymbol{\alpha}_2,\cdots,\boldsymbol{\alpha}_n$ 线性表示：**

$$\boldsymbol{\alpha}=k_1\boldsymbol{\alpha}_1+k_2\boldsymbol{\alpha}_2+\cdots+k_n\boldsymbol{\alpha}_n,$$

其中系数 $k_1,k_2,\cdots,k_n$ 由向量 $\boldsymbol{\alpha}$ 和基 $\boldsymbol{\alpha}_1,\boldsymbol{\alpha}_2,\cdots,\boldsymbol{\alpha}_n$ 唯一确定，称为 $\boldsymbol{\alpha}$ 在基 $\boldsymbol{\alpha}_1,\boldsymbol{\alpha}_2,\cdots,\boldsymbol{\alpha}_n$ 下的坐标，记作 $(k_1,k_2,\cdots,k_n)$.

例如在 n 维向量空间 $\mathbf{R}^n$ 中，向量 $\boldsymbol{\alpha}=(a_1,a_2,\cdots,a_n)$ 在基 $\boldsymbol{\varepsilon}_1,\boldsymbol{\varepsilon}_2,\cdots,\boldsymbol{\varepsilon}_n$ 下的坐标为 $(a_1,a_2,\cdots,a_n)$.

例 4.10　在 $\mathbf{R}^3$ 中，求向量 $\boldsymbol{\beta}$ 关于基 $\boldsymbol{\alpha}_1,\boldsymbol{\alpha}_2,\boldsymbol{\alpha}_3$ 的坐标.

$$\boldsymbol{\alpha}_1=(1,1,1),\boldsymbol{\alpha}_2=(0,1,1),\boldsymbol{\alpha}_3=(0,0,1),\ \boldsymbol{\beta}=(3,1,-4).$$

解　设 $\boldsymbol{\beta}=k_1\boldsymbol{\alpha}_1+k_2\boldsymbol{\alpha}_2+k_3\boldsymbol{\alpha}_3$，则有

$$k_1(1,1,1)+k_2(0,1,1)+k_3(0,0,1)=(3,1,-4),$$

即有方程组

$$\begin{cases}k_1=3,\\k_1+k_2=1,\\k_1+k_2+k_3=-4.\end{cases}$$

得

$$k_1=3,k_2=-2,k_3=-5,$$

所以向量 $\boldsymbol{\beta}$ 关于基 $\boldsymbol{\alpha}_1,\boldsymbol{\alpha}_2,\boldsymbol{\alpha}_3$ 的坐标为 $(3,-2,-5)$.

定义 4.10　**设 n 维向量空间 V 的两组基 $\boldsymbol{\alpha}_1,\boldsymbol{\alpha}_2,\cdots,\boldsymbol{\alpha}_n$，$\boldsymbol{\beta}_1,\boldsymbol{\beta}_2,\cdots,\boldsymbol{\beta}_n$，则 $\boldsymbol{\beta}_1,\boldsymbol{\beta}_2,\cdots,\boldsymbol{\beta}_n$ 可由 $\boldsymbol{\alpha}_1,\boldsymbol{\alpha}_2,\cdots,\boldsymbol{\alpha}_n$ 线性表示，设有**

$$\begin{cases}\boldsymbol{\beta}_1 = a_{11}\boldsymbol{\alpha}_1 + a_{21}\boldsymbol{\alpha}_2 + \cdots + a_{n1}\boldsymbol{\alpha}_n, \\ \boldsymbol{\beta}_2 = a_{12}\boldsymbol{\alpha}_1 + a_{22}\boldsymbol{\alpha}_2 + \cdots + a_{n2}\boldsymbol{\alpha}_n, \\ \cdots\cdots \\ \boldsymbol{\beta}_n = a_{1n}\boldsymbol{\alpha}_1 + a_{2n}\boldsymbol{\alpha}_2 + \cdots + a_{nn}\boldsymbol{\alpha}_n.\end{cases}$$

可利用矩阵表示为

$$(\boldsymbol{\beta}_1, \boldsymbol{\beta}_2, \cdots, \boldsymbol{\beta}_n) = (\boldsymbol{\alpha}_1, \boldsymbol{\alpha}_2, \cdots, \boldsymbol{\alpha}_n)\boldsymbol{A},$$

其中

$$\boldsymbol{A} = \begin{pmatrix} a_{11} & a_{12} & \cdots & a_{1n} \\ a_{21} & a_{22} & \cdots & a_{2n} \\ \vdots & \vdots & & \vdots \\ a_{n1} & a_{n2} & \cdots & a_{nn} \end{pmatrix}.$$

称 $\boldsymbol{A}$ 为基 $\boldsymbol{\alpha}_1, \boldsymbol{\alpha}_2, \cdots, \boldsymbol{\alpha}_n$ 到 $\boldsymbol{\beta}_1, \boldsymbol{\beta}_2, \cdots, \boldsymbol{\beta}_n$ 的过渡矩阵.

易知两个基的过渡矩阵为可逆矩阵.

定理 4.10 设 n 维向量空间 V 的向量 $\boldsymbol{\alpha}$ 关于基 $\boldsymbol{\alpha}_1, \boldsymbol{\alpha}_2, \cdots, \boldsymbol{\alpha}_n$ 与 $\boldsymbol{\beta}_1, \boldsymbol{\beta}_2, \cdots, \boldsymbol{\beta}_n$ 的坐标分别为

$$\boldsymbol{x} = \begin{pmatrix} x_1 \\ x_2 \\ \vdots \\ x_n \end{pmatrix} \text{与 } \boldsymbol{y} = \begin{pmatrix} y_1 \\ y_2 \\ \vdots \\ y_n \end{pmatrix},$$

而基 $\boldsymbol{\alpha}_1, \boldsymbol{\alpha}_2, \cdots, \boldsymbol{\alpha}_n$ 到基 $\boldsymbol{\beta}_1, \boldsymbol{\beta}_2, \cdots, \boldsymbol{\beta}_n$ 的过渡矩阵为 $\boldsymbol{A}$，则有

$$\boldsymbol{x} = \boldsymbol{A}\boldsymbol{y} \text{ 或 } \boldsymbol{y} = \boldsymbol{A}^{-1}\boldsymbol{x}.$$

证明 因为

$$(\boldsymbol{\beta}_1, \boldsymbol{\beta}_2, \cdots, \boldsymbol{\beta}_n) = (\boldsymbol{\alpha}_1, \boldsymbol{\alpha}_2, \cdots, \boldsymbol{\alpha}_n)\boldsymbol{A},$$

又 $\boldsymbol{\alpha} = (\boldsymbol{\beta}_1, \boldsymbol{\beta}_2, \cdots, \boldsymbol{\beta}_n)\boldsymbol{y} = (\boldsymbol{\alpha}_1, \boldsymbol{\alpha}_2, \cdots, \boldsymbol{\alpha}_n)\boldsymbol{A}\boldsymbol{y} = (\boldsymbol{\alpha}_1, \boldsymbol{\alpha}_2, \cdots, \boldsymbol{\alpha}_n)\boldsymbol{x}$,
由于 $\boldsymbol{\alpha}$ 关于基 $\boldsymbol{\alpha}_1, \boldsymbol{\alpha}_2, \cdots, \boldsymbol{\alpha}_n$ 的坐标是唯一的，所以

$$\boldsymbol{x} = \boldsymbol{A}\boldsymbol{y} \text{ 或 } \boldsymbol{y} = \boldsymbol{A}^{-1}\boldsymbol{x}.$$

例 4.11 在 $\mathbf{R}^3$ 中求由基 $\boldsymbol{\varepsilon}_1, \boldsymbol{\varepsilon}_2, \boldsymbol{\varepsilon}_3$ 到 $\boldsymbol{\eta}_1 = (1,0,0), \boldsymbol{\eta}_2 = (1,1,0), \boldsymbol{\eta}_3 = (1,1,1)$ 的过渡矩阵，并求向量 $\boldsymbol{\alpha} = (2,1,2)$ 关于 $\boldsymbol{\eta}_1, \boldsymbol{\eta}_2, \boldsymbol{\eta}_3$ 的坐标.

解 由

$$\begin{cases}\boldsymbol{\eta}_1=\boldsymbol{\varepsilon}_1,\\ \boldsymbol{\eta}_2=\boldsymbol{\varepsilon}_1+\boldsymbol{\varepsilon}_2,\\ \boldsymbol{\eta}_3=\boldsymbol{\varepsilon}_1+\boldsymbol{\varepsilon}_2+\boldsymbol{\varepsilon}_3.\end{cases}$$

即有

$$(\boldsymbol{\eta}_1,\boldsymbol{\eta}_2,\boldsymbol{\eta}_3)=(\boldsymbol{\varepsilon}_1,\boldsymbol{\varepsilon}_2,\boldsymbol{\varepsilon}_3)\begin{pmatrix}1&1&1\\0&1&1\\0&0&1\end{pmatrix},$$

所以 $\boldsymbol{\varepsilon}_1,\boldsymbol{\varepsilon}_2,\boldsymbol{\varepsilon}_3$ 到 $\boldsymbol{\eta}_1,\boldsymbol{\eta}_2,\boldsymbol{\eta}_3$ 的过渡矩阵为

$$\boldsymbol{A}=\begin{pmatrix}1&1&1\\0&1&1\\0&0&1\end{pmatrix}.$$

求 $\boldsymbol{A}$ 的逆矩阵可得

$$\boldsymbol{A}^{-1}=\begin{pmatrix}1&-1&0\\0&1&-1\\0&0&1\end{pmatrix},$$

所以 $\boldsymbol{\alpha}=(2,1,2)$ 关于 $\boldsymbol{\eta}_1,\boldsymbol{\eta}_2,\boldsymbol{\eta}_3$ 的坐标为

$$\boldsymbol{y}=\boldsymbol{A}^{-1}\boldsymbol{x}=\begin{pmatrix}1&-1&0\\0&1&-1\\0&0&1\end{pmatrix}\begin{pmatrix}2\\1\\2\end{pmatrix}=\begin{pmatrix}1\\-1\\2\end{pmatrix}.$$

代数人物卡片(拉格朗日)

约瑟夫·拉格朗日(Joseph-Louis Lagrange,1736—1813),法国著名数学家、物理学家.在代数方程求解史上有很多的代数学家都做出了重要的贡献,其中拉格朗日对代数方程求解做出的贡献是非常杰出的.他总结了前人的工作,得出了辅助方程的理论,并由此提出用置换的思想进行代数方程求解;这种方法是史无前例的,他彻底改变了代数方程求解的内涵.拉格朗日又将置换的思想用于实践顺利地解答了低次方程,对于高次方程他又给出了降次的方法,这种思想指引着以后的代数学家继续努力,使得代数方程求解取得最终的胜利,并促进了代数学的新生.

延伸阅读四

网络信号的覆盖问题

随着信息时代的到来，网络信号的覆盖已经成为国家基础设施建设的重要组成部分，尤其是在偏远地区，信号覆盖问题的解决不仅关乎科技创新，还直接关系到社会的公平与发展. 以我国的“网络扶贫”工程为例，国家通过加大偏远农村和贫困地区的网络基础设施建设，实现了网络信号全覆盖. 这个过程中，5G 基站的建设、通信卫星的部署以及各种信号覆盖技术的创新，都在推动着城乡之间的数字鸿沟逐渐缩小. 这不仅提高了当地的生活水平和信息获取渠道，还推动了数字经济的发展，为农村带来了更多的就业机会和经济活力. 在解决网络信号覆盖问题时，工程师们运用了大量先进的技术手段，包括信号传输分析、覆盖优化以及天线设计等. 这一过程也类似于国家现代化建设中的技术攻关，既需要创新精神，也需要脚踏实地的努力. 网络信号覆盖问题的解决，不仅仅是一个技术问题，它关乎社会公平、信息普及与国家的整体发展. 这一系列成就的取得，离不开无数科研人员的辛勤付出和国家政策的有力支持. 作为新时代的年轻人，应当肩负起历史使命，努力学习前沿科技，为实现中国全面信息化、建设数字强国贡献智慧与力量.

【案例描述】

某电信公司需要在一个城市区域内设置三个信号塔(A、B 和 C)，以确保区域内的移动信号能够全面覆盖每一个角落. 假设每个信号塔的覆盖范围是一个向量，表示它们对不同方向的信号覆盖强度. 电信公司的目标是确保这些信号塔的覆盖是互补的，即它们的信号覆盖范围不能过度重叠(线性相关)，从而能保证高效覆盖.

这个问题可以通过向量组的线性相关性来建模. 若三个信号塔的覆盖向量是线性相关的，则信号会重叠，导致资源浪费，且部分区域可能无法得到有效覆盖. 通过分析这些向量的线性相关性，电信公司可以确定如何优化信号塔的位置和覆盖范围.

【数学模型】

设信号塔 A、B 和 C 的信号覆盖向量分别为 $\boldsymbol{v}_1$、$\boldsymbol{v}_2$、$\boldsymbol{v}_3$，每个向量的维度表示该塔在不同方向上的信号覆盖强度. 假设这些向量可以表示为：

$$\boldsymbol{v}_1=[1\quad 2\quad 3],\boldsymbol{v}_2=[2\quad 4\quad 6],\boldsymbol{v}_3=[1\quad 0\quad 1].$$

电信公司需要判断这些向量是否线性相关，以确定是否需要调整信号塔的覆盖范围.

1. 向量组及其线性组合

学生可以首先学习如何通过线性组合表示向量组. 如果向量 $\boldsymbol{v}_2$ 能通过 $\boldsymbol{v}_1$ 和 $\boldsymbol{v}_3$ 的线性组合表示出来，即存在系数 (c_1) 和 (c_2)，使得：$c_1\boldsymbol{v}_1 + c_2\boldsymbol{v}_3 = \boldsymbol{v}_2$，则信号塔 B 的覆盖是多余的，塔 A 和塔 C 的信号已经足够覆盖所有方向.

2. 向量组的线性相关性

学生将学会如何判断向量组的线性相关性. 通过求解方程：$c_1\boldsymbol{v}_1 + c_2\boldsymbol{v}_2 + c_3\boldsymbol{v}_3 = 0$，如果存在非零解，则这些向量线性相关，表示这些信号塔的覆盖存在重叠.

学生可以直接通过观察发现 $\boldsymbol{v}_2 = 2\boldsymbol{v}_1$，即 $\boldsymbol{v}_1$ 和 $\boldsymbol{v}_2$ 线性相关，说明信号塔 A 和 B 的覆盖是冗余的，必须进行调整.

3. 向量组的秩

通过构造矩阵：$\boldsymbol{A} = \begin{bmatrix} 1 & 2 & 1 \\ 2 & 4 & 0 \\ 3 & 6 & 1 \end{bmatrix}$.

学生可以学习如何计算矩阵的秩来判断向量组是否线性相关. 若秩小于 3，则这组向量是线性相关的，需要调整信号塔覆盖策略. 在本例中，矩阵的秩为 2，说明这些向量并不构成一个满秩矩阵，信号覆盖存在冗余.

4. 线性方程组的解的结构

通过解上述关于系数 c_1, c_2, c_3 的齐次线性方程组，学生可以深入理解线性方程组解的结构. 如果存在多解(自由变量)，说明系统存在多种冗余信号覆盖的情况，学生将学会如何解释这些多解并进行优化.

5. 向量空间

学生最终将理解这些向量所在的向量空间. 满秩的情况意味着信号塔的覆盖在该空间中是独立的，能够完全覆盖所有方向. 而线性相关则意味着部分方向的信号是多余的，不能形成完整的覆盖.

通过这个信号覆盖问题的案例，学生将从向量组的线性组合、线性相关性，到向量组的秩，再到线性方程组解的结构和向量空间，逐步掌握向量代数的核心概念. 同时，案例中的信号覆盖问题也展示了如何在实际问题中应用线性代数知识，为后续学习提供启发.

基本练习题四

1. 设$\boldsymbol{\alpha}_1=(1,2,3,-1)^T,\boldsymbol{\alpha}_2=(0,1,-1,2)^T,\boldsymbol{\alpha}_3=(-3,10,0,-5)^T$，

求

(1) $2\boldsymbol{\alpha}_1-2\boldsymbol{\alpha}_2+\boldsymbol{\alpha}_3$；　(2) $x_1\boldsymbol{\alpha}_1+x_2\boldsymbol{\alpha}_2+x_3\boldsymbol{\alpha}_3$.

2. 设$\boldsymbol{\alpha}=(6,-2,0,4)^T,\boldsymbol{\beta}=(-3,1,5,7)^T$，求向量$\boldsymbol{\gamma}$，使得$2\boldsymbol{\alpha}+\boldsymbol{\gamma}=3\boldsymbol{\beta}$.

3. 把向量$\boldsymbol{\beta}$表示成向量$\boldsymbol{\alpha}_1,\boldsymbol{\alpha}_2,\boldsymbol{\alpha}_3$的线性组合.

(1) $\boldsymbol{\beta}=\begin{pmatrix}1\\2\\3\end{pmatrix},\boldsymbol{\alpha}_1=\begin{pmatrix}1\\0\\1\end{pmatrix},\boldsymbol{\alpha}_2=\begin{pmatrix}1\\1\\0\end{pmatrix},\boldsymbol{\alpha}_3=\begin{pmatrix}1\\1\\1\end{pmatrix}$；

(2) $\boldsymbol{\beta}=\begin{pmatrix}2\\3\\-1\end{pmatrix},\boldsymbol{\alpha}_1=\begin{pmatrix}2\\-3\\5\end{pmatrix},\boldsymbol{\alpha}_2=\begin{pmatrix}1\\-1\\2\end{pmatrix},\boldsymbol{\alpha}_3=\begin{pmatrix}-1\\2\\-3\end{pmatrix}$；

(3) $\boldsymbol{\beta}=\begin{pmatrix}2\\1\\-1\\0\end{pmatrix},\boldsymbol{\alpha}_1=\begin{pmatrix}1\\0\\0\\0\end{pmatrix},\boldsymbol{\alpha}_2=\begin{pmatrix}1\\1\\0\\0\end{pmatrix},\boldsymbol{\alpha}_3=\begin{pmatrix}1\\1\\1\\0\end{pmatrix}$.

4. 判断下列向量组的线性相关性：

(1) $\boldsymbol{\alpha}_1=(1,1,1)^T,\boldsymbol{\alpha}_2=(1,2,5)^T,\boldsymbol{\alpha}_3=(1,3,6)^T$；

(2) $\boldsymbol{\alpha}_1=(1,-1,2,4)^T,\boldsymbol{\alpha}_2=(0,3,1,2)^T,\boldsymbol{\alpha}_3=(3,0,7,14)^T$；

(3) $\boldsymbol{\alpha}_1=(3,-1,2)^T,\boldsymbol{\alpha}_2=(1,5,-7)^T,\boldsymbol{\alpha}_3=(7,-13,20)^T,\boldsymbol{\alpha}_4=(-2,6,1)^T$.

5. 设$\boldsymbol{\alpha}_1=(1,1,1)^T,\boldsymbol{\alpha}_2=(1,2,3)^T,\boldsymbol{\alpha}_3=(1,3,t)^T$，问$t$为何值时，向量组$\boldsymbol{\alpha}_1,\boldsymbol{\alpha}_2,\boldsymbol{\alpha}_3$线性相关？$t$为何值时，向量组$\boldsymbol{\alpha}_1,\boldsymbol{\alpha}_2,\boldsymbol{\alpha}_3$线性无关？

6. 求下列向量组的秩及其一个最大线性无关组，并将其余向量用最大线性无关组线性表示.

(1) $\boldsymbol{\alpha}_1=(1,1,1)^T$，$\boldsymbol{\alpha}_2=(1,1,0)^T$，$\boldsymbol{\alpha}_3=(1,0,0)^T$，$\boldsymbol{\alpha}_4=(1,2,-3)^T$；

(2) $\boldsymbol{\alpha}_1=(1,-1,2,4)^T,\boldsymbol{\alpha}_2=(0,3,1,2)^T,\boldsymbol{\alpha}_3=(3,0,7,14)^T,\boldsymbol{\alpha}_4=(2,1,5,6)^T,\boldsymbol{\alpha}_5=(1,-1,2,0)^T$；

(3) $\boldsymbol{\alpha}_1=(-1,2,1,1)^{\mathrm{T}}$, $\boldsymbol{\alpha}_2=(-2,3,-4,1)^{\mathrm{T}}$, $\boldsymbol{\alpha}_3=(1,-4,2,-3)^{\mathrm{T}}$, $\boldsymbol{\alpha}_4=(4,-5,14,-1)^{\mathrm{T}}$.

7. 证明:若向量组 $\boldsymbol{\alpha}_1,\boldsymbol{\alpha}_2,\boldsymbol{\alpha}_3,\boldsymbol{\alpha}_4$ 线性无关，则向量组 $\boldsymbol{\alpha}_1+\boldsymbol{\alpha}_2,\boldsymbol{\alpha}_2+\boldsymbol{\alpha}_3,\boldsymbol{\alpha}_3+\boldsymbol{\alpha}_4,\boldsymbol{\alpha}_4+\boldsymbol{\alpha}_1$ 线性相关.

8. 证明:若向量组 $\boldsymbol{\alpha}_1,\boldsymbol{\alpha}_2,\boldsymbol{\alpha}_3,\boldsymbol{\alpha}_4,\boldsymbol{\alpha}_5$ 线性无关，则向量组 $\boldsymbol{\alpha}_1+\boldsymbol{\alpha}_2,\boldsymbol{\alpha}_2+\boldsymbol{\alpha}_3,\boldsymbol{\alpha}_3+\boldsymbol{\alpha}_4,\boldsymbol{\alpha}_4+\boldsymbol{\alpha}_5,\boldsymbol{\alpha}_5+\boldsymbol{\alpha}_1$ 线性无关.

9. 证明:如果 n 维单位向量组 $\boldsymbol{\varepsilon}_1,\boldsymbol{\varepsilon}_2,\cdots,\boldsymbol{\varepsilon}_n$ 可由 n 维向量组 $\boldsymbol{\alpha}_1,\boldsymbol{\alpha}_2,\cdots,\boldsymbol{\alpha}_n$ 线性表示，则向量组 $\boldsymbol{\alpha}_1,\boldsymbol{\alpha}_2,\cdots,\boldsymbol{\alpha}_n$ 线性无关.

10. 证明:若已知向量组 $\boldsymbol{\alpha}_1,\boldsymbol{\alpha}_2,\cdots,\boldsymbol{\alpha}_m$ 的秩为 $r(r\leqslant m)$，则 $\boldsymbol{\alpha}_1,\boldsymbol{\alpha}_2,\cdots,\boldsymbol{\alpha}_m$ 中任意 r 个线性无关的向量都是最大线性无关组.

11. 求下列齐次方程组的一个基础解系，并写出通解.

(1) $\begin{cases}x_1+5x_2-x_3-x_4=0,\\x_1-2x_2+x_3+3x_4=0,\\3x_1+8x_2-x_3+x_4=0,\\x_1-9x_2+3x_3+7x_4=0;\end{cases}$

(2) $\begin{cases}x_1-x_2+2x_3+x_4=0,\\2x_1-x_2+x_3+2x_4=0,\\x_1-x_3+x_4=0,\\3x_1-x_2+3x_4=0;\end{cases}$

(3) $\begin{cases}x_1+2x_2-2x_3+2x_4-x_5=0,\\x_1+2x_2-x_3+3x_4-2x_5=0,\\2x_1+4x_2-7x_3+x_4+x_5=0;\end{cases}$

(4) $\begin{cases}2x_1-3x_2-2x_3+x_4=0,\\3x_1+5x_2+4x_3-2x_4=0,\\8x_1+7x_2+6x_3-3x_4=0.\end{cases}$

12. 设四元非齐次线性方程组的系数矩阵的秩为 3，已知 $\boldsymbol{y}_1,\boldsymbol{y}_2,\boldsymbol{y}_3$ 是它的三个解向量，且 $\boldsymbol{y}_1=\begin{pmatrix}2\\3\\4\\5\end{pmatrix}$, $\boldsymbol{y}_2+\boldsymbol{y}_3=\begin{pmatrix}1\\2\\3\\4\end{pmatrix}$，求该方程组的通解.

13. 求下列非齐次线性方程组的通解及相应的齐次线性方程组的一个基础解系:

(1) $\begin{cases} x_1+2x_2+x_3-x_4=4, \\ 3x_1+6x_2-x_3-3x_4=8, \\ 5x_1+10x_2+x_3-5x_4=16; \end{cases}$

(2) $\begin{cases} x_1+5x_2+4x_3-13x_4=3, \\ 3x_1-x_2+2x_3+5x_4=2, \\ 2x_1+2x_2+3x_3-4x_4=1; \end{cases}$

(3) $\begin{cases} x+2y-3z+2w=2, \\ 2x+5y-8z+6w=5, \\ 3x+4y-5z+2w=4; \end{cases}$

(4) $\begin{cases} x_1+x_3-x_4=-3, \\ 2x_1-x_2+4x_3-3x_4=-4, \\ 3x_1+x_2+x_3=1, \\ 7x_1+7x_3-3x_4=3. \end{cases}$

14. 设有 $\boldsymbol{\alpha}_1=(1,1,2,1)$，$\boldsymbol{\alpha}_2=(0,1,1,2)$，$\boldsymbol{\alpha}_3=(0,0,3,1)$，$\boldsymbol{\alpha}_4=(0,0,1,t)$，是 $\mathbf{R}^4$ 中的一组基，求 t 的取值.

15. 设有 $\boldsymbol{\alpha}_1=(1,-1,2,4)$，$\boldsymbol{\alpha}_2=(0,3,1,2)$，$\boldsymbol{\alpha}_3=(1,-1,2,0)$，$\boldsymbol{\alpha}_4=(3,0,7,14)$，$\boldsymbol{\alpha}_5=(2,1,5,6)$. 求由 $\boldsymbol{\alpha}_1,\boldsymbol{\alpha}_2,\cdots,\boldsymbol{\alpha}_5$ 生成的向量空间的维数及一组基.

16. 设有 $\mathbf{R}^4$ 的两组基

$$(\text{I})\begin{cases} \boldsymbol{\alpha}_1=(1,0,0,0), \\ \boldsymbol{\alpha}_2=(0,2,0,0), \\ \boldsymbol{\alpha}=(0,1,2,0), \\ \boldsymbol{\alpha}_4=(1,0,1,1); \end{cases} \quad (\text{II})\begin{cases} \boldsymbol{\beta}_1=(5,2,0,0), \\ \boldsymbol{\beta}_2=(2,1,0,0), \\ \boldsymbol{\beta}_3=(0,0,8,5), \\ \boldsymbol{\beta}_4=(0,0,3,2). \end{cases}$$

(1) 求由基(Ⅱ)到基(Ⅰ)的过渡矩阵；

(2) 求向量 $\boldsymbol{\beta}=3\boldsymbol{\alpha}_1+2\boldsymbol{\alpha}_2+\boldsymbol{\alpha}_3$ 在基(Ⅱ)下的坐标.

17. 设有 $\mathbf{R}^4$ 的两组基为(Ⅰ) $\boldsymbol{\alpha}_1,\boldsymbol{\alpha}_2,\boldsymbol{\alpha}_3,\boldsymbol{\alpha}_4$；(Ⅱ) $\boldsymbol{\beta}_1,\boldsymbol{\beta}_2,\boldsymbol{\beta}_3,\boldsymbol{\beta}_4$，其中

$$\boldsymbol{\beta}_1=\boldsymbol{\alpha}_1+\boldsymbol{\alpha}_2+\boldsymbol{\alpha}_3+\boldsymbol{\alpha}_4,\boldsymbol{\beta}_2=\boldsymbol{\alpha}_2+\boldsymbol{\alpha}_3+\boldsymbol{\alpha}_4,\boldsymbol{\beta}_3=\boldsymbol{\alpha}_3+\boldsymbol{\alpha},\boldsymbol{\beta}_4=\boldsymbol{\alpha}_4.$$

(1) 求由基(Ⅱ)到基(Ⅰ)的过渡矩阵；

(2) 求在基(Ⅰ)和(Ⅱ)下有相同坐标的全体向量.

18. 已知二维向量 $\boldsymbol{\alpha}$ 在基 $\boldsymbol{\alpha}_1=\begin{pmatrix}1\\0\end{pmatrix}$, $\boldsymbol{\alpha}_2=\begin{pmatrix}1\\1\end{pmatrix}$ 下的坐标为 $\begin{pmatrix}2\\3\end{pmatrix}$，求 $\boldsymbol{\alpha}$，并证明：$\boldsymbol{\alpha}$ 在基

$\boldsymbol{\beta}=\begin{pmatrix}4\\6\end{pmatrix}$, $\boldsymbol{\beta}_2=\begin{pmatrix}-1\\-3\end{pmatrix}$ 下的坐标与其在 $\boldsymbol{\alpha}_1,\boldsymbol{\alpha}_2$ 下的坐标相同.

综合练习题四

1. 设向量组 B: $\boldsymbol{b}_1,\boldsymbol{b}_2,\cdots,\boldsymbol{b}_r$ 能由向量组 A: $\boldsymbol{a}_1,\boldsymbol{a}_2,\cdots,\boldsymbol{a}_s$ 线性表示为

$$(\boldsymbol{b}_1,\boldsymbol{b}_2,\cdots,\boldsymbol{b}_r)=(\boldsymbol{a}_1,\boldsymbol{a}_2,\cdots,\boldsymbol{a}_s)\boldsymbol{K},$$

其中 $\boldsymbol{K}$ 为 $s\times r$ 矩阵，且向量组 A 线性无关. 证明向量组 B 线性无关的充要条件是矩阵 $\boldsymbol{K}$ 的秩 $\mathrm{R}(\boldsymbol{K})=r$.

2. 设 $\boldsymbol{A}$ 为 n 阶矩阵 $(n\geqslant 2)$，$\boldsymbol{A}^*$ 为 $\boldsymbol{A}$ 的伴随矩阵. 证明

$$\mathrm{R}(\boldsymbol{A}^*)=\begin{cases}n, & \mathrm{R}(\boldsymbol{A})=n,\\ 1, & \mathrm{R}(\boldsymbol{A})=n-1,\\ 0, & \mathrm{R}(\boldsymbol{A})\leqslant n-2.\end{cases}$$

3. 设 $\begin{cases}\boldsymbol{\beta}_1=\boldsymbol{\alpha}_2+\boldsymbol{\alpha}_3+\cdots+\boldsymbol{\alpha}_n,\\ \boldsymbol{\beta}_2=\boldsymbol{\alpha}_1+\boldsymbol{\alpha}_3+\cdots+\boldsymbol{\alpha}_n,\\ \cdots\cdots\\ \boldsymbol{\beta}_n=\boldsymbol{\alpha}_1+\boldsymbol{\alpha}_2+\cdots+\boldsymbol{\alpha}_{n-1},\end{cases}$ 证明向量组 $\boldsymbol{\alpha}_1,\boldsymbol{\alpha}_2,\cdots,\boldsymbol{\alpha}_n$ 与向量组 $\boldsymbol{\beta}_1,\boldsymbol{\beta}_2,\cdots,\boldsymbol{\beta}_n$ 等价.

4. 设向量组 $\boldsymbol{\alpha}_1,\boldsymbol{\alpha}_2,\cdots,\boldsymbol{\alpha}_t$ 是齐次线性方程组 $\boldsymbol{Ax}=\boldsymbol{0}$ 的一个基础解系，向量 $\boldsymbol{\beta}$ 不是方程 $\boldsymbol{Ax}=\boldsymbol{0}$ 的解，证明向量组 $\boldsymbol{\beta},\boldsymbol{\beta}+\boldsymbol{\alpha}_1,\boldsymbol{\beta}+\boldsymbol{\alpha}_2,\cdots,\boldsymbol{\beta}+\boldsymbol{\alpha}_t$ 线性无关.

5. 设 $\boldsymbol{\alpha}_1=(1,2,0)^{\mathrm{T}}$, $\boldsymbol{\alpha}_2=(1,a+2,-3a)^{\mathrm{T}}$, $\boldsymbol{\alpha}_3=(-1,-b-2,a+2b)^{\mathrm{T}}$, $\boldsymbol{\beta}=(1,3,-3)^{\mathrm{T}}$.

试讨论当 a,b 取何值时(1) $\boldsymbol{\beta}$ 不能由 $\boldsymbol{\alpha}_1,\boldsymbol{\alpha}_2,\boldsymbol{\alpha}_3$ 线性表示；(2) $\boldsymbol{\beta}$ 能由 $\boldsymbol{\alpha}_1,\boldsymbol{\alpha}_2,\boldsymbol{\alpha}_3$ 唯一地线性表示，并求出表示式；(3) $\boldsymbol{\beta}$ 能由 $\boldsymbol{\alpha}_1,\boldsymbol{\alpha}_2,\boldsymbol{\alpha}_3$ 线性表示，但表示不唯一，并求出表示式.

6. 已知 4 阶方阵 $\boldsymbol{A}=(\boldsymbol{a}_1,\boldsymbol{a}_2,\boldsymbol{a}_3,\boldsymbol{a}_4)$，其中 $\boldsymbol{a}_2,\boldsymbol{a}_3,\boldsymbol{a}_4$ 线性无关，$\boldsymbol{a}_1=2\boldsymbol{a}_2-\boldsymbol{a}_3$，如果 $\boldsymbol{b}=\boldsymbol{a}_1+\boldsymbol{a}_2+\boldsymbol{a}_3+\boldsymbol{a}_4$，求方程组 $\boldsymbol{Ax}=\boldsymbol{b}$ 的通解.

7. 已知非齐次线性方程组

$$\begin{cases} x_1+x_2+x_3+x_4=-1, \\ 4x_1+3x_2+5x_3-x_4=-1, \\ ax_1+x_2+3x_3+bx_4=1. \end{cases}$$有 3 个线性无关的解.

证明 (1) 方程组系数矩阵 $\boldsymbol{A}$ 的秩 $\mathrm{R}(\boldsymbol{A})=2$;

(2) 求 a,b 的值及方程组的通解.

8. 设 $\boldsymbol{A}=\begin{pmatrix} 1 & -2 & 3 & -4 \\ 0 & 1 & -1 & 1 \\ 1 & 2 & 0 & 3 \end{pmatrix}$,$\boldsymbol{E}$ 为三阶单位矩阵.

(1) 求方程组 $\boldsymbol{Ax}=\boldsymbol{0}$ 的一个基础解系;

(2) 求满足 $\boldsymbol{AB}=\boldsymbol{E}$ 的所有矩阵.

拓展训练四

1. (2005 年)已知 3 阶矩阵 $\boldsymbol{A}$ 的第一行是 (a,b,c),a,b,c 不全为零,矩阵 $\boldsymbol{B}=\begin{pmatrix} 1 & 2 & 3 \\ 2 & 4 & 6 \\ 3 & 6 & k \end{pmatrix}$($k$ 为常数),且 $\boldsymbol{AB}=\boldsymbol{0}$,求方程组 $\boldsymbol{Ax}=\boldsymbol{0}$ 的通解.

解 因 $\boldsymbol{AB}=\boldsymbol{0}$,所以 $\boldsymbol{B}$ 的每个列向量都是 $\boldsymbol{Ax}=\boldsymbol{0}$ 的解,即有 $\mathrm{R}(\boldsymbol{A})+\mathrm{R}(\boldsymbol{B})\leqslant 3$.

(1) 如果 $k\neq 9$,则 $\mathrm{R}(\boldsymbol{B})=2$,于是有 $\mathrm{R}(\boldsymbol{A})\leqslant 1$,由 $\boldsymbol{A}$ 的第一行非零,必有 $\mathrm{R}(\boldsymbol{A})\geqslant 1$,所以 $\mathrm{R}(\boldsymbol{A})=1$. 由此 $\boldsymbol{Ax}=\boldsymbol{0}$ 的基础解系所含向量的个数为 2,又 $\boldsymbol{B}$ 的第 1 和第 3 列向量线性无关,可作为方程组 $\boldsymbol{Ax}=\boldsymbol{0}$ 的基础解系,所以方程组 $\boldsymbol{Ax}=\boldsymbol{0}$ 的通解为

$$\boldsymbol{x}=k_1\begin{pmatrix} 1 \\ 2 \\ 3 \end{pmatrix}+k_2\begin{pmatrix} 3 \\ 6 \\ k \end{pmatrix},k_1,k_2\in\mathbf{R}.$$

(2) 如果 $k=9$,则 $\mathrm{R}(\boldsymbol{B})=1$,于是有 $1\leqslant\mathrm{R}(\boldsymbol{A})\leqslant 2$,
若 $\mathrm{R}(\boldsymbol{A})=2$,则 $\boldsymbol{Ax}=\boldsymbol{0}$ 的基础解系所含向量的个数为 1,此时方程组 $\boldsymbol{Ax}=\boldsymbol{0}$ 的通解为 $\boldsymbol{x}=k_1\begin{pmatrix} 1 \\ 2 \\ 3 \end{pmatrix},k_1\in\mathbf{R}$.

若 $R(\boldsymbol{A})=1$，则 $\boldsymbol{Ax}=\boldsymbol{0}$ 的同解方程组为：$ax_1+bx_2+cx_3=0$，不妨设 $a\neq 0$，则方程组 $\boldsymbol{Ax}=\boldsymbol{0}$ 的通解为

$$\boldsymbol{x}=k_1\begin{pmatrix}-\dfrac{b}{a}\\ 1\\ 0\end{pmatrix}+k_2\begin{pmatrix}-\dfrac{c}{a}\\ 0\\ 1\end{pmatrix},k_1,k_2\in\mathbf{R}.$$

2. (2011 年)设向量组 $\boldsymbol{\alpha}_1=(1,0,1)^{\mathrm{T}},\boldsymbol{\alpha}_2=(0,1,1)^{\mathrm{T}},\boldsymbol{\alpha}_3=(1,3,5)^{\mathrm{T}}$ 不能由向量组 $\boldsymbol{\beta}_1=(1,1,1)^{\mathrm{T}},\boldsymbol{\beta}_2=(1,2,3)^{\mathrm{T}},\boldsymbol{\beta}_3=(3,4,a)^{\mathrm{T}}$ 线性表示.

(1) 求 a 的值；

(2) 将 $\boldsymbol{\beta}_1,\boldsymbol{\beta}_2,\boldsymbol{\beta}_3$ 用 $\boldsymbol{\alpha}_1,\boldsymbol{\alpha}_2,\boldsymbol{\alpha}_3$ 线性表示.

解 (1) 因 $|\boldsymbol{\alpha}_1,\boldsymbol{\alpha}_2,\boldsymbol{\alpha}_3|=\begin{vmatrix}1&0&1\\0&1&3\\1&1&5\end{vmatrix}=1\neq 0$，所以 $R(\boldsymbol{\alpha}_1,\boldsymbol{\alpha}_2,\boldsymbol{\alpha}_3)=3$，又 $\boldsymbol{\alpha}_1,\boldsymbol{\alpha}_2,\boldsymbol{\alpha}_3$ 不能用 $\boldsymbol{\beta}_1,\boldsymbol{\beta}_2,\boldsymbol{\beta}_3$ 线性表示，所以 $R(\boldsymbol{\beta}_1,\boldsymbol{\beta}_2,\boldsymbol{\beta}_3)<3$，即有 $|\boldsymbol{\beta}_1,\boldsymbol{\beta}_2,\boldsymbol{\beta}_3|=0$，解得 $a=5$.

(2) 由

$$(\boldsymbol{\alpha}_1,\boldsymbol{\alpha}_2,\boldsymbol{\alpha}_3,\boldsymbol{\beta}_1,\boldsymbol{\beta}_2,\boldsymbol{\beta}_3)=\begin{pmatrix}1&0&1&1&1&3\\0&1&3&1&2&4\\1&1&5&1&3&5\end{pmatrix}\sim\begin{pmatrix}1&0&0&2&1&5\\0&1&0&4&2&10\\0&0&1&-1&0&1\end{pmatrix},$$

所以有

$$\begin{cases}\boldsymbol{\beta}_1=2\boldsymbol{\alpha}_1+4\boldsymbol{\alpha}_2-\boldsymbol{\alpha}_3,\\ \boldsymbol{\beta}_2=\boldsymbol{\alpha}_1+2\boldsymbol{\alpha}_2+0\boldsymbol{\alpha}_3,\\ \boldsymbol{\beta}_3=5\boldsymbol{\alpha}_1+10\boldsymbol{\alpha}_2+\boldsymbol{\alpha}_3.\end{cases}$$

实际案例分析四

某地区有 12 个气象观测站，现有各站 10 年来的年降水量数据如表 4-1. 为节省开支，想要适当减少气象观测站. 问题：减少哪些气象观测站可以使所得的年降水量数据的信息量仍然足够大?

表 4－1

站点/年份	x_1	x_2	x_3	x_4	x_5	x_6	x_7	x_8	x_9	x_{10}	x_{11}	x_{12}
2005	276.2	324.5	158.6	412.5	292.8	258.4	334.1	303.2	292.9	243.2	159.7	331.2
2006	251.6	287.3	349.5	297.4	227.8	453.6	321.5	451	466.2	307.5	421.1	455.1
2007	192.7	436.2	289.9	366.3	466.2	239.1	357.4	219.7	245.7	411.1	357	353.2
2008	246.2	232.4	243.7	372.5	460.4	158.9	298.7	314.5	256.6	327	296.6	423
2009	291.7	311	502.4	254	245.6	324.8	401	266.5	251.3	289.9	255.4	362.1
2010	466.5	158.9	223.4	425.1	251.4	321	315.4	317.4	246.2	277.5	304.2	410.7
2011	258.6	327.4	432.1	403.9	256.6	282.9	389.7	413.2	466.5	199.3	282.1	387.6
2012	453.4	365.5	357.6	258.1	278.8	467.2	355.2	228.5	453.6	315.6	456.3	407.2
2013	158.5	271	410.2	344.2	250	360.7	376.4	179.4	159.2	342.4	331.2	377.7
2014	324.8	406.5	235.7	288.8	192.6	284.9	290.5	343.7	283.4	281.2	243.7	411.1

设 $A:\boldsymbol{a}_1,\boldsymbol{a}_2,\cdots,\boldsymbol{a}_{12}$ 分别表示各气象观测站 $x_1,x_2,\cdots,x_{12}$ 在 10 年内的年降水量的列向量，由于每个向量为十维向量，故必线性相关. 所以可以求出向量组的一个最大线性无关组，则其中必有气象观测站的年降水量数据可以用最大线性无关组所对应的气象观测站的数据来表示，故可以减少气象观测站.

由 $\boldsymbol{A}=(\boldsymbol{a}_1,\boldsymbol{a}_2,\cdots,\boldsymbol{a}_{12})$，可以求出向量组 $A:\boldsymbol{a}_1,\boldsymbol{a}_2,\cdots,\boldsymbol{a}_{12}$ 的一个最大线性无关 $\boldsymbol{a}_1,\boldsymbol{a}_2,\cdots,\boldsymbol{a}_9,\boldsymbol{a}_{10}$，且有

$$\begin{aligned}\boldsymbol{a}_{11}=&-0.0275\boldsymbol{a}_1-1.078\boldsymbol{a}_2-0.1256\boldsymbol{a}_3+0.1383\boldsymbol{a}_4-1.8927\boldsymbol{a}_5\\&-1.6552\boldsymbol{a}_6+0.6391\boldsymbol{a}_7-1.0134\boldsymbol{a}_8+2.1608\boldsymbol{a}_9+3.794\boldsymbol{a}_{10};\\\boldsymbol{a}_{12}=&\ 2.0152\boldsymbol{a}_1+15.1202\boldsymbol{a}_2+13.8396\boldsymbol{a}_3+8.8652\boldsymbol{a}_4+27.102\boldsymbol{a}_5\\&+28.325\boldsymbol{a}_6-38.2279\boldsymbol{a}_7+8.2923\boldsymbol{a}_8-22.2767\boldsymbol{a}_9-38.878\boldsymbol{a}_{10}.\end{aligned}$$

故可以减少第 11 与第 12 个气象观测站，可以使得到的年降水量数据的信息量仍然足够大.

Matlab 应用四：向量组的线性相关性

例 4.3（续） 设向量组

$$A:\boldsymbol{a}_1=\begin{pmatrix}-1\\2\\0\\0\end{pmatrix},\boldsymbol{a}_2=\begin{pmatrix}1\\-1\\1\\-1\end{pmatrix},\boldsymbol{a}_3=\begin{pmatrix}0\\1\\1\\-1\end{pmatrix},\boldsymbol{a}_4=\begin{pmatrix}-1\\4\\2\\1\end{pmatrix},$$

求向量组 $\boldsymbol{A}$ 的秩和一个最大无关组.

解　在 Matlab 的命令窗口输入如下命令：

```
>>a1=[-1 2 0 0]';                %输入列向量 a1，注意后面的转置运算符.
>>a2=[1 -1 1 -1]';               %输入列向量 a2
>>a3=[0 1 1 -1]';                %输入列向量 a3
>>a4=[-1 4 2 1]';                %输入列向量 a4
>>A=[a1 a2 a3 a4];               %构造向量组 A
>>rank(A)                        %求向量组(矩阵)A 的秩
ans=
3
                                 %R(A)=3<4，所以向量组 a1，a2，a3，a4 线性相关
>>[R,jb]=rref(A);                %求行最简矩阵和最大无关组位置向量
```

等号前的[R,jb]表示 rref 命令执行后会有两个返回值，$\boldsymbol{R}$ 为行最简矩阵，$\boldsymbol{jb}$ 为其中最大无关组的位置向量.

```
>>jb                             %输出向量 jb
jb =
  1   2   4
```

故可知 $\boldsymbol{a}_1,\boldsymbol{a}_2,\boldsymbol{a}_4$ 线性无关为原向量组的一个最大无关组.

例 4.4(续)　求解齐次线性方程组 $\begin{cases}4x_1+6x_2-x_3-x_4=0,\\2x_1+3x_2+x_3-5x_4=0.\end{cases}$

解　在 Matlab 命令窗口输入如下命令：

```
>>A=[4 6 -1 -1;2 3 1 -5];       %输入系数矩阵
>> format rat                   %设定 Matlab 的输出为有理数
>>R=rref(A)                     %将矩阵 A 化为行最简形矩阵
R =
  1   3/2   0   -1
  0     0   1   -3
```

即线性方程组的解为$\begin{cases}x_1=-\dfrac{3}{2}x_2+x_4\\x_2=x_2\\x_3=3x_4\\x_4=x_4\end{cases}$，其基础解系 $\boldsymbol{\xi}_1=\begin{pmatrix}-\dfrac{3}{2}\\1\\0\\0\end{pmatrix}$，$\boldsymbol{\xi}_2=\begin{pmatrix}1\\0\\3\\1\end{pmatrix}$.

由此得通解　$\boldsymbol{x}=k_1\boldsymbol{\xi}_1+k_2\boldsymbol{\xi}_2(k_1,k_2\in\mathbf{R})$.

本例也可以用null(A,'r')命令求解，命令如下：

```
≫A=[4 6 -1 -1;2 3 1 -5];        %输入系数矩阵
≫ null(A,'r')                    %求齐次线性方程组Ax=0的基础解系
ans =
-3/2  1
  1   0
  0   3
  0   1
```

所以，其基础解为 $\boldsymbol{\xi}_1=\begin{pmatrix}-\dfrac{3}{2}\\1\\0\\0\end{pmatrix}$，$\boldsymbol{\xi}_2=\begin{pmatrix}1\\0\\3\\1\end{pmatrix}$，通解：$\boldsymbol{x}=k_1\boldsymbol{\xi}_1+k_2\boldsymbol{\xi}_2(k_1,k_2\in\mathbf{R})$.

例 4.6(续)　求解非齐次线性方程组$\begin{cases}x_1+x_2-x_3+x_4=1,\\2x_1-x_2-5x_3+8x_4=5,\\x_2+x_3-2x_4=-1.\end{cases}$

解　在 Matlab 命令窗口输入如下命令

```
≫A=[1 1 -1 1;2 -1 -5 8;0 1 1 -2];      %输入系数矩阵A
≫b=[1 5 -1]';                           %输入常数项到列向量b
≫rank(A)                                %求矩阵A的秩
ans=
2
```

```
>>rank([A,b])                         %求增广矩阵的秩
ans =
2
```

由于 $R(\boldsymbol{A} \mid \boldsymbol{b}) = R(\boldsymbol{A}) = 2$，所以方程组有解.

```
>>rref([A,b])                         %对增广矩阵[A,b]做初等行变换
ans =
1   0   -2    3    2
0   1    1   -2   -1
0   0    0    0    0
```

即方程组的解为$\begin{cases} x_1 = 2x_3 - 3x_4 + 2, \\ x_2 = -x_3 + 2x_4 - 1, \\ x_3 = x_3, \\ x_4 = x_4. \end{cases}$

第5章　相似矩阵及二次型

实际案例

（工业增长模型）

在某国，有关污染和工业发展的工业增长模型. 设 p 是现在污染的程度，d 是现在工业发展水平（二者都可以由各种适当指标组成的单位来度量，例如，对于污染来说，空气中一氧化碳的含量、河流中的污染物等）. p_1，d_1 分别表示5年后的污染程度和工业发展水平 . 5年后污染程度和工业发展水平的预测公式为 $\begin{cases} p_{n+1} = p_n + 2d_n \\ d_{n+1} = 2p_n + d_n \end{cases}$，如果现在状况是 $p_0 = 4$，$d_0 = 2$，请推测未来50年污染程度和工业发展水平.

本章主要讨论方阵的特征值与特征向量、方阵的相似对角化和二次型的化简问题. 首先介绍向量的内积、长度及正交等知识.

5.1　向量的内积与正交矩阵

5.1.1　向量内积与正交的概念

定义5.1　**设两个** n **维实向量** $\boldsymbol{\alpha} = \begin{pmatrix} a_1 \\ a_2 \\ \vdots \\ a_n \end{pmatrix}$，$\boldsymbol{\beta} = \begin{pmatrix} b_1 \\ b_2 \\ \vdots \\ b_n \end{pmatrix}$，**令** $[\boldsymbol{\alpha},\boldsymbol{\beta}] = a_1b_1 + a_2b_2 + \cdots + a_nb_n$，**则称** $[\boldsymbol{\alpha},\boldsymbol{\beta}]$ **为向量** $\boldsymbol{\alpha}$ **与** $\boldsymbol{\beta}$ **的内积.**

内积是两个向量之间的一种运算，其结果是一个实数，用矩阵记号表示，有

$[\boldsymbol{\alpha},\boldsymbol{\beta}]=\boldsymbol{\alpha}^{\mathrm{T}}\boldsymbol{\beta}$.

根据定义容易验证内积满足下列运算规律.(其中 $\boldsymbol{\alpha},\boldsymbol{\beta},\boldsymbol{\gamma}$ 为 n 维实向量，λ 为任意实数)：

(1) $[\boldsymbol{\alpha},\boldsymbol{\beta}]=[\boldsymbol{\beta},\boldsymbol{\alpha}]$;

(2) $[\lambda\boldsymbol{\alpha},\boldsymbol{\beta}]=\lambda[\boldsymbol{\alpha},\boldsymbol{\beta}]$;

(3) $[\boldsymbol{\alpha}+\boldsymbol{\beta},\boldsymbol{\gamma}]=[\boldsymbol{\alpha},\boldsymbol{\gamma}]+[\boldsymbol{\beta},\boldsymbol{\gamma}]$;

(4) $[\boldsymbol{\alpha},\boldsymbol{\alpha}]\geqslant 0$, 且当 $\boldsymbol{\alpha}\neq\mathbf{0}$ 时,有 $[\boldsymbol{\alpha},\boldsymbol{\alpha}]>0$.

定义 5.2　令 $\|\boldsymbol{\alpha}\|=\sqrt{[\boldsymbol{\alpha},\boldsymbol{\alpha}]}=\sqrt{a_1^2+a_2^2+\cdots+a_n^2}$, 称 $\|\boldsymbol{\alpha}\|$ 为 n 维向量 $\boldsymbol{\alpha}$ 的长度(或范数).

向量的长度具有下述性质：

(1) 非负性 当 $\boldsymbol{\alpha}\neq\mathbf{0}$ 时，$\|\boldsymbol{\alpha}\|>0$；当 $\boldsymbol{\alpha}=\mathbf{0}$ 时，$\|\boldsymbol{\alpha}\|=0$;

(2) 齐次性 $\|\lambda\boldsymbol{\alpha}\|=|\lambda|\,\|\boldsymbol{\alpha}\|$;

(3) 三角不等式 $\|\boldsymbol{\alpha}+\boldsymbol{\beta}\|\leqslant\|\boldsymbol{\alpha}\|+\|\boldsymbol{\beta}\|$.

当 $\|\boldsymbol{\alpha}\|=1$ 时,称 $\boldsymbol{\alpha}$ 为单位向量.

当 $\|\boldsymbol{\alpha}\|\neq 0$ 时，$\dfrac{\boldsymbol{\alpha}}{\|\boldsymbol{\alpha}\|}$ 是单位向量,称为 $\boldsymbol{\alpha}$ 的单位化向量.

当 $\|\boldsymbol{\alpha}\|\neq 0$, $\|\boldsymbol{\beta}\|\neq 0$ 时,称 $\theta=\arccos\dfrac{[\boldsymbol{\alpha},\boldsymbol{\beta}]}{\|\boldsymbol{\alpha}\|\,\|\boldsymbol{\beta}\|}$ 为 n 维向量 $\boldsymbol{\alpha},\boldsymbol{\beta}$ 的夹角.

当 $[\boldsymbol{\alpha},\boldsymbol{\beta}]=0$ 时,称 $\boldsymbol{\alpha}$ 与 $\boldsymbol{\beta}$ 正交,记为 $\boldsymbol{\alpha}\perp\boldsymbol{\beta}$, 显然,零向量与任何向量正交.

两两正交的非零向量组成的向量组称为正交向量组.

对于正交向量组,容易验证性质：正交向量组单位化后仍是正交向量组.

定理 5.1　若 n 维向量 $\boldsymbol{\alpha}_1,\boldsymbol{\alpha}_2,\cdots,\boldsymbol{\alpha}_r$ 是一组两两正交的非零向量,则 $\boldsymbol{\alpha}_1,\boldsymbol{\alpha}_2,\cdots,\boldsymbol{\alpha}_r$ 线性无关.

证明　设有一组实数 $k_1,k_2,\cdots,k_r$, 使得 $k_1\boldsymbol{\alpha}_1+k_2\boldsymbol{\alpha}_2+\cdots+k_r\boldsymbol{\alpha}_r=\mathbf{0}$.

等式两端分别与 $\boldsymbol{\alpha}_i(i=1,2,\cdots,r)$ 作内积,得

$k_1[\boldsymbol{\alpha}_1,\boldsymbol{\alpha}_i]+k_2[\boldsymbol{\alpha}_2,\boldsymbol{\alpha}_i]+\cdots+k_i[\boldsymbol{\alpha}_i,\boldsymbol{\alpha}_i]+\cdots+k_r[\boldsymbol{\alpha}_r,\boldsymbol{\alpha}_i]=0$, 又由于 $\boldsymbol{\alpha}_1,\boldsymbol{\alpha}_2,\cdots,\boldsymbol{\alpha}_r$ 是一组两两正交的非零向量,因此有

$$[\boldsymbol{\alpha}_i,\boldsymbol{\alpha}_j]=0\quad(i\neq j;i,j=1,2,\cdots,r),$$

所以得
$$k_i[\boldsymbol{\alpha}_i,\boldsymbol{\alpha}_i]=0\quad(i=1,2,\cdots,r).$$

因为 $\boldsymbol{\alpha}_i\neq\mathbf{0}$, 且 $[\boldsymbol{\alpha}_i,\boldsymbol{\alpha}_i]>0$, 故只有 $k_i=0,i=1,2,\cdots,r$.

故 $\boldsymbol{\alpha}_1,\boldsymbol{\alpha}_2,\cdots,\boldsymbol{\alpha}_r$ 线性无关.

故我们常采用正交向量作向量空间的基,称为向量空间的正交基. 例如 n 个

两两正交的 n 维非零向量,可构成向量空间 $\mathbf{R}^n$ 的一个正交基.

定义 5.3 设 n 维向量 $\boldsymbol{\alpha}_1,\boldsymbol{\alpha}_2,\cdots,\boldsymbol{\alpha}_r$ 是向量空间 $V(V\subseteq \mathbf{R}^n)$ 的一个基,如果 $\boldsymbol{\alpha}_1,\boldsymbol{\alpha}_2,\cdots,\boldsymbol{\alpha}_r$ 两两正交,且都是单位向量,则称 $\boldsymbol{\alpha}_1,\boldsymbol{\alpha}_2,\cdots,\boldsymbol{\alpha}_r$ 是 V 的一个规范正交基.

5.1.2 施密特(Schimidt)正交化法

我们可以用下面方法把任意给定的线性无关的非零向量组 $\boldsymbol{a}_1,\boldsymbol{a}_2,\cdots,\boldsymbol{a}_r$ 规范正交化,即施密特正交化法:

取
$$\boldsymbol{b}_1=\boldsymbol{a}_1,$$
$$\boldsymbol{b}_2=\boldsymbol{a}_2-\frac{[\boldsymbol{b}_1,\boldsymbol{a}_2]}{[\boldsymbol{b}_1,\boldsymbol{b}_1]}\boldsymbol{b}_1,$$
$$\boldsymbol{b}_3=\boldsymbol{a}_3-\frac{[\boldsymbol{b}_1,\boldsymbol{a}_3]}{[\boldsymbol{b}_1,\boldsymbol{b}_1]}\boldsymbol{b}_1-\frac{[\boldsymbol{b}_2,\boldsymbol{a}_3]}{[\boldsymbol{b}_2,\boldsymbol{b}_2]}\boldsymbol{b}_2,$$
……
$$\boldsymbol{b}_r=\boldsymbol{a}_r-\frac{[\boldsymbol{b}_1,\boldsymbol{a}_r]}{[\boldsymbol{b}_1,\boldsymbol{b}_1]}\boldsymbol{b}_1-\frac{[\boldsymbol{b}_2,\boldsymbol{a}_r]}{[\boldsymbol{b}_2,\boldsymbol{b}_2]}\boldsymbol{b}_2-\cdots-\frac{[\boldsymbol{b}_{r-1},\boldsymbol{a}_r]}{[\boldsymbol{b}_{r-1},\boldsymbol{b}_{r-1}]}\boldsymbol{b}_{r-1}.$$

容易验证, $\boldsymbol{b}_1,\boldsymbol{b}_2,\cdots,\boldsymbol{b}_r$ 两两正交,且与 $\boldsymbol{a}_1,\boldsymbol{a}_2,\cdots,\boldsymbol{a}_r$ 等价.

然后再把它们单位化,即取 $\boldsymbol{e}_1=\dfrac{1}{\|\boldsymbol{b}_1\|}\boldsymbol{b}_1$, $\boldsymbol{e}_2=\dfrac{1}{\|\boldsymbol{b}_2\|}\boldsymbol{b}_2,\cdots,$ $\boldsymbol{e}_r=\dfrac{1}{\|\boldsymbol{b}_r\|}\boldsymbol{b}_r$, 就是 $\mathbf{V}$ 的一个规范正交基.

例 5.1 设 $\boldsymbol{a}_1=\begin{pmatrix}1\\0\\1\end{pmatrix},\boldsymbol{a}_2=\begin{pmatrix}1\\1\\0\end{pmatrix},\boldsymbol{a}_3=\begin{pmatrix}0\\1\\1\end{pmatrix}$, 试用施密特正交化方法把这组向量规范正交化.

解 先正交化,取 $\boldsymbol{b}_1=\boldsymbol{a}_1$,

$$\boldsymbol{b}_2=\boldsymbol{a}_2-\frac{[\boldsymbol{a}_2,\boldsymbol{b}_1]}{\|\boldsymbol{b}_1\|^2}\boldsymbol{b}_1=\begin{pmatrix}1\\1\\0\end{pmatrix}-\frac{1}{2}\begin{pmatrix}1\\0\\1\end{pmatrix}=\begin{pmatrix}\frac{1}{2}\\1\\-\frac{1}{2}\end{pmatrix},$$

$$\boldsymbol{b}_3=\boldsymbol{a}_3-\frac{[\boldsymbol{a}_3,\boldsymbol{b}_1]}{\|\boldsymbol{b}_1\|^2}\boldsymbol{b}_1-\frac{[\boldsymbol{a}_3,\boldsymbol{b}_2]}{\|\boldsymbol{b}_2\|^2}\boldsymbol{b}_2=\begin{pmatrix}0\\1\\1\end{pmatrix}-\frac{1}{2}\begin{pmatrix}1\\0\\1\end{pmatrix}-\frac{1}{3}\begin{pmatrix}\frac{1}{2}\\1\\-\frac{1}{2}\end{pmatrix}=\begin{pmatrix}-\frac{2}{3}\\\frac{2}{3}\\\frac{2}{3}\end{pmatrix}.$$

再单位化,取

$$\boldsymbol{e}_1=\frac{\boldsymbol{b}_1}{\|\boldsymbol{b}_1\|}=\frac{1}{\sqrt{2}}\begin{pmatrix}1\\0\\1\end{pmatrix},\boldsymbol{e}_2=\frac{\boldsymbol{b}_2}{\|\boldsymbol{b}_2\|}=\frac{1}{\sqrt{6}}\begin{pmatrix}1\\2\\-1\end{pmatrix},\boldsymbol{e}_3=\frac{\boldsymbol{b}_3}{\|\boldsymbol{b}_3\|}=\frac{1}{\sqrt{3}}\begin{pmatrix}-1\\1\\1\end{pmatrix}.$$

5.1.3　正交矩阵

定义 5.4　如果 n 阶矩阵满足 $\boldsymbol{A}^{\mathrm{T}}\boldsymbol{A}=\boldsymbol{E}$, 则称 $\boldsymbol{A}$ 为正交矩阵.

根据定义可以推得

(1) 若实矩阵 $\boldsymbol{A}$ 为正交矩阵,则 $|\boldsymbol{A}|=\pm 1$;

(2) 实矩阵 $\boldsymbol{A}$ 为正交矩阵的充要条件是 $\boldsymbol{A}^{\mathrm{T}}=\boldsymbol{A}^{-1}$;

(3) 实矩阵 $\boldsymbol{A}$ 为正交矩阵的充要条件是 $\boldsymbol{A}$ 的行(列)向量组是两两正交的单位向量组.

例 5.2　验证矩阵

$$\begin{pmatrix}\cos\theta & -\sin\theta\\ \sin\theta & \cos\theta\end{pmatrix},\ \begin{pmatrix}\frac{1}{\sqrt{2}} & \frac{1}{\sqrt{6}} & -\frac{1}{\sqrt{3}}\\ -\frac{1}{\sqrt{2}} & \frac{1}{\sqrt{6}} & -\frac{1}{\sqrt{3}}\\ 0 & \frac{2}{\sqrt{6}} & \frac{1}{\sqrt{3}}\end{pmatrix}\quad 都是正交矩阵.$$

解　因为两个矩阵的每个列向量都是单位向量,且两两正交,所以都是正交矩阵.

5.2 方阵的特征值与特征向量

5.2.1 特征值与特征向量的概念

定义 5.5 设 $\boldsymbol{A}$ 为 n 阶方阵，如果存在数 λ 和非零向量 $\boldsymbol{\alpha}$，使得 $\boldsymbol{A\alpha}=\lambda\boldsymbol{\alpha}$，则称 λ 为矩阵 $\boldsymbol{A}$ 的特征值，称 $\boldsymbol{\alpha}$ 是 $\boldsymbol{A}$ 属于特征值 λ 的一个特征向量.

特征向量不是唯一的，因为如果 $\boldsymbol{A\alpha}=\lambda\boldsymbol{\alpha}$，则 $\boldsymbol{A}(k\boldsymbol{\alpha})=\lambda(k\boldsymbol{\alpha})$，所以如果 $\boldsymbol{\alpha}$ 是一个特征向量，那么 $k\boldsymbol{\alpha}$ 也是特征向量.

根据定义，n 阶矩阵 $\boldsymbol{A}$ 的特征值就是

$$(\lambda\boldsymbol{E}-\boldsymbol{A})\boldsymbol{\alpha}=\boldsymbol{0},\text{因 }\boldsymbol{\alpha}\text{ 不知，设 }\boldsymbol{\alpha}=\boldsymbol{X}=\begin{pmatrix}x_1\\x_2\\\vdots\\x_n\end{pmatrix}.$$

上述关系式就成为齐次线性方程组.

$$(\lambda\boldsymbol{E}-\boldsymbol{A})\boldsymbol{X}=\begin{pmatrix}\lambda-\boldsymbol{a}_{11} & -\boldsymbol{a}_{12} & \cdots & -\boldsymbol{a}_{1n}\\-\boldsymbol{a}_{21} & \lambda-\boldsymbol{a}_{22} & \cdots & -\boldsymbol{a}_{2n}\\\vdots & \vdots & & \vdots\\-\boldsymbol{a}_{n1} & -\boldsymbol{a}_{n2} & \cdots & \lambda-\boldsymbol{a}_{nn}\end{pmatrix}\begin{pmatrix}x_1\\x_2\\\vdots\\x_n\end{pmatrix}=\boldsymbol{0}.$$

因为当齐次线性方程组有非零解时，必有系数行列式等于 0，即

$$|\lambda\boldsymbol{E}-\boldsymbol{A}|=\begin{vmatrix}\lambda-\boldsymbol{a}_{11} & -\boldsymbol{a}_{12} & \cdots & -\boldsymbol{a}_{1n}\\-\boldsymbol{a}_{21} & \lambda-\boldsymbol{a}_{22} & \cdots & -\boldsymbol{a}_{2n}\\\vdots & \vdots & & \vdots\\-\boldsymbol{a}_{n1} & -\boldsymbol{a}_{n2} & \cdots & \lambda-\boldsymbol{a}_{nn}\end{vmatrix}=0.$$

以上行列式的计算结果是 λ 的一个多项式，这个多项式称为方阵 $\boldsymbol{A}$ 的特征多项式，这个多项式构成的上述方程称为方阵 $\boldsymbol{A}$ 的特征方程.

5.2.2　特征值与特征向量的求法

从以上讨论中可以得出的结论是：特征值 λ 应该是特征多项式的根，求特征值 λ 即解由特征多项式构成的一元 n 次方程，通常有 n 个根 $\lambda_1,\lambda_2,\cdots,\lambda_n$，而对应特征值 λ_i 的特征向量可由齐次方程组 $(\lambda_i\boldsymbol{E}-\boldsymbol{A})\boldsymbol{X}=\boldsymbol{0}$，求出非零解，每一组解就是对应于特征值 λ_i 的一个特征向量 $\boldsymbol{\alpha}_i$.

故可得求特征值与特征向量的步骤：

(1) 写出特征方程 $|\lambda\boldsymbol{E}-\boldsymbol{A}|=0$；

(2) 解特征方程，得到全部特征值 $\lambda_1,\lambda_2,\cdots,\lambda_n$；

(3) 对于每一个特征值 $\lambda_i(i=1,2,\cdots,n)$，**求出对应齐次方程组** $(\lambda_i\boldsymbol{E}-\boldsymbol{A})\boldsymbol{X}=\boldsymbol{0}$ **的非零解，即得对应的特征向量.**

例 5.3　求 $\boldsymbol{A}=\begin{pmatrix}3 & -1\\ -1 & 3\end{pmatrix}$ 的特征值和特征向量.

解　因为 $\boldsymbol{A}$ 的特征方程为

$$|\lambda\boldsymbol{E}-\boldsymbol{A}|=\begin{vmatrix}\lambda-3 & 1\\ 1 & \lambda-3\end{vmatrix}=(\lambda-3)^2-1=\lambda^2-6\lambda+8=(\lambda-2)(\lambda-4)=0.$$

所以，$\boldsymbol{A}$ 的特征值为 $\lambda_1=2,\lambda_2=4$.

当 $\lambda_1=2$ 时，解方程组 $(2\boldsymbol{E}-\boldsymbol{A})\boldsymbol{X}=\boldsymbol{0}$，即解方程组

$$\begin{pmatrix}-1 & 1\\ 1 & -1\end{pmatrix}\begin{pmatrix}x_1\\ x_2\end{pmatrix}=\begin{pmatrix}0\\ 0\end{pmatrix}，得到 -x_1+x_2=0,$$

解得其对应的特征向量，即一个基础解系为 $\boldsymbol{\alpha}_1=\begin{pmatrix}1\\ 1\end{pmatrix}$，故对应的全部特征向量为 $k_1\boldsymbol{\alpha}_1$.（k_1 为不等于零的任意常数）

当 $\lambda_2=4$ 时，解方程组 $(4\boldsymbol{E}-\boldsymbol{A})\boldsymbol{X}=\boldsymbol{0}$，即方程组

$$\begin{pmatrix}1 & 1\\ 1 & 1\end{pmatrix}\begin{pmatrix}x_1\\ x_2\end{pmatrix}=\begin{pmatrix}0\\ 0\end{pmatrix}，得到 x_1+x_2=0,$$

解得其对应的特征向量，即一个基础解系为 $\boldsymbol{\alpha}_2=\begin{pmatrix}1\\ -1\end{pmatrix}$，故对应的全部特征向量为 $k_2\boldsymbol{\alpha}_2$.（k_2 为不等于零的任意常数）

例 5.4 设矩阵 $\boldsymbol{A}=\begin{pmatrix}1 & -3 & 3\\ 3 & -5 & 3\\ 6 & -6 & 4\end{pmatrix}$，求 $\boldsymbol{A}$ 的特征值和特征向量.

解 因为 $\boldsymbol{A}$ 的特征多项式为

$$|\lambda\boldsymbol{E}-\boldsymbol{A}|=\begin{vmatrix}\lambda-1 & 3 & -3\\ -3 & \lambda+5 & -3\\ -6 & 6 & \lambda-4\end{vmatrix}=(\lambda-4)(\lambda+2)^2,$$

所以，$\boldsymbol{A}$ 的特征值为 $\lambda_1=4$，$\lambda_2=\lambda_3=-2$.

当 $\lambda_1=4$ 时，解方程组 $(4\boldsymbol{E}-\boldsymbol{A})X=\mathbf{0}$，即解方程组

$$\begin{pmatrix}3 & 3 & -3\\ -3 & 9 & -3\\ -6 & 6 & 0\end{pmatrix}\begin{pmatrix}x_1\\ x_2\\ x_3\end{pmatrix}=\begin{pmatrix}0\\ 0\\ 0\end{pmatrix}，得到它的一个基础解系为 \boldsymbol{\alpha}_1=\begin{pmatrix}1\\ 1\\ 2\end{pmatrix},$$

故与 $\lambda_1=4$ 对应的全部特征向量为 $k_1\boldsymbol{\alpha}_1$.（k_1 为不等于零的任意常数）

当 $\lambda_2=\lambda_3=-2$ 时，解方程组 $(-2\boldsymbol{E}-\boldsymbol{A})\boldsymbol{X}=\mathbf{0}$，得到它的一个基础解系为

$$\boldsymbol{\alpha}_2=\begin{pmatrix}1\\ 1\\ 0\end{pmatrix},\boldsymbol{\alpha}_3=\begin{pmatrix}-1\\ 0\\ 1\end{pmatrix},$$

故与 $\lambda_2=\lambda_3=-2$ 对应的全体特征向量为 $k_2\boldsymbol{\alpha}_2+k_3\boldsymbol{\alpha}_3$.（$k_2,k_3$ 为不同时为零的任意常数）

5.3 相似矩阵

上一节介绍了矩阵的特征值与特征向量，这一节用它来讨论矩阵与对角矩阵相似的问题.

5.3.1 相似矩阵的概念

定义 5.6 **设 $\boldsymbol{A},\boldsymbol{B}$ 都是 n 阶矩阵，若有可逆矩阵 $\boldsymbol{P}$，使 $\boldsymbol{P}^{-1}\boldsymbol{AP}=\boldsymbol{B}$，则称矩阵 $\boldsymbol{A}$ 相似于矩阵 $\boldsymbol{B}$，记作 $\boldsymbol{A}\sim\boldsymbol{B}$.**

相似是 n 阶矩阵之间的一种关系，这种关系具有下面的性质：

（1）反身性：$\boldsymbol{A} \sim \boldsymbol{A}$；

（2）对称性：若 $\boldsymbol{A} \sim \boldsymbol{B}$，则 $\boldsymbol{B} \sim \boldsymbol{A}$；

（3）传递性：若 $\boldsymbol{A} \sim \boldsymbol{B}, \boldsymbol{B} \sim \boldsymbol{C}$，则 $\boldsymbol{A} \sim \boldsymbol{C}$.

由于矩阵相似的对称性，故称两矩阵相似，不再强调 $\boldsymbol{A}$ 相似于 $\boldsymbol{B}$，还是 $\boldsymbol{B}$ 相似于 $\boldsymbol{A}$.

5.3.2　相似矩阵的性质

定理 5.2　若矩阵 $\boldsymbol{A} \sim \boldsymbol{B}$，则它们有相同的特征值.

证明　因为 $\boldsymbol{P}^{-1}\boldsymbol{A}\boldsymbol{P} = \boldsymbol{B}$，得

$$|\lambda\boldsymbol{E}-\boldsymbol{B}| = |\lambda\boldsymbol{E}-\boldsymbol{P}^{-1}\boldsymbol{A}\boldsymbol{P}| = |\boldsymbol{P}^{-1}(\lambda\boldsymbol{E}-\boldsymbol{A})\boldsymbol{P}| = |\boldsymbol{P}^{-1}|\,|\lambda\boldsymbol{E}-\boldsymbol{A}|\,|\boldsymbol{P}| = |\lambda\boldsymbol{E}-\boldsymbol{A}|,$$

即它们有相同的特征多项式，所以有相同的特征值.

推论　若 n 阶矩阵 $\boldsymbol{A}$ 与对角矩阵 $\boldsymbol{\Lambda} = \begin{pmatrix} \lambda_1 & & & \\ & \lambda_2 & & \\ & & \ddots & \\ & & & \lambda_n \end{pmatrix}$ 相似，则 $\lambda_1, \lambda_2, \cdots, \lambda_n$ 是 $\boldsymbol{A}$ 的 n 个特征值.

若 n 阶矩阵 $\boldsymbol{A}$ 与对角矩阵相似，则称 $\boldsymbol{A}$ 可对角化.

下面要讨论的问题是，一个 n 阶方阵能与怎样的较简单形式的矩阵相似？最简单的矩阵当然是对角阵，然而并不是所有的矩阵都能与对角矩阵相似.下面的定理给出了矩阵相似于对角阵的条件.

5.3.3　矩阵相似于对角矩阵的条件

定理 5.3　n 阶矩阵 $\boldsymbol{A}$ 相似于对角矩阵的充要条件是 $\boldsymbol{A}$ 有 n 个线性无关的特征向量.

证明　（1）必要性. 设有可逆矩阵 $\boldsymbol{P}$，使得 $\boldsymbol{P}^{-1}\boldsymbol{A}\boldsymbol{P} = \begin{pmatrix} \lambda_1 & & & \\ & \lambda_2 & & \\ & & \ddots & \\ & & & \lambda_n \end{pmatrix}$.

令矩阵 $\boldsymbol{P}$ 的 n 个列向量为 $\boldsymbol{\alpha}_1, \boldsymbol{\alpha}_2, \cdots, \boldsymbol{\alpha}_n$，则有

$$\boldsymbol{A}(\boldsymbol{\alpha}_1,\boldsymbol{\alpha}_2,\cdots,\boldsymbol{\alpha}_n)=(\boldsymbol{\alpha}_1,\boldsymbol{\alpha}_2,\cdots,\boldsymbol{\alpha}_n)\begin{pmatrix}\lambda_1 & & & \\ & \lambda_2 & & \\ & & \ddots & \\ & & & \lambda_n\end{pmatrix}.$$

因而， $\boldsymbol{A}\boldsymbol{\alpha}_i=\lambda_i\boldsymbol{\alpha}_i\ (i=1,2,\cdots,n)$.

因为 $\boldsymbol{P}$ 是可逆矩阵，所以 $\boldsymbol{\alpha}_1,\boldsymbol{\alpha}_2,\cdots,\boldsymbol{\alpha}_n$ 为线性无关的非零向量，它们分别是矩阵 $\boldsymbol{A}$ 对应于特征值 $\lambda_1,\lambda_2,\cdots,\lambda_n$ 的特征向量.

(2) 充分性. 由必要性的证明可知，如果矩阵 $\boldsymbol{A}$ 有 n 个线性无关的特征向量，设它们为 $\boldsymbol{\alpha}_1,\boldsymbol{\alpha}_2,\cdots,\boldsymbol{\alpha}_n$，对应的特征值分别为 $\lambda_1,\lambda_2,\cdots,\lambda_n$，则有

$$\boldsymbol{A}\boldsymbol{\alpha}_i=\lambda_i\boldsymbol{\alpha}_i(i=1,2,\cdots,n).$$

以这些向量为列构造矩阵 $\boldsymbol{P}=(\boldsymbol{\alpha}_1,\boldsymbol{\alpha}_2,\cdots,\boldsymbol{\alpha}_n)$，则 $\boldsymbol{P}$ 可逆，且 $\boldsymbol{AP}=\boldsymbol{P\Lambda}$，

$$\boldsymbol{\Lambda}=\begin{pmatrix}\lambda_1 & & & \\ & \lambda_2 & & \\ & & \ddots & \\ & & & \lambda_n\end{pmatrix}.$$

即 $\boldsymbol{P}^{-1}\boldsymbol{AP}=\boldsymbol{\Lambda}$.

推论　若 n 阶矩阵 $\boldsymbol{A}$ 有 n 个不同的特征值，则 $\boldsymbol{A}$ 必能相似于对角矩阵.

当 $\boldsymbol{A}$ 的特征方程有重根时，就不一定有 n 个线性无关的特征向量，从而未必能对角化，上节例 5.4 中的 $\boldsymbol{A}$ 的特征方程有重根，但能找到 3 个线性无关的特征向量，因此例 5.4 中的 $\boldsymbol{A}$ 能对角化.

例 5.5　证明方阵 $\boldsymbol{A}=\begin{pmatrix}1 & 2 & 2\\ 2 & 1 & -2\\ -2 & -2 & 1\end{pmatrix}$ 能与对角矩阵相似，并求矩阵 $\boldsymbol{P}$.

证明　因为 $|\lambda\boldsymbol{E}-\boldsymbol{A}|=\begin{vmatrix}\lambda-1 & -2 & -2\\ -2 & \lambda-1 & 2\\ 2 & 2 & \lambda-1\end{vmatrix}=(\lambda+1)(\lambda-1)(\lambda-3)$，

所以 $\boldsymbol{A}$ 有三个不同的特征值为 $\lambda_1=-1$，$\lambda_2=1$，$\lambda_3=3$. 由推论知矩阵 $\boldsymbol{A}$ 与对角矩阵相似.

对 $\lambda_1=-1$，线性方程组 $(\lambda_1\boldsymbol{E}-\boldsymbol{A})\boldsymbol{X}=\boldsymbol{0}$，即 $\begin{cases}-2x_1-2x_2-2x_3=0,\\ -2x_1-2x_2+2x_3=0,\\ 2x_1+2x_2-2x_3=0.\end{cases}$

求得一组解 $x_1=1, x_2=-1, x_3=0$，从而可得特征向量 $\boldsymbol{\alpha}_1=\begin{pmatrix}1\\-1\\0\end{pmatrix}$.

同样对于 $\lambda_2=1, \lambda_3=3$，可分别求得特征向量 $\boldsymbol{\alpha}_2=\begin{pmatrix}1\\-1\\1\end{pmatrix}$，$\boldsymbol{\alpha}_3=\begin{pmatrix}0\\1\\-1\end{pmatrix}$.

令 $\boldsymbol{P}=\begin{pmatrix}1&1&0\\-1&-1&1\\0&1&-1\end{pmatrix}$，则有 $\boldsymbol{P}^{-1}\boldsymbol{AP}=\begin{pmatrix}-1&&\\&1&\\&&3\end{pmatrix}$.

如果令 $\boldsymbol{P}=\begin{pmatrix}0&1&1\\1&-1&-1\\-1&1&0\end{pmatrix}$，那么 $\boldsymbol{P}^{-1}\boldsymbol{AP}=\begin{pmatrix}3&&\\&1&\\&&-1\end{pmatrix}$.

这说明，当 $\boldsymbol{\alpha}_1,\boldsymbol{\alpha}_2,\boldsymbol{\alpha}_3$ 的顺序改变时，$\lambda_1,\lambda_2,\lambda_3$ 的顺序随之改变.

5.4　实对称矩阵的对角化

从上节的讨论，可知不是每一个矩阵都能相似于对角矩阵. 但对于一类特殊矩阵—实对称矩阵，它必能相似于对角矩阵，而且它还能正交相似于对角矩阵.

5.4.1　实对称矩阵的特征值与特征向量

定理 5.4　实对称矩阵的特征值全是实数.

证明　设矩阵 $\boldsymbol{A}$ 为实对称矩阵，设复数 λ 为其特征值，复向量 $\boldsymbol{\alpha}$ 为对应的特征向量，则有：$\boldsymbol{A\alpha}=\lambda\boldsymbol{\alpha}$，$\boldsymbol{\alpha}\neq\boldsymbol{0}$.

用 $\bar{\lambda}$ 表示 λ 的共轭复数，$\bar{\boldsymbol{\alpha}}$ 表示 $\boldsymbol{\alpha}$ 的共轭复向量，则

$$\boldsymbol{A}\bar{\boldsymbol{\alpha}}=\bar{\boldsymbol{A}}\bar{\boldsymbol{\alpha}}=(\overline{\boldsymbol{A\alpha}})=(\overline{\lambda\boldsymbol{\alpha}})=\bar{\lambda}\bar{\boldsymbol{\alpha}},$$

于是有
$$\bar{\boldsymbol{\alpha}}^{\mathrm{T}}\boldsymbol{A\alpha}=\bar{\boldsymbol{\alpha}}^{\mathrm{T}}(\boldsymbol{A\alpha})=\bar{\boldsymbol{\alpha}}^{\mathrm{T}}\lambda\boldsymbol{\alpha}=\lambda\bar{\boldsymbol{\alpha}}^{\mathrm{T}}\boldsymbol{\alpha},$$

及 $\overline{\boldsymbol{\alpha}}^{\mathrm{T}}\boldsymbol{A}\boldsymbol{\alpha}=(\overline{\boldsymbol{\alpha}}^{\mathrm{T}}\boldsymbol{A}^{\mathrm{T}})\boldsymbol{\alpha}=(\boldsymbol{A}\overline{\boldsymbol{\alpha}})^{\mathrm{T}}\boldsymbol{\alpha}=(\overline{\lambda}\overline{\boldsymbol{\alpha}})^{\mathrm{T}}\boldsymbol{\alpha}=\overline{\lambda}\overline{\boldsymbol{\alpha}}^{\mathrm{T}}\boldsymbol{\alpha}$,

两式相减,得 $(\lambda-\overline{\lambda})\overline{\boldsymbol{\alpha}}^{\mathrm{T}}\boldsymbol{\alpha}=0$, 因 $\boldsymbol{\alpha}\neq\boldsymbol{0}$, 所以

$$\overline{\boldsymbol{\alpha}}^{\mathrm{T}}\boldsymbol{\alpha}=\sum_{i=1}^{n}\overline{\boldsymbol{\alpha}}_i^{\mathrm{T}}\boldsymbol{\alpha}_i=\sum_{i=1}^{n}|\boldsymbol{\alpha}_i|^2\neq 0,$$

故 $\lambda-\overline{\lambda}=0$, 即 $\lambda=\overline{\lambda}$, 这就说明 λ 是实数.

定理 5.5　实对称矩阵不同特征值对应的特征向量正交.

证明　设 $\lambda_1\neq\lambda_2$ 都是 $\boldsymbol{A}$ 的特征值,它们对应的特征向量分别为 $\boldsymbol{\alpha}_1$ 与 $\boldsymbol{\alpha}_2$, 则有

$$\lambda_1\boldsymbol{\alpha}_1=\boldsymbol{A}\boldsymbol{\alpha}_1,\ \lambda_2\boldsymbol{\alpha}_2=\boldsymbol{A}\boldsymbol{\alpha}_2,$$

因为 $\lambda_1\boldsymbol{\alpha}_1^{\mathrm{T}}=\boldsymbol{\alpha}_1^{\mathrm{T}}\boldsymbol{A}^{\mathrm{T}}=\boldsymbol{\alpha}_1^{\mathrm{T}}\boldsymbol{A}$,

所以 $\lambda_1\boldsymbol{\alpha}_1^{\mathrm{T}}\boldsymbol{\alpha}_2=\boldsymbol{\alpha}_1^{\mathrm{T}}\boldsymbol{A}\boldsymbol{\alpha}_2=\lambda_2\boldsymbol{\alpha}_1^{\mathrm{T}}\boldsymbol{\alpha}_2$, $(\lambda_1-\lambda_2)\boldsymbol{\alpha}_1^{\mathrm{T}}\boldsymbol{\alpha}_2=0$,

而 $\lambda_1\neq\lambda_2$, 故 $\boldsymbol{\alpha}_1^{\mathrm{T}}\boldsymbol{\alpha}_2=0$, 即 $\boldsymbol{\alpha}_1$ 与 $\boldsymbol{\alpha}_2$ 正交.

由此定理,对于一个实对称矩阵 $\boldsymbol{A}$, 我们可以先求出 $\boldsymbol{A}$ 的 n 个线性无关的特征向量,再把同一特征值的特征向量正交化,然后再将全部向量单位化,就得到 n 个两两正交的单位特征向量. 用这 n 个单位特征向量作列向量形成的矩阵就是所求的正交矩阵 $\boldsymbol{Q}$, 这样 $\boldsymbol{Q}^{-1}\boldsymbol{A}\boldsymbol{Q}$ 就是对角形矩阵.

于是有:

定理 5.6　设 $\boldsymbol{A}$ 为 n 阶实对称矩阵,则存在正交矩阵 $\boldsymbol{Q}$, 使得 $\boldsymbol{Q}^{-1}\boldsymbol{A}\boldsymbol{Q}=\boldsymbol{Q}^{\mathrm{T}}\boldsymbol{A}\boldsymbol{Q}=\boldsymbol{\Lambda}$,

其中 $\boldsymbol{\Lambda}=\begin{pmatrix}\lambda_1 & & & \\ & \lambda_2 & & \\ & & \ddots & \\ & & & \lambda_n\end{pmatrix}$, $\lambda_1,\lambda_2,\cdots,\lambda_n$ 为 $\boldsymbol{A}$ 的特征值.

5.4.2　实对称矩阵的相似对角矩阵的求法

由以上讨论知,对于实对称矩阵除了用上节介绍的方法求可逆矩阵 $\boldsymbol{P}$ 使得 $\boldsymbol{P}^{-1}\boldsymbol{A}\boldsymbol{P}$ 为对角阵外,还存在正交矩阵 $\boldsymbol{Q}$, 使得 $\boldsymbol{Q}^{-1}\boldsymbol{A}\boldsymbol{Q}=\boldsymbol{\Lambda}$, 要找出这个正交矩阵 $\boldsymbol{Q}$, 只要用正交化、单位化的方法求出每个特征值所对应的单位正交的特征向量即可.

例 5.6　用正交矩阵把 $\boldsymbol{A}=\begin{pmatrix}1&2&2\\2&1&2\\2&2&1\end{pmatrix}$ 化为对角矩阵.

解　因为 $|\lambda \boldsymbol{E}-\boldsymbol{A}|=\begin{vmatrix}\lambda-1 & -2 & -2\\ -2 & \lambda-1 & -2\\ -2 & -2 & \lambda-1\end{vmatrix}=(\lambda+1)^2(\lambda-5)$，

所以 $\boldsymbol{A}$ 的特征值为 $\lambda_1=\lambda_2=-1,\lambda_3=5$，

当 $\lambda_1=\lambda_2=-1$ 时，解方程组 $(-\boldsymbol{E}-\boldsymbol{A})\boldsymbol{X}=\boldsymbol{0}$，解得线性无关的特征向量为

$$\boldsymbol{\alpha}_1=\begin{pmatrix}1\\-1\\0\end{pmatrix},\boldsymbol{\alpha}_2=\begin{pmatrix}1\\0\\-1\end{pmatrix},\quad 将\ \boldsymbol{\alpha}_1,\boldsymbol{\alpha}_2\ 正交化得\ \boldsymbol{\beta}_1=\begin{pmatrix}1\\-1\\0\end{pmatrix},\boldsymbol{\beta}_2=\begin{pmatrix}\frac{1}{2}\\\frac{1}{2}\\-1\end{pmatrix}.$$

当 $\lambda_3=5$ 时，解方程组 $(5\boldsymbol{E}-\boldsymbol{A})\boldsymbol{X}=\boldsymbol{0}$，解得特征向量为 $\boldsymbol{\alpha}_3=\begin{pmatrix}1\\1\\1\end{pmatrix}$.

再将 $\boldsymbol{\beta}_1,\boldsymbol{\beta}_2,\boldsymbol{\alpha}_3$ 单位化后为，$\boldsymbol{e}_1=\begin{pmatrix}\frac{1}{\sqrt{2}}\\-\frac{1}{\sqrt{2}}\\0\end{pmatrix},\boldsymbol{e}_2=\begin{pmatrix}\frac{1}{\sqrt{6}}\\\frac{1}{\sqrt{6}}\\-\frac{2}{\sqrt{6}}\end{pmatrix},\boldsymbol{e}_3=\begin{pmatrix}\frac{1}{\sqrt{3}}\\\frac{1}{\sqrt{3}}\\\frac{1}{\sqrt{3}}\end{pmatrix}$.

由 $\boldsymbol{e}_1,\boldsymbol{e}_2,\boldsymbol{e}_3$ 作成正交矩阵

$$\boldsymbol{Q}=\begin{pmatrix}\frac{1}{\sqrt{2}} & \frac{1}{\sqrt{6}} & \frac{1}{\sqrt{3}}\\ -\frac{1}{\sqrt{2}} & \frac{1}{\sqrt{6}} & \frac{1}{\sqrt{3}}\\ 0 & -\frac{2}{\sqrt{6}} & \frac{1}{\sqrt{3}}\end{pmatrix},$$

使得　$\boldsymbol{Q}^{\mathrm{T}}\boldsymbol{A}\boldsymbol{Q}=\boldsymbol{Q}^{-1}\boldsymbol{A}\boldsymbol{Q}=\begin{pmatrix}-1 & & \\ & -1 & \\ & & 5\end{pmatrix}$.

例 5.7　设 $\boldsymbol{A}=\begin{pmatrix}-1 & 1 & 0\\ -2 & 2 & 0\\ 4 & -2 & 1\end{pmatrix}$，求 $\boldsymbol{A}^n$.

解 因为 $|\lambda E - A| = \begin{vmatrix} \lambda+1 & -1 & 0 \\ 2 & \lambda-2 & 0 \\ -4 & 2 & \lambda-1 \end{vmatrix} = \lambda(\lambda-1)^2$，

所以 A 的特征值为 $\lambda_1 = \lambda_2 = 1, \lambda_3 = 0$.

对应于 $\lambda_1 = \lambda_2 = 1$ 的线性无关的特征向量可取 $\boldsymbol{\alpha}_1 = \begin{pmatrix} 1 \\ 2 \\ 0 \end{pmatrix}$，$\boldsymbol{\alpha}_2 = \begin{pmatrix} 0 \\ 0 \\ 1 \end{pmatrix}$，

对应于 $\lambda_3 = 0$ 的特征向量可取 $\boldsymbol{\alpha}_3 = \begin{pmatrix} 1 \\ 1 \\ -2 \end{pmatrix}$.

令 $P = \begin{pmatrix} 1 & 0 & 1 \\ 2 & 0 & 1 \\ 0 & 1 & -2 \end{pmatrix}$，有 $P^{-1} = \begin{pmatrix} -1 & 1 & 0 \\ 4 & -2 & 1 \\ 2 & -1 & 0 \end{pmatrix}$，于是得 $P^{-1}AP = \Lambda =$

$\begin{pmatrix} 1 & 0 & 0 \\ 0 & 1 & 0 \\ 0 & 0 & 0 \end{pmatrix}$，得 $A = P\Lambda P^{-1}$，故

$$A^n = P\Lambda^n P^{-1} = \begin{pmatrix} 1 & 0 & 1 \\ 2 & 0 & 1 \\ 0 & 1 & -2 \end{pmatrix} \begin{pmatrix} 1 & 0 & 0 \\ 0 & 1 & 0 \\ 0 & 0 & 0 \end{pmatrix} \begin{pmatrix} -1 & 1 & 0 \\ 4 & -2 & 1 \\ 2 & -1 & 0 \end{pmatrix} = \begin{pmatrix} -1 & 1 & 0 \\ -2 & 2 & 0 \\ 4 & -2 & 1 \end{pmatrix}.$$

5.5 二次型及其标准形

二次型就是二次齐次多项式，本节以矩阵为工具，主要讨论用正交变换化实二次型为只含平方项的二次标准形的方法.

5.5.1 二次型及标准型的概念

定义 5.7 含 n 个变量 $x_1, x_2, \cdots, x_n$ 的二次齐次函数

$$f(x_1, x_2, \cdots, x_n) = a_{11}x_1{}^2 + a_{22}x_2{}^2 + \cdots + a_{nn}x_n{}^2 + 2a_{12}x_1x_2 + 2a_{13}x_1x_3 + \cdots + 2a_{n-1,n}x_{n-1}x_n. \quad (5-1)$$

称为二次型.

取 $a_{ji}=a_{ij}$，则　$2a_{ij}x_ix_j=a_{ij}x_ix_j+a_{ji}x_jx_i$，于是上式可写成

$$f(x_1,x_2,\cdots,x_n)=\sum_{i,j=1}^{n}a_{ij}x_ix_j. \tag{5-2}$$

当 a_{ij} 为复数时，f 称为复二次型；当 a_{ij} 为实数时，f 称为实二次型. 本章仅讨论实二次型.

由(5-2)式，利用矩阵运算，二次型可表示为

$$f(x_1,x_2,\cdots,x_n)=(x_1,x_2,\cdots,x_n)\begin{pmatrix}a_{11}&a_{12}&\cdots&a_{1n}\\a_{21}&a_{22}&\cdots&a_{2n}\\\vdots&\vdots&&\vdots\\a_{n1}&a_{n2}&\cdots&a_{nn}\end{pmatrix}\begin{pmatrix}x_1\\x_2\\\vdots\\x_n\end{pmatrix}=\boldsymbol{x}^{\mathrm{T}}\boldsymbol{A}\boldsymbol{x}.$$

记

$$\boldsymbol{A}=\begin{pmatrix}a_{11}&a_{12}&\cdots&a_{1n}\\a_{21}&a_{22}&\cdots&a_{2n}\\\vdots&\vdots&&\vdots\\a_{n1}&a_{n2}&\cdots&a_{nn}\end{pmatrix},\boldsymbol{x}=\begin{pmatrix}x_1\\x_2\\\vdots\\x_n\end{pmatrix},$$

则二次型可记作 $f=\boldsymbol{x}^{\mathrm{T}}\boldsymbol{A}\boldsymbol{x}$，其中 $\boldsymbol{A}$ 为对称矩阵.

例如，二次型 $f(x,y)=2x^2+8xy+y^2$ 用矩阵记号写出来就是

$$f=(x,y)\begin{pmatrix}2&4\\4&1\end{pmatrix}\begin{pmatrix}x\\y\end{pmatrix}.$$

二次型 $f(x_1,x_2,x_3,x_4)=3x_1{}^2-2x_2{}^2+2x_3{}^2-x_4{}^2-4x_1x_2+2x_1x_3-8x_1x_4-4x_3x_4$，用矩阵形式写出为

$$f=(x_1,x_2,x_3,x_4)\begin{pmatrix}3&-2&1&-4\\-2&-2&0&0\\1&0&2&-2\\-4&0&-2&-1\end{pmatrix}\begin{pmatrix}x_1\\x_2\\x_3\\x_4\end{pmatrix}.$$

对于二次型，下面讨论的主要问题是：寻求可逆的坐标变换(或称非退化的线性变换).

$$\begin{cases} x_1 = c_{11}y_1 + c_{12}y_2 + \cdots + c_{1n}y_n, \\ x_2 = c_{21}y_1 + c_{22}y_2 + \cdots + c_{2n}y_n, \\ \cdots\cdots \\ x_n = c_{n1}y_1 + c_{n2}y_2 + \cdots + c_{nn}y_n, \end{cases} \tag{5-3}$$

使二次型只含平方项,也就是将(5－3)式代入(5－1)式,能使

$$f = k_1{y_1}^2 + k_2{y_2}^2 + \cdots + k_n{y_n}^2.$$

用矩阵表示为:$\boldsymbol{x} = \boldsymbol{C}\boldsymbol{y}$,其中 $\boldsymbol{C}$ 为可逆矩阵,使

$$f = \boldsymbol{x}^{\mathrm{T}}\boldsymbol{A}\boldsymbol{x} = \boldsymbol{y}^{\mathrm{T}}\boldsymbol{C}^{\mathrm{T}}\boldsymbol{A}\boldsymbol{C}\boldsymbol{y} = k_1{y_1}^2 + k_2{y_2}^2 + \cdots + k_n{y_n}^2.$$

这种只含平方项的二次型,称为二次型的标准形.(或法式)

这个基本问题,从矩阵的角度来说,就是对于一个实对称矩阵 $\boldsymbol{A}$,寻找一个可逆矩阵 $\boldsymbol{C}$,使得 $\boldsymbol{C}^{\mathrm{T}}\boldsymbol{A}\boldsymbol{C}$ 成为对角矩阵.

定义 5.8　对于两个矩阵 $\boldsymbol{A}$ 和 $\boldsymbol{B}$,如果存在可逆矩阵 $\boldsymbol{C}$,使得 $\boldsymbol{C}^{\mathrm{T}}\boldsymbol{A}\boldsymbol{C} = \boldsymbol{B}$,就称 $\boldsymbol{A}$ 合同于 $\boldsymbol{B}$,记做 $\boldsymbol{A} \backsimeq \boldsymbol{B}$.

5.5.2　化二次型为标准形

1. 正交变换法

由定理 5.6 知,对于任意 n 阶实对称矩阵 $\boldsymbol{A}$,必存在正交矩阵 $\boldsymbol{C}$,使得 $\boldsymbol{C}^{-1}\boldsymbol{A}\boldsymbol{C} = \boldsymbol{C}^{\mathrm{T}}\boldsymbol{A}\boldsymbol{C} = \boldsymbol{\Lambda}$.

其中 $\boldsymbol{\Lambda} = \begin{pmatrix} \lambda_1 & & & \\ & \lambda_2 & & \\ & & \ddots & \\ & & & \lambda_n \end{pmatrix}$,$\lambda_1, \lambda_2, \cdots, \lambda_n$ 为 $\boldsymbol{A}$ 的特征值.

因此,对于任一个二次型 $f(x_1, x_2, \cdots, x_n) = \boldsymbol{x}^{\mathrm{T}}\boldsymbol{A}\boldsymbol{x}$,有下面的重要定理.

定理 5.7　任给二次型 $f = \sum\limits_{i,j=1}^{n} a_{ij}x_ix_j\ (a_{ij} = a_{ji}) = \boldsymbol{x}^{\mathrm{T}}\boldsymbol{A}\boldsymbol{x}$,总有正交变换 $\boldsymbol{x} = \lambda\boldsymbol{y}$,使

$$f = \lambda_1{y_1}^2 + \lambda_2{y_2}^2 + \cdots + \lambda_n{y_n}^2,$$

其中 $\lambda_1, \lambda_2, \cdots, \lambda_n$ 是 f 的矩阵 $\boldsymbol{A} = (a_{ij})$ 的特征值.

例 5.8　求一个正交变换 $\boldsymbol{x} = \boldsymbol{Q}\boldsymbol{y}$,把二次型

$f = x_1^2 + x_2^2 + x_3^2 + 4x_1x_2 + 4x_1x_3 + 4x_2x_3$ 化为标准形.

解　二次型矩阵为 $\boldsymbol{A}=\begin{pmatrix}1&2&2\\2&1&2\\2&2&1\end{pmatrix}$，由上节例 5.6 得

正交变换矩阵 $\boldsymbol{Q}=\begin{pmatrix}\frac{1}{\sqrt{2}}&\frac{1}{\sqrt{6}}&\frac{1}{\sqrt{3}}\\-\frac{1}{\sqrt{2}}&\frac{1}{\sqrt{6}}&\frac{1}{\sqrt{3}}\\0&-\frac{2}{\sqrt{6}}&\frac{1}{\sqrt{3}}\end{pmatrix}$.

于是有正交变换 $\begin{pmatrix}x_1\\x_2\\x_3\end{pmatrix}=\begin{pmatrix}\frac{1}{\sqrt{2}}&\frac{1}{\sqrt{6}}&\frac{1}{\sqrt{3}}\\-\frac{1}{\sqrt{2}}&\frac{1}{\sqrt{6}}&\frac{1}{\sqrt{3}}\\0&-\frac{2}{\sqrt{6}}&\frac{1}{\sqrt{3}}\end{pmatrix}\begin{pmatrix}y_1\\y_2\\y_3\end{pmatrix}$，

使得代换后得标准形为 $f=-{y_1}^2-{y_2}^2+5{y_3}^2$.

例 5.9　将二次型 $f=3{x_1}^2+3{x_2}^2+6{x_3}^2+8x_1x_2-4x_1x_3+4x_2x_3$ 通过正交变换化为标准形.

解　此二次型的矩阵为 $\boldsymbol{A}=\begin{pmatrix}3&4&-2\\4&3&2\\-2&2&6\end{pmatrix}$.

则 $|\lambda\boldsymbol{E}-\boldsymbol{A}|=\begin{vmatrix}\lambda-3&-4&2\\-4&\lambda-3&-2\\2&-2&\lambda-6\end{vmatrix}=(\lambda-7)^2(\lambda+2)$，

故 $\boldsymbol{A}$ 的特征值为 $\lambda_1=\lambda_2=7$，$\lambda_3=-2$.

当 $\lambda_1=\lambda_2=7$ 时，解齐次线性方程组代入 $(7\boldsymbol{E}-\boldsymbol{A})\boldsymbol{X}=\boldsymbol{0}$，解得一个基础解系为

$\boldsymbol{\alpha}_1=\begin{pmatrix}1\\1\\0\end{pmatrix}$，$\boldsymbol{\alpha}_2=\begin{pmatrix}1\\0\\-2\end{pmatrix}$，先正交化，再单位化得 $\boldsymbol{e}_1=\begin{pmatrix}\frac{\sqrt{2}}{2}\\\frac{\sqrt{2}}{2}\\0\end{pmatrix}$，$\boldsymbol{e}_2=$

$$\begin{pmatrix} \frac{\sqrt{2}}{6} \\ -\frac{\sqrt{2}}{6} \\ -\frac{2\sqrt{2}}{3} \end{pmatrix}.$$

当 $\lambda_3=-2$ 时,解齐次线性方程组代入 $(-2\boldsymbol{E}-\boldsymbol{A})\boldsymbol{X}=\boldsymbol{0}$,解得一个基础解系为

$$\boldsymbol{\alpha}_3=\begin{pmatrix} 2 \\ -2 \\ 1 \end{pmatrix},\text{单位化得 } \boldsymbol{e}_3=\begin{pmatrix} \frac{2}{3} \\ -\frac{2}{3} \\ \frac{1}{3} \end{pmatrix},\text{则有正交变换 } \boldsymbol{X}=\boldsymbol{QY},\text{其中}$$

$$\boldsymbol{Q}=\begin{pmatrix} \frac{\sqrt{2}}{2} & \frac{\sqrt{2}}{6} & \frac{2}{3} \\ \frac{\sqrt{2}}{2} & -\frac{\sqrt{2}}{6} & -\frac{2}{3} \\ 0 & -\frac{2\sqrt{2}}{3} & \frac{1}{3} \end{pmatrix},$$

代换后得标准形为 $f=7{y_1}^2+7{y_2}^2-2{y_3}^2$.

2. 配方法

对于任意一个二次型,也可以用配方法找到非退化线性替换,使其化为标准形.下面举例说明.

例 5.10 化二次型 $f=2x_1x_2+2x_1x_3-6x_2x_3$ 为标准形,并求所用的非退化线性替换.

解 在二次型 $f(x_1,x_2,x_3)$ 中不含平方项,由于含交叉项 x_1x_2,故可以先做非退化线性替换

$$\begin{cases} x_1=y_1+y_2, \\ x_2=y_1-y_2, \\ x_3=y_3, \end{cases}$$

得

$$f=2y_1^2-2y_2^2-4y_1y_3+8y_2y_3,$$

再配方，得

$$f = 2(y_1 - y_3)^2 - 2(y_2 - 2y_3)^2 + 6y_3^2.$$

令

$$\begin{cases} z_1 = y_1 - y_3, \\ z_2 = y_2 - y_3, \\ z_3 = y_3, \end{cases}$$

即

$$\begin{cases} y_1 = z_1 + z_3, \\ y_2 = z_2 + 2z_3, \\ y_3 = z_3. \end{cases}$$

二次型化为标准形　　$f = 2z_1^2 - 2z_2^2 + 6z_3^2.$

所作非退化线性替换矩阵为

$$\boldsymbol{C} = \begin{pmatrix} 1 & 1 & 0 \\ 1 & -1 & 0 \\ 0 & 0 & 1 \end{pmatrix} \begin{pmatrix} 1 & 0 & 1 \\ 0 & 1 & 2 \\ 0 & 0 & 1 \end{pmatrix} = \begin{pmatrix} 1 & 1 & 3 \\ 1 & -1 & -1 \\ 0 & 0 & 1 \end{pmatrix},$$

即
$$\boldsymbol{X} = \begin{pmatrix} 1 & 1 & 3 \\ 1 & -1 & -1 \\ 0 & 0 & 1 \end{pmatrix} \boldsymbol{Z}.$$

5.6 正定二次型

在实二次型中有一类重要的二次型——正定二次型.

定义 5.9 设 $f(x_1, x_2, \cdots, x_n) = \boldsymbol{x}^{\mathrm{T}}\boldsymbol{A}\boldsymbol{x}$ **为** n **个变量的实二次型.**

(1) 如果对于任意一组不全为零的实数 $c_1, c_2, \cdots, c_n$，**都有** $f(c_1, c_2, \cdots, c_n) > 0$，**则称二次型** f **为正定二次型，称正定二次型的矩阵** $\boldsymbol{A}$ **是正定的.**

(2) 如果对于任意一组不全为零的实数 $c_1, c_2, \cdots, c_n$，**都有** $f(c_1, c_2, \cdots, c_n) < 0$，**则称二次型** f **为负定二次型，称负定二次型的矩阵** $\boldsymbol{A}$ **是负定的.**

例如，实二次型 $f(x_1,x_2,x_3)=2{x_1}^2+{x_2}^2+{x_3}^2$ 为正定二次型，而 $g(x_1,x_2,x_3)={x_1}^2+2{x_2}^2-{x_3}^2$ 与 $h(x_1,x_2,x_3)={x_1}^2+{x_2}^2$ 就不是正定二次型. 因为 $g(0,0,1)=-1$，$h(0,0,1)=0$.

怎样判定一个二次型是否正定呢?

定理 5.8　实二次型 $f=\boldsymbol{x}^{\mathrm{T}}\boldsymbol{A}\boldsymbol{x}$ 为正定的充分必要条件是：它的标准形的 n 个系数全为正.

证明　设可逆变换 $\boldsymbol{x}=\boldsymbol{C}\boldsymbol{y}$，使 $f(\boldsymbol{x})=f(\boldsymbol{C}\boldsymbol{y})=\sum\limits_{i=1}^{n}k_i{y_i}^2$.

先证充分性. 设 $k_i>0(i=1,\cdots,n)$，任给 $\boldsymbol{x}\neq\boldsymbol{0}$，则 $\boldsymbol{y}=\boldsymbol{C}^{-1}\boldsymbol{x}\neq\boldsymbol{0}$，故

$$f(\boldsymbol{x})=\sum_{i=1}^{n}k_i{y_i}^2>0,$$

再证必要性. 用反证法. 设有 $k_s\leqslant 0$，则当 $\boldsymbol{y}=\boldsymbol{e}_s$（单位坐标向量）时，$f(\boldsymbol{C}\boldsymbol{e}_s)=k_s\leqslant 0$，显然 $\boldsymbol{C}\boldsymbol{e}_s\neq\boldsymbol{0}$，这与 f 为正定相矛盾. 这就证明了 $k_i>0(i=1,\cdots,n)$.

推论　对称矩阵 $\boldsymbol{A}$ 为正定的充分必要条件是：$\boldsymbol{A}$ 的特征值全为正.

定理 5.9　对称矩阵 $\boldsymbol{A}$ 为正定的充分必要条件是：$\boldsymbol{A}$ 的各阶主子式都是正的，即：

$$a_{11}>0,\quad \begin{vmatrix} a_{11} & a_{12} \\ a_{21} & a_{22} \end{vmatrix}>0,\ \cdots,\ \begin{vmatrix} a_{11} & \cdots & a_{1n} \\ \vdots & \vdots & \vdots \\ a_{n1} & \cdots & a_{nn} \end{vmatrix}>0$$

对称矩阵 $\boldsymbol{A}$ 为负定的充分必要条件是：奇数阶主子式为负，而偶数阶主子式为正，即：

$$(-1)^r\begin{vmatrix} a_{11} & \cdots & a_{1r} \\ \vdots & \vdots & \vdots \\ a_{r1} & \cdots & a_{rr} \end{vmatrix}>0,(r=1,2,\cdots,n).$$

这个定理称为霍尔维茨定理.

例 5.11　设二次型 $f(x_1,x_2,x_3)=2x_1^2+3x_2^2+4x_3^2-4x_1x_2-2x_2x_3$，判定 f 是否为正定二次型.

解　二次型的矩阵为 $\boldsymbol{A}=\begin{pmatrix} 2 & -2 & 0 \\ -2 & 3 & -1 \\ 0 & -1 & 4 \end{pmatrix}$，

$$a_{11}=2>0,\begin{vmatrix}2&-2\\-2&3\end{vmatrix}=2>0,\begin{vmatrix}2&-1&0\\-2&3&-1\\0&-1&4\end{vmatrix}=14>0.$$

根据定理5.9知，f 是正定的.

代数人物卡片(施密特):

奥托·尤利耶维奇·施密特，苏联数学家，其最著名的就是施密特正交化. 施密特正交化(*Schmidt orthogonalization*)是求欧氏空间正交基的一种方法. 从欧氏空间任意线性无关的向量组 $\boldsymbol{\alpha}_1,\boldsymbol{\alpha}_2,\cdots,\boldsymbol{\alpha}_m$ 出发，求得正交向量组 $\boldsymbol{\beta}_1,\boldsymbol{\beta}_2,\cdots,\boldsymbol{\beta}_m$，使由 $\boldsymbol{\alpha}_1,\boldsymbol{\alpha}_2,\cdots\cdots,\boldsymbol{\alpha}_m$ 与向量组 $\boldsymbol{\beta}_1,\boldsymbol{\beta}_2,\cdots,\boldsymbol{\beta}_m$ 等价，再将正交向量组中每个向量经过单位化，就得到一个标准正交向量组，这种方法称为施密特正交化.

延伸阅读五

机械系统的振动分析

以港珠澳大桥的建设为例，这座大桥是世界上最长的跨海大桥之一，其建造过程中，面对着复杂的海洋环境和巨大的风浪冲击，机械系统的振动分析起到了至关重要的作用. 通过精确的振动测试与仿真分析，工程师们确保了桥梁在各种极端环境下的稳定性与安全性. 这一工程的顺利完工，彰显了中国工程技术的创新能力与自主研发水平，体现了国家在基础设施领域的巨大进步. 正如机械系统的振动分析需要精准的计算和严密的控制，国家的发展同样依赖科学的规划与技术创新. 在这个过程中，我国坚持独立自主、自力更生的原则，同时不断向世界顶尖技术看齐，逐步实现技术领域的跨越式发展. 港珠澳大桥的建成，凝聚了无数科研人员和工程师的智慧与努力，作为当代大学生，应肩负起科技兴国的责任，将个人理想融入国家现代化建设，为实现中国梦贡献力量.

【案例描述】

一个简单的机械系统由两个质量块(质量分别为 m_1 和m_2 和三根弹簧(弹簧常数分别为 k_1,k_2,k_3) 构成，两个质量块通过弹簧连接并且可在水平方向上移动. 这种系统的振动问题通常可以简化为一个二次型问题，通过建立运动方程和引入矩阵，可以对系统的振动行为（如振动模式和频率）进行分析．这个案例旨在展示如何通过相似矩阵和二次型的知识来研究机械系统的振动，并贯穿向量内积、正交矩阵、矩阵的特征值与特征向量、实对称矩阵的对角化、二次型及其标准型、正定二次型等概念．

【数学模型】

系统的运动方程：对于这样一个机械系统，可以建立一个二阶微分方程来描述两个质量块的位移（$x_1(t)$）和（$x_2(t)$）随时间（t）的变化．由于弹簧的作用，系统的位移与恢复力成比例，这个关系可以写成如下形式的矩阵方程：$\boldsymbol{M}\ddot{\boldsymbol{x}}+\boldsymbol{K}\boldsymbol{x}=\boldsymbol{0}$，其中，$\boldsymbol{M}$是质量矩阵，$\boldsymbol{K}$是刚度矩阵，$\boldsymbol{x}$是位移向量．假设$m_1=m_2=1$，则质量矩阵为单位矩阵：$\boldsymbol{M}=[1\quad 0\quad 0\quad 1]$，刚度矩阵则为：$\boldsymbol{K}=[k_1+k_2\quad -k_2\quad -k_2\quad k_2+k_3]$．

寻找特征值和特征向量：为了找到系统的固有振动频率和振动模式，需要对矩阵$\boldsymbol{K}$进行特征值和特征向量的分析．特征值将对应于系统的固有振动频率的平方，特征向量则对应于系统的振动模式．

相似矩阵与对角化：因为$\boldsymbol{K}$是一个对称矩阵，它可以被对角化．通过寻找$\boldsymbol{K}$的特征值和特征向量，学生可以将$\boldsymbol{K}$转换为对角矩阵$\boldsymbol{\Lambda}$，即：$\boldsymbol{K}=\boldsymbol{P}\boldsymbol{\Lambda}\boldsymbol{P}^{-1}$，其中$\boldsymbol{P}$是$\boldsymbol{K}$的特征向量矩阵．对角矩阵$\boldsymbol{\Lambda}$的对角元素就是$\boldsymbol{K}$的特征值，这些特征值的平方根就是系统的固有频率．

二次型与能量：系统的势能和动能都可以表示成二次型．系统的势能$\boldsymbol{V}(\boldsymbol{x})$可以写成：$\boldsymbol{V}(\boldsymbol{x})=\dfrac{1}{2}\boldsymbol{x}^{\mathrm{T}}\boldsymbol{K}\boldsymbol{x}$，动能$\boldsymbol{T}(\dot{\boldsymbol{x}})$则为：$\boldsymbol{T}(\dot{\boldsymbol{x}})=\dfrac{1}{2}\dot{x}^{\mathrm{T}}\boldsymbol{M}\dot{\boldsymbol{x}}$，学生学会如何通过相似变换将二次型标准化，以更简单地分析系统的能量和运动．

正定二次型：刚度矩阵$\boldsymbol{K}$是一个正定矩阵，因为其对应的二次型$\boldsymbol{V}(\boldsymbol{x})$总是非负的，这意味着系统的势能是正的．通过分析$\boldsymbol{K}$的正定性，学生可以了解系统的稳定性，并理解正定二次型的重要性．

1. 向量的内积与正交矩阵

在求解特征向量时，学生会接触到向量的内积，并且发现特征向量可以构成正交矩阵$\boldsymbol{P}$，用于对角化矩阵$\boldsymbol{K}$．

2. 特征值与特征向量

对于矩阵$\boldsymbol{K}$，学生需要计算其特征值和特征向量，以获得系统的振动模式和频率．

3. 相似矩阵与实对称矩阵的对角化

学生将学习如何通过相似变换将矩阵 $\boldsymbol{K}$ 对角化，从而简化二次型的表达形式，并分析系统的性质.

4. 二次型及其标准型

在分析系统的势能和动能时，学生将学习如何将二次型化简到标准型，以便更容易地分析系统的行为.

5. 正定二次型

通过研究 $\boldsymbol{K}$ 是否为正定矩阵，学生可以了解系统的稳定性，以及正定二次型在物理系统中的实际意义.

通过这个案例，学生将从向量的内积与正交矩阵、特征值与特征向量、相似矩阵与对角化，到二次型及其标准型、正定二次型，逐步掌握相似矩阵和二次型的核心概念，并通过数学手段分析系统的振动模式和频率，还可以对系统的稳定性和能量进行合理评估.

基本练习题五

1. 用施密特法把下列向量组正交化：

(1) $(\boldsymbol{a}_1\quad \boldsymbol{a}_2\quad \boldsymbol{a}_3)=\begin{pmatrix}1 & -1 & 4\\ 2 & 3 & -1\\ -1 & 1 & 0\end{pmatrix}$；

(2) $(\boldsymbol{a}_1\quad \boldsymbol{a}_2\quad \boldsymbol{a}_3)=\begin{pmatrix}1 & 0 & 0\\ 0 & 1 & -1\\ 1 & 2 & 0\\ 0 & 1 & 1\end{pmatrix}$.

2. 判定下列矩阵是不是正交矩阵：

(1) $\begin{pmatrix}\frac{3}{5} & -\frac{4}{5}\\ \frac{4}{5} & \frac{3}{5}\end{pmatrix}$；　　(2) $\frac{1}{9}\begin{pmatrix}1 & -8 & -4\\ -8 & 1 & -4\\ -4 & -4 & 7\end{pmatrix}$.

3. 求下列矩阵的特征值和特征向量：

(1) $\begin{pmatrix}1 & 2\\ 8 & 1\end{pmatrix}$；　(2) $\begin{pmatrix}1 & 2 & 3\\ 2 & 1 & 3\\ 3 & 3 & 6\end{pmatrix}$；

(3) $\begin{pmatrix} a_1 \\ a_2 \\ \vdots \\ a_n \end{pmatrix}(a_1, \quad a_2, \quad \cdots, \quad a_n)\ (a_i \neq 0)$.

4. 设矩阵 $\boldsymbol{A}=\begin{pmatrix} 1 & -2 & -4 \\ -2 & x & -2 \\ -4 & -2 & 1 \end{pmatrix}$ 与 $\boldsymbol{\Lambda}=\begin{pmatrix} 5 & & \\ & y & \\ & & -4 \end{pmatrix}$ 相似,求 x,y.

5. 设 3 阶矩阵 $\boldsymbol{A}$ 的特征值为 $\lambda_1=1,\lambda_2=0,\lambda_3=-1$;对应的特征向量依次为 $\boldsymbol{p}_1=\begin{pmatrix} 1 \\ 2 \\ 2 \end{pmatrix}$, $\boldsymbol{p}_2=\begin{pmatrix} 2 \\ -2 \\ 1 \end{pmatrix}$, $\boldsymbol{p}_3=\begin{pmatrix} -2 \\ -1 \\ 2 \end{pmatrix}$, 求 $\boldsymbol{A}$.

6. 求一个正交的相似变换矩阵,将下列对称矩阵化为对角阵.

(1) $\begin{pmatrix} 4 & 0 & 0 \\ 0 & 3 & 1 \\ 0 & 1 & 3 \end{pmatrix}$; (2) $\begin{pmatrix} 2 & 2 & -2 \\ 2 & 5 & -4 \\ -2 & -4 & 5 \end{pmatrix}$.

7. 用矩阵记号表示下列二次型:

(1) $f=x^2+8xy+3y^2+2xz+2z^2+4yz$;

(2) $f=x_1{}^2+2x_2{}^2+3x_3{}^2-x_4{}^2-2x_1x_2+8x_1x_3-2x_1x_4+6x_2x_3-4x_2x_4$.

8. 写出以下列对称矩阵为矩阵的二次型:

(1) $\begin{pmatrix} 1 & 3 \\ 3 & 4 \end{pmatrix}$; (2) $\begin{pmatrix} 2 & 3 & 0 \\ 3 & 1 & 4 \\ 0 & 4 & 0 \end{pmatrix}$;

(3) $\begin{pmatrix} a_1 \\ a_2 \\ \vdots \\ a_n \end{pmatrix}(a_1, \quad a_2, \quad \cdots, \quad a_n)\ (a_i \neq 0)$.

9. 求一个正交变换使化下列二次型为标准形:

(1) $f=x_1{}^2+x_2{}^2+x_3{}^2+4x_1x_2+4x_1x_3+4x_2x_3$;

(2) $f=2x_1{}^2+5x_2{}^2+5x_3{}^2+4x_1x_2-4x_1x_3-8x_2x_3$.

10. 判别下列二次型的正定性:

(1) $f=x_1{}^2+2x_2{}^2+3x_3{}^2-2x_1x_2-2x_2x_3$;

(2) $f = x_1^2 + 3x_2^2 + 9x_3^2 + 19x_4^2 - 2x_1x_2 + 4x_1x_3 + 2x_1x_4 - 6x_2x_4 - 12x_3x_4$.

综合练习题五

1. 下列 4 个命题中假命题的个数是________.

(1) 正定矩阵 $\boldsymbol{A}$ 是可逆矩阵.

(2) 实对称矩阵的特征值全为实数.

(3) 若矩阵乘积 $\boldsymbol{AB} = \boldsymbol{AC}$, 则 $\boldsymbol{B} = \boldsymbol{C}$.

(4) 若 $\boldsymbol{A}$ 可逆,则 $\boldsymbol{A}^{\mathrm{T}}$ 也可逆.

2. 若矩阵 $\boldsymbol{A}$ 为三阶行列式,特征值为 1,2,3, 则 $|\boldsymbol{A}|=$________.

3. 设 $\boldsymbol{A} = \begin{pmatrix} 1 & -2 & 0 \\ -2 & 5 & 0 \\ 0 & 0 & 3 \end{pmatrix}$, 则矩阵 $\boldsymbol{A}$ 的二次型为________.

4. 设 $\boldsymbol{A} = \begin{pmatrix} 1 & 0 & 0 \\ 0 & 4 & -1 \\ 0 & -1 & 3 \end{pmatrix}$, 则矩阵 $\boldsymbol{A}$ 的二次型为________.

5. 设四阶方阵 $\boldsymbol{A}$ 与 $\boldsymbol{B}$ 相似, $\boldsymbol{A}$ 的特征值为 2,3,4,5,则 $|\boldsymbol{B}-\boldsymbol{E}| =$ ________.

6. 设矩阵 $\boldsymbol{A} = \begin{pmatrix} 1 & 2 & 3 \\ -1 & x & 2 \\ 0 & 0 & 1 \end{pmatrix}$ 有三个特征值为 1,2 和 3,则 $x=$________.

拓展训练五

1. (2011 年) $\boldsymbol{A}$ 为三阶实矩阵, $\mathrm{R}(\boldsymbol{A}) = 2$, 且 $\boldsymbol{A}\begin{pmatrix} 1 & 1 \\ 0 & 0 \\ -1 & 1 \end{pmatrix} = \begin{pmatrix} -1 & 1 \\ 0 & 0 \\ 1 & 1 \end{pmatrix}$.

(1) 求 $\boldsymbol{A}$ 的特征值与特征向量;(2) 求 $\boldsymbol{A}$.

解　(1) 令 $\boldsymbol{\alpha}_1 = \begin{pmatrix} 1 \\ 0 \\ -1 \end{pmatrix}$, $\boldsymbol{\alpha}_2 = \begin{pmatrix} 1 \\ 0 \\ 1 \end{pmatrix}$, 则 $\boldsymbol{A}\boldsymbol{\alpha}_1 = -\boldsymbol{\alpha}_1$, $\boldsymbol{A}\boldsymbol{\alpha}_2 = \boldsymbol{\alpha}_2$,

则 $\lambda_1 = -1$, $\lambda_2 = 1$ 为 $\boldsymbol{A}$ 的特征值,且对应的特征向量为 $\boldsymbol{\alpha}_1, \boldsymbol{\alpha}_2$. 又 $\mathrm{R}(\boldsymbol{A}) = 2$,

$\boldsymbol{A}$ 有特征值 $\lambda_3=0$，设其对应的特征向量为 $\boldsymbol{\alpha}_3=\begin{pmatrix}x_1\\x_2\\x_3\end{pmatrix}$，由于 $\boldsymbol{A}$ 为实对称矩阵，故 $\boldsymbol{\alpha}_1^{\mathrm{T}}\boldsymbol{\alpha}_3=0$，$\boldsymbol{\alpha}_2^{\mathrm{T}}\boldsymbol{\alpha}_3=0$，

即 $x_1-x_3=0$，$x_1+x_3=0$，$\boldsymbol{\alpha}_3=\begin{pmatrix}0\\1\\0\end{pmatrix}$.

(2) 将 $\boldsymbol{\alpha}_1$，$\boldsymbol{\alpha}_2$，$\boldsymbol{\alpha}_3$ 单位化 可得 $\boldsymbol{e}_1=\dfrac{1}{\sqrt{2}}\begin{pmatrix}1\\0\\-1\end{pmatrix}$，$\boldsymbol{e}_2=\dfrac{1}{\sqrt{2}}\begin{pmatrix}1\\0\\1\end{pmatrix}$，$\boldsymbol{e}_3=\begin{pmatrix}0\\1\\0\end{pmatrix}$，

令 $\boldsymbol{Q}=(\boldsymbol{e}_1\quad\boldsymbol{e}_2\quad\boldsymbol{e}_3)=\begin{pmatrix}\dfrac{1}{\sqrt{2}}&\dfrac{1}{\sqrt{2}}&0\\0&0&1\\-\dfrac{1}{\sqrt{2}}&\dfrac{1}{\sqrt{2}}&0\end{pmatrix}$，则 $\boldsymbol{Q}^{\mathrm{T}}\boldsymbol{A}\boldsymbol{Q}=\begin{pmatrix}-1&0&0\\0&1&0\\0&0&0\end{pmatrix}$.

故 $\boldsymbol{A}=\boldsymbol{Q}\begin{pmatrix}-1&0&0\\0&1&0\\0&0&0\end{pmatrix}\boldsymbol{Q}^{\mathrm{T}}=\begin{pmatrix}0&0&1\\0&0&0\\1&0&0\end{pmatrix}$.

2. (2013 年) 设二次型 $f(x_1,x_2,x_3)=2(a_1x_1+a_2x_2+a_3x_3)^2+(b_1x_1+b_2x_2+b_3x_3)^2$，记 $\boldsymbol{\alpha}=\begin{pmatrix}a_1\\a_2\\a_3\end{pmatrix}$，$\boldsymbol{\beta}=\begin{pmatrix}b_1\\b_2\\b_3\end{pmatrix}$. (1) 证明二次型 f 对应的矩阵为 $2\boldsymbol{\alpha}\boldsymbol{\alpha}^{\mathrm{T}}+\boldsymbol{\beta}\boldsymbol{\beta}^{\mathrm{T}}$；(2) 若 $\boldsymbol{\alpha}$，$\boldsymbol{\beta}$ 正交且均为单位向量，证明 f 在正交变换下的标准形为 $2y_1^2+y_2^2$.

证明 (1) 因为 $f(x_1,x_2,x_3)=2(a_1x_1+a_2x_2+a_3x_3)^2+(b_1x_1+b_2x_2+b_3x_3)^2=2(x_1,x_2,x_3)\begin{pmatrix}a_1\\a_2\\a_3\end{pmatrix}(a_1,a_2,a_3)\begin{pmatrix}x_1\\x_2\\x_3\end{pmatrix}+(x_1,x_2,x_3)\begin{pmatrix}b_1\\b_2\\b_3\end{pmatrix}(b_1,b_2,b_3)\begin{pmatrix}x_1\\x_2\\x_3\end{pmatrix}=\boldsymbol{x}^{\mathrm{T}}(2\boldsymbol{\alpha}\boldsymbol{\alpha}^{\mathrm{T}})\boldsymbol{x}+\boldsymbol{x}^{\mathrm{T}}(\boldsymbol{\beta}\boldsymbol{\beta}^{\mathrm{T}})\boldsymbol{x}=\boldsymbol{x}^{\mathrm{T}}(2\boldsymbol{\alpha}\boldsymbol{\alpha}^{\mathrm{T}}+\boldsymbol{\beta}\boldsymbol{\beta}^{\mathrm{T}})\boldsymbol{x}$.

所以二次型 f 对应的矩阵为 $2\boldsymbol{\alpha}\boldsymbol{\alpha}^{\mathrm{T}}+\boldsymbol{\beta}\boldsymbol{\beta}^{\mathrm{T}}$.

(2) 因为 $\boldsymbol{\alpha},\boldsymbol{\beta}$ 正交且均为单位向量,

所以 $\boldsymbol{A\alpha}=(2\boldsymbol{\alpha}\boldsymbol{\alpha}^{\mathrm{T}}+\boldsymbol{\beta}\boldsymbol{\beta}^{\mathrm{T}})\boldsymbol{\alpha}=2\boldsymbol{\alpha}\,|\,\boldsymbol{\alpha}\,|^{2}+\boldsymbol{\beta}\boldsymbol{\beta}^{\mathrm{T}}\boldsymbol{\alpha}=2\boldsymbol{\alpha}$,

$\boldsymbol{A\beta}=(2\boldsymbol{\alpha}\boldsymbol{\alpha}^{\mathrm{T}}+\boldsymbol{\beta}\boldsymbol{\beta}^{\mathrm{T}})\beta=2\boldsymbol{\alpha}\boldsymbol{\alpha}^{\mathrm{T}}\boldsymbol{\beta}+|\,\boldsymbol{\beta}\,|^{2}\boldsymbol{\beta}=\boldsymbol{\beta}$.

从而 $\boldsymbol{\alpha}$ 为 $\boldsymbol{A}$ 的对应于 $\lambda_1=2$ 的特征向量, $\boldsymbol{\beta}$ 为 $\boldsymbol{A}$ 的对应于 $\lambda_2=1$ 的特征向量,

又因为 $\mathrm{R}(\boldsymbol{A})\leqslant\mathrm{R}(2\boldsymbol{\alpha}\boldsymbol{\alpha}^{\mathrm{T}})+\mathrm{R}(\boldsymbol{\beta}\boldsymbol{\beta}^{\mathrm{T}})\leqslant\mathrm{R}(\boldsymbol{\alpha})+\mathrm{R}(\boldsymbol{\beta})=2<3$,

所以 $|\,\boldsymbol{A}\,|=\lambda_1\lambda_2\lambda_3=0$, 从而 $\lambda_3=0$,

故 f 在正交变换下的标准形为 $2{y_1}^2+{y_2}^2$.

3. (2018 年)设 2 阶矩阵 $\boldsymbol{A}$ 有两个不同特征值, $\boldsymbol{\alpha}_1,\boldsymbol{\alpha}_2$ 是 $\boldsymbol{A}$ 的线性无关的特征向量,且满足 $\boldsymbol{A}^2(\boldsymbol{\alpha}_1+\boldsymbol{\alpha}_2)=\boldsymbol{\alpha}_1+\boldsymbol{\alpha}_2$, 则 $|\,\boldsymbol{A}\,|=$ ________.

解　设 $\boldsymbol{A}\boldsymbol{\alpha}_1=\lambda_1\boldsymbol{\alpha}_1,\boldsymbol{A}\boldsymbol{\alpha}_2=\lambda_2\boldsymbol{\alpha}_2$, 则 $\boldsymbol{A}^2(\boldsymbol{\alpha}_1+\boldsymbol{\alpha}_2)=\boldsymbol{A}^2\boldsymbol{\alpha}_1+\boldsymbol{A}^2\boldsymbol{\alpha}_2=\lambda_1^2\boldsymbol{\alpha}_1+\lambda_2^2\boldsymbol{\alpha}_2=\boldsymbol{\alpha}_1+\boldsymbol{\alpha}_2$, 由于 $\boldsymbol{\alpha}_1,\boldsymbol{\alpha}_2$ 是 $\boldsymbol{A}$ 的线性无关的特征向量,故 $\lambda_1^2=1$, $\lambda_2^2=1$, 从而得到 $\boldsymbol{A}$ 的两个不同的特征值为 $1,-1$, 故 $|\,\boldsymbol{A}\,|=-1$.

4. (2018 年)设 $\boldsymbol{A}$ 为 3 阶矩阵, $\boldsymbol{\alpha}_1,\boldsymbol{\alpha}_2,\boldsymbol{\alpha}_3$ 为线性无关的向量组,若 $\boldsymbol{A}\boldsymbol{\alpha}_1=2\boldsymbol{\alpha}_1+\boldsymbol{\alpha}_2+\boldsymbol{\alpha}_3,\boldsymbol{A}\boldsymbol{\alpha}_2=\boldsymbol{\alpha}_2+2\boldsymbol{\alpha}_3,\boldsymbol{A}\boldsymbol{\alpha}_3=-\boldsymbol{\alpha}_2+\boldsymbol{\alpha}_3$, 则 $\boldsymbol{A}$ 的实特征值为________.

解　由 $\boldsymbol{A}\boldsymbol{\alpha}_1=2\boldsymbol{\alpha}_1+\boldsymbol{\alpha}_2+\boldsymbol{\alpha}_3,\boldsymbol{A}\boldsymbol{\alpha}_2=\boldsymbol{\alpha}_2+2\boldsymbol{\alpha}_3,\boldsymbol{A}\boldsymbol{\alpha}_3=-\boldsymbol{\alpha}_2+\boldsymbol{\alpha}_3$, 可得 $\boldsymbol{A}(\boldsymbol{\alpha}_1,\boldsymbol{\alpha}_2,\boldsymbol{\alpha}_3)=(\boldsymbol{\alpha}_1,\boldsymbol{\alpha}_2,\boldsymbol{\alpha}_3)\begin{pmatrix}2&0&0\\1&1&-1\\1&2&1\end{pmatrix}$, 由于 $\boldsymbol{\alpha}_1,\boldsymbol{\alpha}_2,\boldsymbol{\alpha}_3$ 为线性无关的向量组,故 $\boldsymbol{A}\sim\begin{pmatrix}2&0&0\\1&1&-1\\1&2&1\end{pmatrix}=\boldsymbol{B}$, 从而有相同的特征值.

因 $|\lambda\boldsymbol{E}-\boldsymbol{B}|=\begin{vmatrix}\lambda-2&0&0\\-1&\lambda-1&1\\-1&-2&\lambda-1\end{vmatrix}=(\lambda-2)(\lambda^2-2\lambda+3)$, 故 $\boldsymbol{A}$ 的实特征值为 2.

5. (2018 年)设实二次型 $f(x_1,x_2,x_3)=(x_1-x_2+x_3)^2+(x_2+x_3)^2+(x_1+ax_3)^2$, 其中 a 是参数. (1) 求 $f(x_1,x_2,x_3)=0$ 的解; (2) 求 $f(x_1,x_2,x_3)$ 的规范形.

解　(1) 由 $f(x_1,x_2,x_3)=0$ 可知 $\begin{cases}x_1-x_2+x_3=0,\\x_2+x_3=0,\\x_1+ax_3=0,\end{cases}$ 该齐次线性方

程组的系数矩阵为

$$\boldsymbol{A}=\begin{pmatrix}1 & -1 & 1\\ 0 & 1 & 1\\ 1 & 0 & a\end{pmatrix},$$

将其进行初等行变换化为阶梯形矩阵,即

$$\boldsymbol{A}=\begin{pmatrix}1 & -1 & 1\\ 0 & 1 & 1\\ 1 & 0 & a\end{pmatrix}\longrightarrow\begin{pmatrix}1 & -1 & 1\\ 0 & 1 & 1\\ 0 & 1 & a-1\end{pmatrix}\longrightarrow\begin{pmatrix}1 & -1 & 1\\ 0 & 1 & 1\\ 0 & 0 & a-2\end{pmatrix}.$$

当 $a\neq 2$ 时, $f(x_1,x_2,x_3)=0$ 有唯一解 $(0,0,0)^{\mathrm{T}}$;

当 $a=2$ 时, $\boldsymbol{A}\rightarrow\begin{pmatrix}1 & 0 & 2\\ 0 & 1 & 1\\ 0 & 0 & 0\end{pmatrix}$, 其通解为 $k(-2,-1,1)^{\mathrm{T}},k\in\mathbf{R}$.

(2) 当 $a\neq 2$ 时,做非退化的线性变换 $\begin{cases}y_1=x_1-x_2+x_3,\\ y_2=x_2+x_3,\\ y_3=x_1+ax_3,\end{cases}$ 可将原二次型化为规范形

$$f=y_1^2+y_2^2+y_3^2.$$

当 $a=2$ 时,做非退化的线性变换 $\begin{cases}y_1=x_1-x_2+x_3\\ y_2=x_2+x_3\\ y_3=x_3\end{cases}$,可将原二次型化为规范形

$$f=y_1^2+y_2^2+(y_1+y_2)^2=2y_1^2+2y_2^2+2y_1y_2,$$

该二次型正惯性指数为 2,负惯性指数为 0,故其合同规范形为 $z_1^2+z_2^2$.

实际案例分析五

在某国,有关污染和工业发展的工业增长模型. 设 p 是现在污染的程度, d 是现在工业发展水平(二者都可以由各种适当指标组成的单位来度量,如对于污染来说,空气中一氧化碳的含量、河流中的污染物等). d_{n+1} 和 p_{n+1} 分别表示 5 年后的污染程度和工业发展水平. 5 年后污染程度和工业发展水平的预

测公式为 $\begin{cases} p_{n+1} = p_n + 2d_n, \\ d_{n+1} = 2p_n + d_n, \end{cases}$ 如果现在状况是 $p_0 = 4$，$d_0 = 2$，请推测未来 50 年污染程度和工业发展水平.

解　记 $\boldsymbol{X}_n = \begin{pmatrix} p_n \\ d_n \end{pmatrix}$，$\boldsymbol{A} = \begin{pmatrix} 1 & 2 \\ 2 & 1 \end{pmatrix}$，$\boldsymbol{X}_0 = \begin{pmatrix} 4 \\ 2 \end{pmatrix}$，则 $\boldsymbol{X}_n = \boldsymbol{A}\boldsymbol{X}_{n-1} = \begin{pmatrix} 1 & 2 \\ 2 & 1 \end{pmatrix}\boldsymbol{X}_{n-1}$.

矩阵 $\boldsymbol{A}$ 的特征值为 3，-1，对应的特征向量可取为 $\boldsymbol{\alpha} = \begin{pmatrix} 1 \\ 1 \end{pmatrix}$，$\boldsymbol{\beta} = \begin{pmatrix} -1 \\ 1 \end{pmatrix}$.

又 $\boldsymbol{X}_0 = 3\boldsymbol{\alpha} - \boldsymbol{\beta}$，故

$$\boldsymbol{X}_n = \boldsymbol{A}\boldsymbol{X}_{n-1} = \boldsymbol{A}^n \boldsymbol{X}_0 = \boldsymbol{A}^n(3\boldsymbol{\alpha} - \boldsymbol{\beta}) = 3\boldsymbol{A}^n\boldsymbol{\alpha} - \boldsymbol{A}^n\boldsymbol{\beta} = 3 \cdot 3^n\boldsymbol{\alpha} - (-1)^n\boldsymbol{\beta}.$$

由此有如下预测结果：

	目前	5 年	10 年	15 年	20 年	25 年	30 年	…	50 年
P	4	8	28	80	244	728	2 188	…	177 148
D	2	10	26	82	242	730	2 186	…	177 146

Matlab 应用五：矩阵的特征值与特征向量

相关 Matlab 命令或函数

eig(A)　求矩阵 $\boldsymbol{A}$ 的特征值

inv(A)　求矩阵 $\boldsymbol{A}$ 的逆

null(A)　求 $\boldsymbol{AX}=\boldsymbol{0}$ 的解

qr(A)　对矩阵 $\boldsymbol{A}$ 做正交分解

例 5.4(续)　设矩阵 $\boldsymbol{A} = \begin{pmatrix} 1 & -3 & 3 \\ 3 & -5 & 3 \\ 6 & -6 & 4 \end{pmatrix}$，求 $\boldsymbol{A}$ 的特征值和特征向量.

解

```
≫A=[1 -3 3;3 -5 3;6 -6 4];        %输入矩阵 A
≫eig(A)                            %求矩阵 A 的特征值
ans =
   4.0000
```

```
  -2.0000
  -2.0000
```

所以，$\boldsymbol{A}$ 的特征值为 $\lambda_1 = 4$，$\lambda_2 = \lambda_3 = -2$.

```
>> null(4 * eye(3) - A,'r')          %求λ1 = 4 时方程组 (4E - A)X = 0 的一个基础解系

ans =
  0.5000
  0.5000
  1.0000
```

$\boldsymbol{\alpha}_1 = \begin{pmatrix} 1 \\ 1 \\ 2 \end{pmatrix}$，故与 $\lambda_1 = 4$ 对应的全部特征向量为 $k_1\boldsymbol{\alpha}_1$.（k_1 为不等于零的任意常数）

```
>> null(-2 * eye(3) - A,'r')         %求λ2 = λ3 = -2 时方程组 (-2E - A)X = 0 的一个基础解系

ans =
  1  -1
  1   0
  0   1
```

$\boldsymbol{\alpha}_2 = \begin{pmatrix} 1 \\ 1 \\ 0 \end{pmatrix}$，$\boldsymbol{\alpha}_3 = \begin{pmatrix} -1 \\ 0 \\ 1 \end{pmatrix}$，故与 $\lambda_2 = \lambda_3 = -2$ 对应的全体特征向量为 $k_2\boldsymbol{\alpha}_2 + k_3\boldsymbol{\alpha}_3$.（$k_2$，$k_3$ 为不同时为零的任意常数）

例 5.5（续） 方阵 $\boldsymbol{A} = \begin{pmatrix} 1 & 2 & 2 \\ 2 & 1 & -2 \\ -2 & -2 & 1 \end{pmatrix}$ 能否与对角矩阵相似，如能求出矩阵 $\boldsymbol{P}$.

解

```
>> A=[1 2 2;2 1 -2;-2 -2 1];         %输入矩阵 A
>>eig(A)                              %求矩阵 A 的特征值
ans =
      1.0000
```

```
    3.0000
    -1.0000
```

因为 $\boldsymbol{A}$ 有三个不同的特征值为 $\lambda_1=1$，$\lambda_2=3$，$\lambda_3=-1$. 由推论知矩阵 $\boldsymbol{A}$ 与对角矩阵相似.

```
>> a1 = null(1 * eye(3) - A,'r')    % 对 λ1 = 1，解线性方程组 (λ1E-A)X = 0
a1 =
  1
  -1
  1
```

得特征向量 $\boldsymbol{\alpha}_1=\begin{pmatrix}1\\-1\\1\end{pmatrix}$.

```
>> a2 = null(3 * eye(3) - A,'r')    % 对 λ2 = 3，解线性方程组 (λ2E-A)X = 0
a2=
  0
  -1
  1
```

得特征向量 $\boldsymbol{\alpha}_2=\begin{pmatrix}0\\-1\\1\end{pmatrix}$.

```
>> a3=null(-1 * eye(3) - A,'r')    % 对 λ3 =-1，解线性方程组 (λ3E-A)X = 0
a3 =
  -1
  1
  0
```

得特征向量 $\boldsymbol{\alpha}_3=\begin{pmatrix}-1\\1\\0\end{pmatrix}$.

```
>>P=[a1,a2,a3]
P =
```

```
  1     0    -1
 -1    -1     1
  1     1     0
>> inv(P) * A * P
ans =
        1   0   0
        0   3   0
        0   0  -1
```

例 5.6(续) 用正交矩阵把 $\boldsymbol{A}=\begin{pmatrix}1&2&2\\2&1&2\\2&2&1\end{pmatrix}$ 化为对角矩阵.

解法 1

```
>> A=[1 2 2;2 1 2;2 2 1];            %输入矩阵A
>>eig(A)                             %求矩阵A的特征值
ans =
  -1.0000
  -1.0000
  5.0000
```

所以 $\boldsymbol{A}$ 的特征值为 $\lambda_1=\lambda_2=-1,\lambda_3=5$.

```
>> null(-1 * eye(3) -A,'r')          % 对λ1 = λ2 =-1,解线性方程
                                     组 (λ1E - A)X = 0
ans =
  -1  -1
   1   0
   0   1
```

解得线性无关的特征向量为 $\boldsymbol{\alpha}_1=\begin{pmatrix}-1\\1\\0\end{pmatrix}$, $\boldsymbol{\alpha}_2=\begin{pmatrix}-1\\0\\1\end{pmatrix}$.

```
>> null(5 * eye(3) - A,'r')          %当 λ3 = 5 时,解方程组
                                     (5E - A)X = 0
ans =
  1
  1
```

1

解得特征向量为 $\boldsymbol{\alpha}_3=\begin{pmatrix}1\\1\\1\end{pmatrix}$.

```
>>P=[a1,a2,a3]
P =
  -1   -1   1
   1    0   1
   0    1   1
>> [Q,R]=qr(P)                    %将矩阵 P 正交分解
Q =                               %矩阵 P 的正交化结果
  -0.7071   -0.4082   0.5774
   0.7071   -0.4082   0.5774
        0    0.8165   0.5774
R =
  1.4142   0.7071   0.0000
       0   1.2247   0.0000
       0        0   1.7321
>>inv(Q) * A * Q                  %计算 Q^-1 AQ
ans =                             %返回值为对角阵
-1.0000    0.0000    0.0000
-0.0000   -1.0000    0.0000
-0.0000    0.0000    5.0000
```

解法 2

```
>> A=[1 2 2;2 1 2;2 2 1];        %输入矩阵 A
>>[Q,D]=eig(A)                    %求矩阵 A 的特征向量和特征值
Q =                               %返回正交化的特征向量
    0.6015    0.5522   0.5774
    0.1775   -0.7970   0.5774
   -0.7789    0.2448   0.5774
D =                               %主对角线上的值为特征值
  -1.0000         0        0
        0   -1.0000        0
        0         0   5.0000
```

```
≫inv(Q) * A * Q    %计算 Q^-1AQ
≫ inv(Q) * A * Q
ans =
   -1.0000   -0.0000    0.0000
    0.0000   -1.0000   -0.0000
   -0.0000    0.0000    5.0000
```

解法 1 与解法 2 的正交矩阵 $\boldsymbol{Q}$ 完全不同,表明正交矩阵不唯一.

例 5.9(续) 将二次型 $3{x_1}^2+3{x_2}^2+6{x_3}^2+8x_1x_2-4x_1x_3+4x_2x_3$ 通过正交变换化为标准形.

解

```
≫A=[3 4 -2;4 3 2;-2 2 6];        %输入二次形的矩阵
≫[Q,D]=eig(A)                    %求矩阵 A 的特征向量和特征值
Q =                              %返回正交化的特征向量
   -0.6667   -0.2357   -0.7071
    0.6667   -0.6128   -0.4243
   -0.3333   -0.7542    0.5657
V =
   -2.0000         0         0
         0    7.0000         0
         0         0    7.0000
```

代换后得标准形为 $f=-2{y_1}^2+7{y_2}^2+7{y_3}^2$.

例 5.11(续) 设二次型 $f(x_1,x_2,x_3)=2x_1^2+3x_2^2+4x_3^2-4x_1x_2-2x_2x_3$,判定 f 是否为正定二次型.

解

```
≫A=2 -2 0;-2 3 -1;0 -1 4];       %输入二次形的矩阵
≫eig(A)                          %求 A 的特征值
ans =
   0.3309
   3.5240
   5.1451
```

$\boldsymbol{A}$ 的特征值全为正,f 为正定二次型.

第 6 章　线性空间与线性变换

实际案例

在目前广泛应用的计算机绘图中，常要对图形进行各种变换，如对图形的缩放、对称、错移、旋转、平移等等；除基本的变换，有时还需要对图形连续进行多次基本变换，这种变换称为组合变换。这些基本变换和组合变换如何用数学的方法来表示和计算？

本章主要介绍向量空间，又称线性空间，是线性代数中一个基本概念. 在第 4 章中，我们把有序数组叫作向量，并介绍过向量空间的概念. 在这一章中，我们要把这些概念推广，使向量及向量空间的概念更具一般性. 当然，推广后的向量概念也更抽象了.

6.1　线性空间的定义与性质

定义 6.1　**设 V 是一个非空集合，$\mathbf{R}$ 为实数域. 如果给出一个对应法则，对于 V 中任意两个元素 α,β，总有唯一的一个元素 $\gamma\in V$ 与之对应，称为元素 α,β 的和，记作 $\gamma=\alpha+\beta$；又如果给出一个对应法则，对于任一数 $k\in\mathbf{R}$，与任一元素 $\alpha\in V$，总有唯一的一个元素 $\delta\in V$ 与之对应，称为 k 与 δ 的积，记作 $\delta=k\alpha$，这两种运算分别称为加法运算、数乘运算. 如果这两种运算满足以下八条运算规律（设 $\alpha,\beta,\gamma\in V,k,l\in\mathbf{R}$）：**

(1) $\alpha+\beta=\beta+\alpha$；

(2) $(\alpha+\beta)+\gamma=\alpha+(\beta+\gamma)$；

(3) 集合 V 中存在零元素 0，使对 V 中任何元素 α，均有 $0+\alpha=\alpha$；

(4) 对于集合 V 中任何元素 α，V 中均存在其负元素 $-\alpha$，使 $\alpha+(-\alpha)=0$；

(5) $1\alpha=\alpha$；

(6) $k(l\alpha)=(kl)\alpha$;

(7) $(k+l)\alpha=k\alpha+l\alpha$;

(8) $k(\alpha+\beta)=k\alpha+k\beta$.

那么，V 称为实数域 $\mathbf{R}$ 上的**向量空间**(或**线性空间**)，V 中的元素不论其本来的性质如何，统称为(**实**)**向量**.

简言之，凡满足上述八条规律的加法运算及数乘运算，就称为**线性运算**；凡定义了线性运算的非空集合，就称为**向量空间**.

依照定义 6.1，我们可以方便地给出数域 P 上的线性空间的定义. 这里不再赘述. 必要时可以直接使用这一概念.

在第 4 章中，我们把几个有序的实数组成的数组称为向量，并对它定义了加法和数乘运算，容易验证这两种运算满足八条运算规律，最后，把对于这两种运算封闭的几个有序的实数组成的数组的集合称为 n 维向量空间，并记作 $\mathbf{R}^n$，显然，那些只是现在定义的特殊情形，比较起来，现在的定义有了很大的推广：

(1) 向量不一定是有序数组；

(2) 向量空间中的运算只要求满足八条运算规律，当然也就不一定是有序数组的加法和数乘运算.

例 6.1 次数不超过 n 的多项式的全体，再添上零多项式所组成的集合，记作 $R[x]_n$，即

$$R[x]_n=\{p=a_nx^n+a_{n-1}x^{n-1}+\cdots+a_1x+a_0 \mid a_n,\cdots,a_1,a_0\in\mathbf{R}\},$$

对于通常的多项式加法、数乘多项式的运算构成一个向量空间，显然集合 $R[x]_n$ 非空，对于这两种运算封闭，并且满足(1)～(8).

例 6.2 $\mathbf{R}$ 上全体 $m\times n$ 矩阵，对于矩阵的加法和数与矩阵的乘法，即若 $\boldsymbol{A}=(a_{ij})_{m\times n}$，$\boldsymbol{B}=(b_{ij})_{m\times n}$，$k\in\mathbf{R}$，则 $\boldsymbol{A}+\boldsymbol{B}=(a_{ij}+b_{ij})_{m\times n}$，$k\boldsymbol{A}=(ka_{ij})_{m\times n}$，构成一个线性空间.

显然这个集合非空，并且对于这两种运算封闭，且满足(1)～(8)，因此构成实数域上的线性空间，记为 $\mathbf{R}^{m\times n}$.

例 6.3 定义在闭区间 $[a,b]$ 上的一切连续实函数，对于通常意义下的函数的加法和数与函数的乘法构成一个线性空间，记作 $C[a,b]$.

例 6.4 齐次线性方程组 $\boldsymbol{Ax}=\mathbf{0}$ 的全体解向量的集合，对于向量的加法和数乘运算构成一个线性空间，通常称为解空间，而非齐次线性方程组 $\boldsymbol{Ax}=\boldsymbol{b}$ 的全体解向量的集合，对于上述两种运算则不能构成线性空间，因为它们的

两个解向量的和已经不是它的解向量.

例 6.5　全体正实数的集合 $\mathbf{R}_+$，对于下面定义的加法和实数与正实数的乘法运算：

$$a \oplus b = ab(a,b \in \mathbf{R}_+), \lambda \circ a = a^{\lambda}(\lambda \in \mathbf{R}, a \in \mathbf{R}_+).$$

验证 $\mathbf{R}_+$ 构成 $\mathbf{R}$ 上的线性空间.

证明　实际上要验证十条：

对于加法封闭：对任意的 $a,b \in \mathbf{R}_+$，有 $a \oplus b = ab \in \mathbf{R}_+$；

对于数乘运算封闭：对任意的 $\lambda \in \mathbf{R}, a \in \mathbf{R}_+$，有 $\lambda \circ a = a^{\lambda} \in \mathbf{R}_+$.

(1) $a \oplus b = ab = ba = b \oplus a$；

(2) $(a \oplus b) \oplus c = (ab) \oplus c = (ab)c = a(bc) = a \oplus (b \oplus c)$；

(3) $\mathbf{R}_+$ 中存在零元素 1，使对 $\mathbf{R}_+$ 中任何元素 a，均有 $a \oplus 1 = a \cdot 1 = a$；

(4) 对于 $\mathbf{R}_+$ 中任何元素 a，$\mathbf{R}_+$ 中均存在其负元素 $a^{-1} \in \mathbf{R}_+$，使 $a \oplus a^{-1} = aa^{-1} = 1$；

(5) $1 \circ a = a^1 = a$；

(6) $\lambda \circ (\mu \circ a) = \lambda \circ a^{\mu} = (a^{\mu})^{\lambda} = a^{\mu\lambda} = (\lambda\mu) \circ a$；

(7) $(\lambda + \mu) \circ a = a^{\lambda+\mu} = a^{\lambda}a^{\mu} = a^{\lambda} \oplus a^{\mu} = \lambda \circ a \oplus \mu \circ a$；

(8) $\lambda \circ (a \oplus b) = \lambda \circ (ab) = (ab)^{\lambda} = a^{\lambda}b^{\lambda} = \lambda \circ a \oplus \lambda \circ b$.

因此，$\mathbf{R}_+$ 对于所定义的两种运算构成 $\mathbf{R}$ 上的线性空间.

下面讨论线性空间的性质：

(1) 零元素是唯一的；

(2) 任一元素的负元素是唯一的，a 的负元素记作 $-a$；

(3) $0a = 0$；$(-1)a = -a$，$\lambda 0 = 0$；

(4) 如果 $\lambda a = 0$，则 $\lambda = 0$ 或 $a = 0$.

在第 4 章中，我们提出过子空间的定义，现稍作修正.

定义 6.2　设 V 是一个线性空间，L 是 V 的一个非空子集．如果 L 对于 V 的加法和数乘两种运算也构成一个线性空间，则称 L 为 V 的子空间.

一个非空子集要满足什么条件才构成子空间？

定理 6.1　线性空间 V 的非空子集 L 构成子空间的充分必要条件是 L 对于 V 的线性运算封闭.

6.2 维数、基与坐标

在第 4 章中，我们用线性运算讨论了 n 维数组向量之间的关系，介绍了一些重要概念，如线性组合、线性相关与线性无关等等. 这些概念以及有关的性质对于一般的线性空间中的元素仍然适用，以后我们将直接引用这些概念和性质.

在第 4 章中我们还提出了基与维数的概念，这当然也适用于一般的线性空间. 这是线性空间的主要特性，特再叙述如下：

定义 6.3　在线性空间 V 中，如果存在 n 个元素 $\boldsymbol{\alpha}_1,\boldsymbol{\alpha}_2,\cdots,\boldsymbol{\alpha}_n$ 满足：

(1) $\boldsymbol{\alpha}_1,\boldsymbol{\alpha}_2,\cdots,\boldsymbol{\alpha}_n$ 线性无关；

(2) V 中任一元素 $\boldsymbol{\alpha}$ 总可由 $\boldsymbol{\alpha}_1,\boldsymbol{\alpha}_2,\cdots,\boldsymbol{\alpha}_n$ 线性表示.

那么，$\boldsymbol{\alpha}_1,\boldsymbol{\alpha}_2,\cdots,\boldsymbol{\alpha}_n$ 就称为线性空间 V 的一个基，n 称为线性空间 V 的维数，记作 $\dim V = n$.

维数为 n 的线性空间称为 n 维线性空间，记作 V_n，如果线性空间 V 中有任意多个线性无关的向量，即对任意的自然数 n，V 中总有 n 个线性无关的向量，那么称线性空间 V 是无穷维的.

注 1　若 $\boldsymbol{\alpha}_1,\boldsymbol{\alpha}_2,\cdots,\boldsymbol{\alpha}_n$ 为 V_n 的一个基，则 V_n 可表示为

$$V_n = \{\boldsymbol{\alpha} = x_1\boldsymbol{\alpha}_1 + x_2\boldsymbol{\alpha}_2 + \cdots + x_n\boldsymbol{\alpha}_n \mid x_1,\cdots,x_n \in \mathbf{R}\},$$

这就较清楚地显示出线性空间 V_n 的构造.

注 2　V_n 的元素 $\boldsymbol{\alpha}$ 与有序数组 $(x_1,x_2,\cdots,x_n)^{\mathrm{T}}$ 之间存在着一种一一对应关系.

这是因为若 $\boldsymbol{\alpha}_1,\boldsymbol{\alpha}_2,\cdots,\boldsymbol{\alpha}_n$ 为 V_n 的一个基，则对任何 $\boldsymbol{\alpha} \in V_n$，都有一组有序数 $x_1,x_2,\cdots,x_n$，使

$$\boldsymbol{\alpha} = x_1\boldsymbol{\alpha}_1 + x_2\boldsymbol{\alpha}_2 + \cdots + x_n\boldsymbol{\alpha}_n,$$

并且这组数是唯一的.

反之，任给一组有序数 $x_1,x_2,\cdots,x_n$，总有唯一的元素

$$\boldsymbol{\alpha} = x_1\boldsymbol{\alpha}_1 + x_2\boldsymbol{\alpha}_2 + \cdots + x_n\boldsymbol{\alpha}_n \in V_n.$$

这样，V_n 的元素 $\boldsymbol{\alpha}$ 与有序数组 $(x_1,x_2,\cdots,x_n)^{\mathrm{T}}$ 之间存在一一对应关系. 于是我们有

定义 6.4　设 $\boldsymbol{\alpha}_1,\boldsymbol{\alpha}_2,\cdots,\boldsymbol{\alpha}_n$ 是线性空间 V_n 的一个基. 对于任一元素 $\boldsymbol{\alpha} \in$

V_n，**总有且仅有一组有序数** $x_1, x_2, \cdots, x_n$，**使**

$$\boldsymbol{\alpha} = x_1\boldsymbol{\alpha}_1 + x_2\boldsymbol{\alpha}_2 + \cdots + x_n\boldsymbol{\alpha}_n,$$

则 $x_1, x_2, \cdots, x_n$ 这个有序数组就称为元素 $\boldsymbol{\alpha}$ 在基 $\boldsymbol{\alpha}_1, \boldsymbol{\alpha}_2, \cdots, \boldsymbol{\alpha}_n$ 下的坐标，并记作

$$\boldsymbol{\alpha} = (x_1, x_2, \cdots, x_n)^{\mathrm{T}}.$$

例 6.6　在线性空间 $\mathbf{R}^{2\times 2}$ 中，下列矩阵

$$\boldsymbol{A}_1 = \begin{pmatrix} 1 & 0 \\ 0 & 0 \end{pmatrix}, \boldsymbol{A}_2 = \begin{pmatrix} 0 & 0 \\ 1 & 0 \end{pmatrix}, \boldsymbol{A}_3 = \begin{pmatrix} 0 & 1 \\ 0 & 0 \end{pmatrix}, \boldsymbol{A}_4 = \begin{pmatrix} 0 & 0 \\ 0 & 1 \end{pmatrix}$$

就是 $\mathbf{R}^{2\times 2}$ 的一个基. 对任一矩阵 $\boldsymbol{A} \in \mathbf{R}^{2\times 2}$，都可以表示为

$$\boldsymbol{A} = \begin{pmatrix} a & c \\ b & d \end{pmatrix} = a\boldsymbol{A}_1 + b\boldsymbol{A}_2 + c\boldsymbol{A}_3 + d\boldsymbol{A}_4.$$

因此 $\boldsymbol{A}$ 在基 $\boldsymbol{A}_1, \boldsymbol{A}_2, \boldsymbol{A}_3, \boldsymbol{A}_4$ 下的坐标为 $(a, b, c, d)^{\mathrm{T}}$.

若另取一组基，$\boldsymbol{B}_1 = \begin{bmatrix} 1 & 0 \\ 0 & 0 \end{bmatrix}, \boldsymbol{B}_2 = \begin{bmatrix} 1 & 0 \\ 1 & 0 \end{bmatrix}, \boldsymbol{B}_3 = \begin{bmatrix} 1 & 1 \\ 1 & 0 \end{bmatrix}, \boldsymbol{B}_4 = \begin{bmatrix} 1 & 1 \\ 1 & 1 \end{bmatrix}$，

则

$$\boldsymbol{A} = \begin{pmatrix} a & c \\ b & d \end{pmatrix} = (a-b)\boldsymbol{B}_1 + (b-c)\boldsymbol{B}_2 + (c-d)\boldsymbol{B}_3 + d\boldsymbol{B}_4,$$

因此 $\boldsymbol{A}$ 在基 $\boldsymbol{B}_1, \boldsymbol{B}_2, \boldsymbol{B}_3, \boldsymbol{B}_4$ 下的坐标为 $(a-b, b-c, c-d, d)^{\mathrm{T}}$.

无穷维线性空间与有限维线性空间有很大的差别，在线性代数中，我们只讨论有限维的线性空间.

引进了线性空间 V_n 的基 $\boldsymbol{\alpha}_1, \boldsymbol{\alpha}_2, \cdots, \boldsymbol{\alpha}_n$ 以后，不仅把 V_n 中的抽象的向量 $\boldsymbol{\alpha}$ 与 $\mathbf{R}^n$ 中的向量 $(x_1, x_2, \cdots, x_n)^{\mathrm{T}}$ 联系了起来，而且还把 V_n 中的抽象的线性运算与 $\mathbf{R}^n$ 的线性运算联系了起来.

设 $\boldsymbol{\alpha}, \boldsymbol{\beta} \in V_n, k \in \mathbf{R}$，记

$$\boldsymbol{\alpha} = (\boldsymbol{\alpha}_1, \boldsymbol{\alpha}_2, \cdots, \boldsymbol{\alpha}_n)\begin{pmatrix} x_1 \\ x_2 \\ \vdots \\ x_n \end{pmatrix}, \boldsymbol{\beta} = (\boldsymbol{\alpha}_1, \boldsymbol{\alpha}_2, \cdots, \boldsymbol{\alpha}_n)\begin{pmatrix} y_1 \\ y_2 \\ \vdots \\ y_n \end{pmatrix},$$

于是有

$$\boldsymbol{\alpha}+\boldsymbol{\beta}=(\boldsymbol{\alpha}_1,\boldsymbol{\alpha}_2,\cdots,\boldsymbol{\alpha}_n)\begin{pmatrix}x_1+y_1\\x_2+y_2\\\vdots\\x_n+y_n\end{pmatrix},$$

$$k\boldsymbol{\alpha}=(\boldsymbol{\alpha}_1,\boldsymbol{\alpha}_2,\cdots,\boldsymbol{\alpha}_n)\begin{pmatrix}kx_1\\kx_2\\\vdots\\kx_n\end{pmatrix}.$$

这样,线性空间 V_n 与其对应的坐标空间 $\mathbf{R}^n$ 从代数上看就没有本质的区别了.

定义 6.5　设 V 与 V^* 是数域 P 上的两个线性空间,若 V 与 V^* 的元素之间建立了一个对应法则 f,并且满足以下条件:

(1) f 是 V 到 V^* 上的一一对应;

(2) 对于任意 $\boldsymbol{\alpha},\boldsymbol{\beta}\in V$, $f(\boldsymbol{\alpha}+\boldsymbol{\beta})=f(\boldsymbol{\alpha})+f(\boldsymbol{\beta})$;

(3) 对于任意 $k\in P,\boldsymbol{\alpha}\in V$, $f(k\boldsymbol{\alpha})=kf(\boldsymbol{\alpha})$.

则称数域 P 上的线性空间 V 与 V^* 是同构的,且称对应法则 f 为 V 与 V^* 之间的同构对应. 因此, V_n 抽象的线性运算就可转化为 $\mathbf{R}^n$ 的线性运算,并且 $\mathbf{R}^n$ 的凡是只涉及线性运算的性质都适用于 V_n. 但 $\mathbf{R}^n$ 中超出线性运算的性质,在 V_n 中就不一定具备.

6.3　基变换与坐标变换

由例 6.6 可见,同一元素在不同的基下有不同的坐标,那么,不同的基与不同的坐标之间有怎样的关系呢?

设 $\boldsymbol{\alpha}_1,\boldsymbol{\alpha}_2,\cdots,\boldsymbol{\alpha}_n$ 及 $\boldsymbol{\beta}_1,\boldsymbol{\beta}_2,\cdots,\boldsymbol{\beta}_n$ 是线性空间 V_n 中的两个基,并且有

$$\begin{cases}\boldsymbol{\beta}_1=a_{11}\boldsymbol{\alpha}_1+a_{21}\boldsymbol{\alpha}_2+\cdots+a_{n1}\boldsymbol{\alpha}_n\\\boldsymbol{\beta}_2=a_{12}\boldsymbol{\alpha}_1+a_{22}\boldsymbol{\alpha}_2+\cdots+a_{n2}\boldsymbol{\alpha}_n\\\cdots\cdots\\\boldsymbol{\beta}_n=a_{1n}\boldsymbol{\alpha}_1+a_{2n}\boldsymbol{\alpha}_2+\cdots+a_{nn}\boldsymbol{\alpha}_n\end{cases}\tag{6-1}$$

把 $\boldsymbol{\alpha}_1,\boldsymbol{\alpha}_2,\cdots,\boldsymbol{\alpha}_n$ 这 n 个向量排定顺序,记作 $\boldsymbol{\alpha}_1,\boldsymbol{\alpha}_2,\cdots,\boldsymbol{\alpha}_n$; 同样,把 $\boldsymbol{\beta}_1,\boldsymbol{\beta}_2,\cdots,\boldsymbol{\beta}_n$ 记作 $\boldsymbol{\beta}_1,\boldsymbol{\beta}_2,\cdots,\boldsymbol{\beta}_n$. 利用向量和矩阵的形式,(6-1)式可表示为

$$(\boldsymbol{\beta}_1,\boldsymbol{\beta}_2,\cdots,\boldsymbol{\beta}_n)=(\boldsymbol{\alpha}_1,\boldsymbol{\alpha}_2,\cdots,\boldsymbol{\alpha}_n)\begin{pmatrix} a_{11} & a_{12} & \cdots & a_{1n} \\ a_{21} & a_{22} & \cdots & a_{2n} \\ \vdots & \vdots & & \vdots \\ a_{n1} & a_{n2} & \cdots & a_{nn} \end{pmatrix}=(\boldsymbol{\alpha}_1,\boldsymbol{\alpha}_2,\cdots,\boldsymbol{\alpha}_n)\boldsymbol{A}. \tag{6-2}$$

(6－2)式称为**基变换公式**，矩阵 $\boldsymbol{A}$ 称为由基 $\boldsymbol{\alpha}_1,\boldsymbol{\alpha}_2,\cdots,\boldsymbol{\alpha}_n$ 到基 $\boldsymbol{\beta}_1,\boldsymbol{\beta}_2,\cdots,\boldsymbol{\beta}_n$ 的**过渡矩阵**，由于 $\boldsymbol{\beta}_1,\boldsymbol{\beta}_2,\cdots,\boldsymbol{\beta}_n$ 线性无关，故过渡矩阵 $\boldsymbol{A}$ 可逆.

定理 6.2　设 V_n 的元素 $\boldsymbol{\alpha}$ 在基 $\boldsymbol{\alpha}_1,\boldsymbol{\alpha}_2,\cdots,\boldsymbol{\alpha}_n$ 下的坐标为 $(x_1,x_2,\cdots,x_n)^{\mathrm{T}}$，在基 $\boldsymbol{\beta}_1,\boldsymbol{\beta}_2,\cdots,\boldsymbol{\beta}_n$ 下的坐标为 $(y_1,y_2,\cdots,y_n)^{\mathrm{T}}$. 若两个基满足关系式(6－2)，则有坐标变换公式

$$\begin{pmatrix} x_1 \\ x_2 \\ \vdots \\ x_n \end{pmatrix}=\boldsymbol{A}\begin{pmatrix} y_1 \\ y_2 \\ \vdots \\ y_n \end{pmatrix}，或\begin{pmatrix} y_1 \\ y_2 \\ \vdots \\ y_n \end{pmatrix}=\boldsymbol{A}^{-1}\begin{pmatrix} x_1 \\ x_2 \\ \vdots \\ x_n \end{pmatrix}. \tag{6-3}$$

证明　因

$$(\boldsymbol{\alpha}_1,\boldsymbol{\alpha}_2,\cdots,\boldsymbol{\alpha}_n)\begin{pmatrix} x_1 \\ x_2 \\ \vdots \\ x_n \end{pmatrix}=\boldsymbol{\alpha}=(\boldsymbol{\beta}_1,\boldsymbol{\beta}_2,\cdots,\boldsymbol{\beta}_n)\begin{pmatrix} y_1 \\ y_2 \\ \vdots \\ y_n \end{pmatrix}=(\boldsymbol{\alpha}_1,\boldsymbol{\alpha}_2,\cdots,\boldsymbol{\alpha}_n)\boldsymbol{A}\begin{pmatrix} y_1 \\ y_2 \\ \vdots \\ y_n \end{pmatrix}.$$

由于 $\boldsymbol{\alpha}_1,\boldsymbol{\alpha}_2,\cdots,\boldsymbol{\alpha}_n$ 线性无关，故即有关系式(6－3).

这个定理的逆命题也成立. 即如果任一元素的两个坐标满足坐标变换公式(6－3)，则两个基满足基变换公式(6－2).

例 6.7　在线性空间 $\mathbf{R}^{2\times 2}$ 中，它的两个基为

(1) $\boldsymbol{A}_1=\begin{pmatrix} 1 & 0 \\ 0 & 0 \end{pmatrix},\boldsymbol{A}_2=\begin{pmatrix} 0 & 0 \\ 1 & 0 \end{pmatrix},\boldsymbol{A}_3=\begin{pmatrix} 0 & 1 \\ 0 & 0 \end{pmatrix},\boldsymbol{A}_4=\begin{pmatrix} 0 & 0 \\ 0 & 1 \end{pmatrix}$；

(2) $\boldsymbol{B}_1=\begin{pmatrix} 1 & 0 \\ 0 & 0 \end{pmatrix},\boldsymbol{B}_2=\begin{pmatrix} 1 & 0 \\ 1 & 0 \end{pmatrix},\boldsymbol{B}_3=\begin{pmatrix} 1 & 1 \\ 1 & 0 \end{pmatrix},\boldsymbol{B}_4=\begin{pmatrix} 1 & 1 \\ 1 & 1 \end{pmatrix}$.

求由基(1)到基(2)的过渡矩阵及坐标变换公式.

解　因为

$$\boldsymbol{B}_1=\boldsymbol{A}_1,$$
$$\boldsymbol{B}_2=\boldsymbol{A}_1+\boldsymbol{A}_2,$$

$$\boldsymbol{B}_3 = \boldsymbol{A}_1 + \boldsymbol{A}_2 + \boldsymbol{A}_3,$$

$$\boldsymbol{B}_4 = \boldsymbol{A}_1 + \boldsymbol{A}_2 + \boldsymbol{A}_3 + \boldsymbol{A}_4,$$

所以

$$(\boldsymbol{B}_1, \boldsymbol{B}_2, \boldsymbol{B}_3, \boldsymbol{B}_4) = (\boldsymbol{A}_1, \boldsymbol{A}_2, \boldsymbol{A}_3, \boldsymbol{A}_4)\begin{pmatrix} 1 & 1 & 1 & 1 \\ 0 & 1 & 1 & 1 \\ 0 & 0 & 1 & 1 \\ 0 & 0 & 0 & 1 \end{pmatrix}.$$

所以基(1)到基(2)的过渡矩阵为

$$\mathbf{A} = \begin{pmatrix} 1 & 1 & 1 & 1 \\ 0 & 1 & 1 & 1 \\ 0 & 0 & 1 & 1 \\ 0 & 0 & 0 & 1 \end{pmatrix}.$$

进而坐标变换公式为

$$\begin{pmatrix} y_1 \\ y_2 \\ y_3 \\ y_4 \end{pmatrix} = \mathbf{A}^{-1}\begin{pmatrix} x_1 \\ x_2 \\ x_3 \\ x_4 \end{pmatrix} = \begin{pmatrix} 1 & -1 & 0 & 0 \\ 0 & 1 & -1 & 0 \\ 0 & 0 & 1 & -1 \\ 0 & 0 & 0 & 1 \end{pmatrix}\begin{pmatrix} x_1 \\ x_2 \\ x_3 \\ x_4 \end{pmatrix}.$$

例 6.8 设三维向量空间 $\mathbf{R}^3$ 中的两个基为

(1) $\boldsymbol{\alpha}_1 = (0,1,1)^{\mathrm{T}}, \boldsymbol{\alpha}_2 = (1,0,1)^{\mathrm{T}}, \boldsymbol{\alpha}_3 = (1,1,0)^{\mathrm{T}}$;

(2) $\boldsymbol{\beta}_1 = (-1,0,1)^{\mathrm{T}}, \boldsymbol{\beta}_2 = (0,1,3)^{\mathrm{T}}, \boldsymbol{\beta}_3 = (2,2,0)^{\mathrm{T}}$.

求由基(1)到基(2)的过渡矩阵及坐标变换公式.

解 取 $\mathbf{R}^3$ 的标准正交基 $\boldsymbol{\varepsilon}_1 = (1,0,0)^{\mathrm{T}}, \boldsymbol{\varepsilon}_2 = (0,1,0)^{\mathrm{T}}, \boldsymbol{\varepsilon}_3 = (0,0,1)^{\mathrm{T}}$.

于是有

$$(\boldsymbol{\alpha}_1, \boldsymbol{\alpha}_2, \boldsymbol{\alpha}_3) = (\boldsymbol{\varepsilon}_1, \boldsymbol{\varepsilon}_2, \boldsymbol{\varepsilon}_3)\begin{pmatrix} 0 & 1 & 1 \\ 1 & 0 & 1 \\ 1 & 1 & 0 \end{pmatrix},$$

从而

$$(\boldsymbol{\varepsilon}_1,\boldsymbol{\varepsilon}_2,\boldsymbol{\varepsilon}_3)=(\boldsymbol{\alpha}_1,\boldsymbol{\alpha}_2,\boldsymbol{\alpha}_3)\begin{pmatrix}0&1&1\\1&0&1\\1&1&0\end{pmatrix}^{-1}.$$

又

$$(\boldsymbol{\beta}_1,\boldsymbol{\beta}_2,\boldsymbol{\beta}_3)=(\boldsymbol{\varepsilon}_1,\boldsymbol{\varepsilon}_2,\boldsymbol{\varepsilon}_3)\begin{pmatrix}-1&0&2\\0&1&2\\1&3&0\end{pmatrix}=(\boldsymbol{\alpha}_1,\boldsymbol{\alpha}_2,\boldsymbol{\alpha}_3)\begin{pmatrix}0&1&1\\1&0&1\\1&1&0\end{pmatrix}^{-1}\begin{pmatrix}-1&0&2\\0&1&2\\1&3&0\end{pmatrix},$$

所以基(1)到基(2)的过渡矩阵为

$$\boldsymbol{A}=\begin{pmatrix}0&1&1\\1&0&1\\1&1&0\end{pmatrix}^{-1}\begin{pmatrix}-1&0&2\\0&1&2\\1&3&0\end{pmatrix}=\begin{pmatrix}1&2&0\\0&1&0\\-1&-1&2\end{pmatrix}.$$

进而坐标变换公式

$$\begin{pmatrix}y_1\\y_2\\y_3\end{pmatrix}=\boldsymbol{A}^{-1}\begin{pmatrix}x_1\\x_2\\x_3\end{pmatrix}=\begin{pmatrix}1&-2&0\\0&1&0\\\frac{1}{2}&-\frac{1}{2}&\frac{1}{2}\end{pmatrix}\begin{pmatrix}x_1\\x_2\\x_3\end{pmatrix}.$$

例 6.9　在 $R[x]_3$ 中取两个基

$$\boldsymbol{\alpha}_1=x^3+2x^2-x,\quad \boldsymbol{\alpha}_2=x^3-x^2+x+1,$$
$$\boldsymbol{\alpha}_3=-x^3+2x^2+x+1,\quad \boldsymbol{\alpha}_4=-x^3-x^2+1,$$

及

$$\boldsymbol{\beta}_1=2x^3+x^2+1,\quad \boldsymbol{\beta}_2=x^2+2x+2,$$
$$\boldsymbol{\beta}_3=-2x^3+x^2+x+2,\boldsymbol{\beta}_4=x^3+3x^2+x+2.$$

求坐标变换公式.

解　先将基 $\boldsymbol{\beta}_1,\boldsymbol{\beta}_2,\boldsymbol{\beta}_3,\boldsymbol{\beta}_4$ 用基 $\boldsymbol{\alpha}_1,\boldsymbol{\alpha}_2,\boldsymbol{\alpha}_3,\boldsymbol{\alpha}_4$ 线性表示. 由

$$(\boldsymbol{\alpha}_1,\boldsymbol{\alpha}_2,\boldsymbol{\alpha}_3,\boldsymbol{\alpha}_4)=(x^3,x^2,x,1)\boldsymbol{A},$$
$$(\boldsymbol{\beta}_1,\boldsymbol{\beta}_2,\boldsymbol{\beta}_3,\boldsymbol{\beta}_4)=(x^3,x^2,x,1)\boldsymbol{B},$$

其中

$$A=\begin{pmatrix}1&1&-1&-1\\2&-1&2&-1\\-1&1&1&0\\0&1&1&1\end{pmatrix},B=\begin{pmatrix}2&0&-2&1\\1&1&1&3\\0&2&1&1\\1&2&2&2\end{pmatrix},$$

得
$$(\boldsymbol{\beta}_1,\boldsymbol{\beta}_2,\boldsymbol{\beta}_3,\boldsymbol{\beta}_4)=(\boldsymbol{\alpha}_1,\boldsymbol{\alpha}_2,\boldsymbol{\alpha}_3,\boldsymbol{\alpha}_4)\boldsymbol{A}^{-1}\boldsymbol{B},$$

故坐标的变换公式为

$$\begin{pmatrix}y_1\\y_2\\y_3\\y_4\end{pmatrix}=\boldsymbol{B}^{-1}\boldsymbol{A}\begin{pmatrix}x_1\\x_2\\x_3\\x_4\end{pmatrix},$$

用矩阵的初等行变换求 $\boldsymbol{B}^{-1}\boldsymbol{A}$：对矩阵 $(\boldsymbol{B}\ \boldsymbol{A})$ 进行初等行变换，把 $\boldsymbol{B}$ 变成 $\boldsymbol{E}$ 的同时，$\boldsymbol{A}$ 变成 $\boldsymbol{B}^{-1}\boldsymbol{A}$. 计算结果如下：

$$(\boldsymbol{B}\quad\boldsymbol{A})\xrightarrow{\text{初等行变换}}\begin{pmatrix}1&0&0&0&0&1&-1&1\\0&1&0&0&-1&1&0&0\\0&0&1&0&0&0&0&1\\0&0&0&1&1&-1&1&-1\end{pmatrix},$$

即得

$$\begin{pmatrix}y_1\\y_2\\y_3\\y_4\end{pmatrix}=\begin{pmatrix}0&1&-1&1\\-1&1&0&0\\0&0&0&1\\1&-1&1&-1\end{pmatrix}\begin{pmatrix}x_1\\x_2\\x_3\\x_4\end{pmatrix}.$$

6.4 线性变换

本节研究线性空间中向量之间的联系，这种联系是通过线性空间到线性空间的对应规则来实现的. 线性空间 V 到自身的对应规则，通常叫作 V 的一个变换，现在讨论的线性变换是线性空间的最简单也是最重要的一种变换.

6.4.1　线性变换

定义 6.6　设 V 为线性空间，若对于 V 中任一向量 $\boldsymbol{\alpha}$，按照一定的对应规则 T，总有 V 中的一个确定的向量 $\boldsymbol{\beta}$ 与之对应，则这个对应规则 T 称为线性空间 V 的一个变换，记为

$$T(\boldsymbol{\alpha})=\boldsymbol{\beta} \text{ 或 } T\boldsymbol{\alpha}=\boldsymbol{\beta}(\boldsymbol{\alpha}\in V),$$

$\boldsymbol{\beta}$ 称为 $\boldsymbol{\alpha}$ 的像，$\boldsymbol{\alpha}$ 称为 $\boldsymbol{\beta}$ 的原像. 像的全体所构成的集合称为像集，记作 $T(V)$，即

$$T(V)=\{\boldsymbol{\beta}=T(\boldsymbol{\alpha})\mid \boldsymbol{\alpha}\in V\},$$

由此定义可见，变换类似于微积分中的函数，不过微积分中的函数是两个实数集合间的对应，而这里的变换则是线性空间中的向量与向量之间的对应.

定义 6.7　线性空间 V 的一个变换 T，若满足条件：

(1) 对任意的 $\boldsymbol{\alpha},\boldsymbol{\beta}\in V$，有 $T(\boldsymbol{\alpha}+\boldsymbol{\beta})=T(\boldsymbol{\alpha})+T(\boldsymbol{\beta})$；

(2) 对任意的 $\boldsymbol{\alpha}\in V$ 及 $k\in\mathbf{R}$，有 $T(k\boldsymbol{\alpha})=kT(\boldsymbol{\alpha})$.

则称变换 T 为 V 的线性变换.

• **例 6.10**　在全体一元实系数多项式组成的实线性空间 $R[x]$ 上定义变换 T：

$$T(f(x))=\frac{\mathrm{d}}{\mathrm{d}x}(f(x)),\forall f(x)\in R[x],$$

称之为微分变换. 由求导法则可知，T 是线性变换.

例 6.11　在 $\mathbf{R}^3$ 中，取任意的 $(x_1,x_2,x_3)^{\mathrm{T}}\in\mathbf{R}^3$，定义下列变换：

$$T\left(\begin{pmatrix}x_1\\x_2\\x_3\end{pmatrix}\right)=\begin{pmatrix}x_1+x_2\\x_3\\x_1\end{pmatrix},T_1\left(\begin{pmatrix}x_1\\x_2\\x_3\end{pmatrix}\right)=\begin{pmatrix}1\\0\\x_3\end{pmatrix},T_2\left(\begin{pmatrix}x_1\\x_2\\x_3\end{pmatrix}\right)=\begin{pmatrix}x_1x_2\\x_2x_3\\{x_3}^2\end{pmatrix}.$$

试确定它们是否为线性变换.

解　对任意的 $(x_1\ x_2\ x_3)^{\mathrm{T}},(y_1\ y_2\ y_3)^{\mathrm{T}}\in\mathbf{R}^3$ 和数 $k\in\mathbf{R}$，

$$T\left(\begin{pmatrix}x_1\\x_2\\x_3\end{pmatrix}+\begin{pmatrix}y_1\\y_2\\y_3\end{pmatrix}\right)=T\begin{pmatrix}x_1+y_1\\x_2+y_2\\x_3+y_3\end{pmatrix}=\begin{pmatrix}x_1+y_1+x_2+y_2\\x_3+y_3\\x_1+y_1\end{pmatrix}$$

$$= \begin{pmatrix} x_1 + x_2 \\ x_3 \\ x_3 \end{pmatrix} + \begin{pmatrix} y_1 + y_2 \\ y_3 \\ y_1 \end{pmatrix}$$

$$= T\begin{pmatrix} x_1 \\ x_2 \\ x_3 \end{pmatrix} + T\begin{pmatrix} y_1 \\ y_2 \\ y_3 \end{pmatrix},$$

$$T\left(k\begin{pmatrix} x_1 \\ x_3 \\ x_3 \end{pmatrix}\right) = T\begin{pmatrix} kx_1 \\ kx_2 \\ kx_3 \end{pmatrix} = T\begin{pmatrix} kx_1 + kx_2 \\ kx_3 \\ kx_1 \end{pmatrix} = k\begin{pmatrix} x_1 + x_2 \\ x_3 \\ x_1 \end{pmatrix} = kT\begin{pmatrix} x_1 \\ x_2 \\ x_3 \end{pmatrix},$$

故 T 是线性变换. 由于

$$T_1\left(\begin{pmatrix} x_1 \\ x_2 \\ x_3 \end{pmatrix} + \begin{pmatrix} y_1 \\ y_2 \\ y_3 \end{pmatrix}\right) = T_1\begin{pmatrix} x_1 + y_1 \\ x_2 + y_2 \\ x_3 + y_3 \end{pmatrix} = \begin{pmatrix} 1 \\ 0 \\ x_3 + y_3 \end{pmatrix},$$

$$T_1\left(\begin{pmatrix} x_1 \\ x_2 \\ x_3 \end{pmatrix} + \begin{pmatrix} y_1 \\ y_2 \\ y_3 \end{pmatrix}\right) = \begin{pmatrix} 1 \\ 0 \\ x_3 \end{pmatrix} + \begin{pmatrix} 1 \\ 0 \\ y_3 \end{pmatrix} = \begin{pmatrix} 2 \\ 0 \\ x_3 + y_3 \end{pmatrix},$$

两式不等,故 T_1 不是线性变换,类似可验证 T_2 也不是线性变换.

6.4.2 线性变换的性质

命题 6.1 **设 V 是 n 维线性空间, T 是 V 的一个线性变换,则**

(1) $T(\mathbf{0}) = 0, T(-\boldsymbol{\alpha}) = -T(\boldsymbol{\alpha})$;

(2) $T(k_1\boldsymbol{\alpha}_1 + k_2\boldsymbol{\alpha}_2 + \cdots + k_m\boldsymbol{\alpha}_m) = k_1T(\boldsymbol{\alpha}_1) + k_2T(\boldsymbol{\alpha}_2) + \cdots + k_mT(\boldsymbol{\alpha}_m)$;

(3) **若** $\boldsymbol{\alpha}_1, \boldsymbol{\alpha}_2, \cdots, \boldsymbol{\alpha}_m$ **线性相关,则** $T(\boldsymbol{\alpha}_1), T(\boldsymbol{\alpha}_2), \cdots, T(\boldsymbol{\alpha}_m)$ **也线性相关.**

证明 此命题请读者自己证之. 注意命题 6.1(3)的逆命题是不成立的. 即若 $\boldsymbol{\alpha}_1, \boldsymbol{\alpha}_2, \cdots, \boldsymbol{\alpha}_m$ 线性无关,则 $T(\boldsymbol{\alpha}_1), T(\boldsymbol{\alpha}_2), \cdots, T(\boldsymbol{\alpha}_m)$ 不一定线性无关.

命题 6.2 **设 V 是 n 维性空间, T 是 V 的一个线性变换,则**

(1) $T(V) = \{\boldsymbol{\beta} = T(\boldsymbol{\alpha}) \mid \boldsymbol{\alpha} \in V\}$ **是 V 的一个子空间,称之为线性变换 T 的像空间;**

(2) $N(T)=\{\boldsymbol{\alpha}\mid T(\boldsymbol{\alpha})=0,\boldsymbol{\alpha}\in V\}$ 是 V 的一个子空间，称之为线性变换 T 的**核.**

证明　(1) 设 $\boldsymbol{\beta}_1,\boldsymbol{\beta}_2\in T(V)$，则有 $\boldsymbol{\alpha}_1,\boldsymbol{\alpha}_2\in V$，使 $T\boldsymbol{\alpha}_i=\boldsymbol{\beta}_i(i=1,2)$，从而

$$\boldsymbol{\beta}_1+\boldsymbol{\beta}_2=T\boldsymbol{\alpha}_1+T\boldsymbol{\alpha}_2=T(\boldsymbol{\alpha}_1+\boldsymbol{\alpha}_2)\in T(V),$$

$$k\boldsymbol{\beta}_1=kT(\boldsymbol{\alpha}_1)=T(k\boldsymbol{\alpha}_1)\in T(V).$$

因而 $T(V)$ 对线性运算封闭，故它是 V 的子空间. 类似可证 $N(T)$ 也是 V 的子空间.

例 6.12　设有 n 阶矩阵

$$\boldsymbol{A}=\begin{bmatrix} a_{11} & a_{11} & \cdots & a_{1n} \\ a_{11} & a_{11} & \cdots & a_{2n} \\ \vdots & \vdots & & \vdots \\ a_{n1} & a_{n2} & \cdots & a_{nn} \end{bmatrix}=(\boldsymbol{\alpha}_1,\boldsymbol{\alpha}_2,\cdots,\boldsymbol{\alpha}_n),$$

其中

$$\boldsymbol{\alpha}_i=\begin{bmatrix} a_{1i} \\ a_{2i} \\ \vdots \\ a_{ni} \end{bmatrix}(i=1,2,\cdots,n).$$

定义 $\mathbf{R}^n$ 的变换 T 为

$$T(\boldsymbol{\alpha})=\boldsymbol{A}\boldsymbol{\alpha}(\boldsymbol{\alpha}\in\mathbf{R}^n),$$

则 T 为线性变换. 事实上，设 $\boldsymbol{\alpha},\boldsymbol{\beta}\in\mathbf{R}^n$，则

$$T(\boldsymbol{\alpha}+\boldsymbol{\beta})=\boldsymbol{A}(\boldsymbol{\alpha}+\boldsymbol{\beta})=\boldsymbol{A}\boldsymbol{\alpha}+\boldsymbol{A}\boldsymbol{\beta}=T(\boldsymbol{\alpha})+T(\boldsymbol{\beta}),$$

$$T(k\boldsymbol{\alpha})=\boldsymbol{A}(k\boldsymbol{\alpha})=k\boldsymbol{A}\boldsymbol{\alpha}=kT(\boldsymbol{\alpha}),$$

T 的像空间就是由 $\boldsymbol{\alpha}_1,\boldsymbol{\alpha}_2,\cdots,\boldsymbol{\alpha}_n$ 所生成的向量空间

$$T(\mathbf{R}^n)=\{\boldsymbol{\beta}=x_1\boldsymbol{\alpha}_1+x_2\boldsymbol{\alpha}_2+\cdots+x_n\boldsymbol{\alpha}_n\mid x_1,x_2,\cdots,x_n\in\mathbf{R}\},$$

T 的核 $N(T)$ 就是齐次线性方程组 $\boldsymbol{A}\boldsymbol{\alpha}=\mathbf{0}$ 的解空间.

6.5 线性变换的矩阵

在 6.2 中我们曾指出，n 维线性空间 V_n 取定一个基后，就与 n 维向量空间 R^n 同构. 因而，从代数学的角度可以把它们等同看待. 或者说，它们具有相同的代数结构. 在这一节里，我们将会发现对于 n 维线性空间 V_n 的全体线性变换所组成的集合，它与实数域上的全体 n 阶矩阵所成的集合之间也可以建立类似的关系.

6.5.1 线性变换在一个基下的矩阵

设 V_n 是 n 维线性空间，T 是 V_n 的一个线性变换，在 V_n 中取定一个基 $\boldsymbol{\alpha}_1$，$\boldsymbol{\alpha}_2,\cdots,\boldsymbol{\alpha}_n$，$V_n$ 中的任一向量 $\boldsymbol{\alpha}$ 可表示为

$$\boldsymbol{\alpha}=x_1\boldsymbol{\alpha}_1+x_2\boldsymbol{\alpha}_2+\cdots+x_n\boldsymbol{\alpha}_n=(\boldsymbol{\alpha}_1,\boldsymbol{\alpha}_2,\cdots,\boldsymbol{\alpha}_n)\begin{bmatrix}x_1\\x_2\\\vdots\\x_n\end{bmatrix},$$

则

$$\begin{aligned}T(\boldsymbol{\alpha})&=x_1T(\boldsymbol{\alpha}_1)+x_2T(\boldsymbol{\alpha}_2)+\cdots+x_nT(\boldsymbol{\alpha}_n)\\&=(T\boldsymbol{\alpha}_1,T\boldsymbol{\alpha}_2,\cdots,T\boldsymbol{\alpha}_n)\begin{pmatrix}x_1\\x_2\\\vdots\\x_n\end{pmatrix}.\end{aligned}\tag{6-4}$$

可见，只要知道了每个基向量的像 $T\boldsymbol{\alpha}_1,T\boldsymbol{\alpha}_2,\cdots,T\boldsymbol{\alpha}_n$，那么，任一向量 $\boldsymbol{\alpha}$ 的像 $T\boldsymbol{\alpha}$ 也就知道了，这就是说，在 V_n 中取定一个基 $\boldsymbol{\alpha}_1,\boldsymbol{\alpha}_2,\cdots,\boldsymbol{\alpha}_n$ 后，只要每个基向量 $\boldsymbol{\alpha}_i$ 的像 $T\boldsymbol{\alpha}_i$ 确定，那么线性变换 T 也就会完全确定.

设每个基向量 $\boldsymbol{\alpha}_j$ 的像 $T\boldsymbol{\alpha}_j$ 在基 $\boldsymbol{\alpha}_1,\boldsymbol{\alpha}_2,\cdots,\boldsymbol{\alpha}_n$ 下的坐标为 $(a_{1j},a_{2j},\cdots,a_{nj})^{\mathrm{T}}(j=1,2,\cdots,n)$，则有

$$(T\boldsymbol{\alpha}_1,T\boldsymbol{\alpha}_2,\cdots,T\boldsymbol{\alpha}_n)=T(\boldsymbol{\alpha}_1,\boldsymbol{\alpha}_2,\cdots,\boldsymbol{\alpha}_n)$$

$$=(\boldsymbol{\alpha}_1,\boldsymbol{\alpha}_2,\cdots,\boldsymbol{\alpha}_n)\begin{pmatrix} a_{11} & a_{12} & \cdots & a_{1n} \\ a_{21} & a_{22} & \cdots & a_{2n} \\ \vdots & \vdots & & \vdots \\ a_{n1} & a_{n2} & \cdots & a_{nn} \end{pmatrix}.$$

记右边的矩阵 $\boldsymbol{A}$，则得 $(T\boldsymbol{\alpha}_1,T\boldsymbol{\alpha}_2,\cdots,T\boldsymbol{\alpha}_n)=(\boldsymbol{\alpha}_1,\boldsymbol{\alpha}_2,\cdots,\boldsymbol{\alpha}_n)\boldsymbol{A}.$

(6 - 5)

注意到 $\boldsymbol{A}$ 的第 j 列是 $\boldsymbol{\alpha}_j$ 的像 $T\boldsymbol{\alpha}_j$ 在基 $\boldsymbol{\alpha}_1,\boldsymbol{\alpha}_2,\cdots,\boldsymbol{\alpha}_n$ 下的坐标，由坐标的唯一性及关系式(6.5)知，$T\boldsymbol{\alpha}_1,T\boldsymbol{\alpha}_2,\cdots,T\boldsymbol{\alpha}_n$ 可以唯一地对应矩阵 $\boldsymbol{A}$，从而线性变换 T 唯一地对应矩阵 $\boldsymbol{A}$.

定义 6.8　公式(6 - 5)中的矩阵 $\boldsymbol{A}$ 称为线性变换 T 在基 $\boldsymbol{\alpha}_1,\boldsymbol{\alpha}_2,\cdots,\boldsymbol{\alpha}_n$ 下的矩阵.

现在我们用线性变换在一个基下的矩阵来描述线性变换的像坐标与原像坐标之间的关系.

设 $\boldsymbol{\alpha}$ 和 $T\boldsymbol{\alpha}$ 在基 $\boldsymbol{\alpha}_1,\boldsymbol{\alpha}_2,\cdots,\boldsymbol{\alpha}_n$ 下的坐标分别是

$$\boldsymbol{x}=(x_1,x_2,\cdots,x_n)^{\mathrm{T}},\boldsymbol{y}=(y_1,y_2,\cdots,y_n)^{\mathrm{T}},\text{即}$$

$$\boldsymbol{\alpha}=x_1\boldsymbol{\alpha}_1+x_2\boldsymbol{\alpha}_2+\cdots+x_n\boldsymbol{\alpha}_n=(\boldsymbol{\alpha}_1,\boldsymbol{\alpha}_2,\cdots,\boldsymbol{\alpha}_n)\boldsymbol{x},$$

$$T\boldsymbol{\alpha}=y_1\boldsymbol{\alpha}_1+y_2\boldsymbol{\alpha}_2+\cdots+y_n\boldsymbol{\alpha}_n=(\boldsymbol{\alpha}_1,\boldsymbol{\alpha}_2,\cdots,\boldsymbol{\alpha}_n)\boldsymbol{y},$$

由(6.4)及(6.5)式，又可得

$$\begin{aligned} T\boldsymbol{\alpha} &= T(x_1\boldsymbol{\alpha}_1+x_2\boldsymbol{\alpha}_2+\cdots+x_n\boldsymbol{\alpha}_n) \\ &= (T\boldsymbol{\alpha}_1,T\boldsymbol{\alpha}_2,\cdots,T\boldsymbol{\alpha}_n)\boldsymbol{x} \\ &= (\boldsymbol{\alpha}_1,\boldsymbol{\alpha}_2,\cdots,\boldsymbol{\alpha}_n)\boldsymbol{A}\boldsymbol{x}, \end{aligned}$$

注意到向量的坐标在同一基下是唯一的，则得

$$\boldsymbol{y}=\boldsymbol{A}\boldsymbol{x}.$$

将此结果写成如下定理

定理 6.3　设线性变换 T 在基 $\boldsymbol{\alpha}_1,\boldsymbol{\alpha}_2,\cdots,\boldsymbol{\alpha}_n$ 下的矩阵是 $\boldsymbol{A}$，向量 $\boldsymbol{\alpha}$ 和 $T\boldsymbol{\alpha}$ 在这个基下的坐标分别为 $\boldsymbol{x}=(x_1,x_2,\cdots,x_n)^{\mathrm{T}}$ 与 $\boldsymbol{y}=(y_1,y_2,\cdots,y_n)^{\mathrm{T}}$，则

$$\boldsymbol{y}=\boldsymbol{A}\boldsymbol{x}.$$

例 6.13　设 $R[x]_3$ 中，取基 $\boldsymbol{\alpha}_1=x^3,\boldsymbol{\alpha}_2=x^2,\boldsymbol{\alpha}_3=x,\boldsymbol{\alpha}_4=1$，求微分运算 D 的矩阵.

解　由

$$D\boldsymbol{\alpha}_1 = 3x^2 = 0\boldsymbol{\alpha}_1 + 3\boldsymbol{\alpha}_2 + 0\boldsymbol{\alpha}_3 + 0\boldsymbol{\alpha}_4,$$
$$D\boldsymbol{\alpha}_2 = 2x = 0\boldsymbol{\alpha}_1 + 0\boldsymbol{\alpha}_2 + 2\boldsymbol{\alpha}_3 + 0\boldsymbol{\alpha}_4,$$
$$D\boldsymbol{\alpha}_3 = 1 = 0\boldsymbol{\alpha}_1 + 0\boldsymbol{\alpha}_2 + 0\boldsymbol{\alpha}_3 + 1\boldsymbol{\alpha}_4,$$
$$D\boldsymbol{\alpha}_4 = 0 = 0\boldsymbol{\alpha}_1 + 0\boldsymbol{\alpha}_2 + 0\boldsymbol{\alpha}_3 + 0\boldsymbol{\alpha}_4,$$

得 D 在这个基下的矩阵为

$$\boldsymbol{A} = \begin{bmatrix} 0 & 0 & 0 & 0 \\ 3 & 0 & 0 & 0 \\ 0 & 2 & 0 & 0 \\ 0 & 0 & 1 & 0 \end{bmatrix}.$$

6.5.2 线性变换在不同基下的矩阵

同一个线性变换在不同的基下的矩阵一般是不一样的，现在我们来寻找它们之间的关系.

定理 6.4 **设 V_n 是 n 维线性空间，向量组**

(1) $\boldsymbol{\alpha}_1, \boldsymbol{\alpha}_2, \cdots, \boldsymbol{\alpha}_n$

(2) $\boldsymbol{\beta}_1, \boldsymbol{\beta}_2, \cdots, \boldsymbol{\beta}_n$

是 V_n 的两个基，基 (1) 到基 (2) 的过渡矩阵为 $\boldsymbol{P}$. 若线性变换 T 在基 (1) 下的矩阵为 $\boldsymbol{A}$，在基 (2) 下的矩阵为 $\boldsymbol{B}$，则有 $\boldsymbol{B} = \boldsymbol{P}^{-1}\boldsymbol{A}\boldsymbol{P}$.

即同一线性变换在两个不同基下的矩阵是相似的，且相似变换矩阵 $\boldsymbol{P}$ 就是由基 (1) 到基 (2) 的过渡矩阵.

证明 根据定理的假设有

$$(\boldsymbol{\beta}_1, \boldsymbol{\beta}_2, \cdots, \boldsymbol{\beta}_n) = (\boldsymbol{\alpha}_1, \boldsymbol{\alpha}_2, \cdots, \boldsymbol{\alpha}_n)\boldsymbol{P}, \tag{6-6}$$

$$T(\boldsymbol{\alpha}_1, \boldsymbol{\alpha}_2, \cdots, \boldsymbol{\alpha}_n) = (\boldsymbol{\alpha}_1, \boldsymbol{\alpha}_2, \cdots, \boldsymbol{\alpha}_n)\boldsymbol{A}, \tag{6-7}$$

$$T(\boldsymbol{\beta}_1, \boldsymbol{\beta}_2, \cdots, \boldsymbol{\beta}_n) = (\boldsymbol{\beta}_1, \boldsymbol{\beta}_2, \cdots, \boldsymbol{\beta}_n)\boldsymbol{B}, \tag{6-8}$$

另一方面，由(6－6)式及(6－7)式，又得

$$\begin{aligned} T(\boldsymbol{\beta}_1, \boldsymbol{\beta}_2, \cdots, \boldsymbol{\beta}_n) &= T[(\boldsymbol{\alpha}_1, \boldsymbol{\alpha}_2, \cdots, \boldsymbol{\alpha}_n)\boldsymbol{P}] = T(\boldsymbol{\alpha}_1, \boldsymbol{\alpha}_2, \cdots, \boldsymbol{\alpha}_n)\boldsymbol{P} \\ &= (\boldsymbol{\alpha}_1, \boldsymbol{\alpha}_2, \cdots, \boldsymbol{\alpha}_n)\boldsymbol{A}\boldsymbol{P} = (\boldsymbol{\beta}_1, \boldsymbol{\beta}_2, \cdots, \boldsymbol{\beta}_n)\boldsymbol{P}^{-1}\boldsymbol{A}\boldsymbol{P}. \end{aligned} \tag{6-9}$$

比较(6－8)式及(6－9)式，注意到 $\boldsymbol{\beta}_1, \boldsymbol{\beta}_2, \cdots, \boldsymbol{\beta}_n$ 是一个基，得 $\boldsymbol{B} = \boldsymbol{P}^{-1}\boldsymbol{A}\boldsymbol{P}$.

例 6.14　在 $R[x]_3$ 中取定一个基 $1,x,x^2,x^3$，定义一个线性变换 T 如下：

对于 $R[x]_3$ 中的每一个向量 $\boldsymbol{P}(x)=\boldsymbol{\alpha}_0+\boldsymbol{\alpha}_1 x+\boldsymbol{\alpha}_2 x^2+\boldsymbol{\alpha}_3 x^3$，定义

$$T\boldsymbol{P}(x)=\boldsymbol{\alpha}_3+\boldsymbol{\alpha}_2 x+\boldsymbol{\alpha}_1 x^2+\boldsymbol{\alpha}_0 x^3\in R[x]_3.$$

(1) 求 T 在基 $1,x,x^2,x^3$ 下的矩阵；

(2) 求一个基，使 T 在该基下的矩阵为对角阵.

解　(1) 因为 $T(1)=x^3,T(x)=x^2,T(x^2)=x,T(x^3)=1$,

故
$$T(1,x,x^2,x^3)=(1,x,x^2,x^3)\begin{pmatrix}0&0&0&1\\0&0&1&0\\0&1&0&0\\1&0&0&0\end{pmatrix},$$

所以 T 在该基下的矩阵 $\boldsymbol{A}$ 为 $\begin{pmatrix}0&0&0&1\\0&0&1&0\\0&1&0&0\\1&0&0&0\end{pmatrix}$.

(2) 由 $|\boldsymbol{A}-\lambda\boldsymbol{E}|=0$ 得 $\boldsymbol{A}$ 的特征值 $\lambda_1=1$（二重），$\lambda_2=-1$（二重）.

$\boldsymbol{A}$ 的属于 λ_1 的特征向量为　$\boldsymbol{\alpha}_1=\begin{pmatrix}1\\0\\0\\1\end{pmatrix},\boldsymbol{\alpha}_2=\begin{pmatrix}0\\1\\1\\0\end{pmatrix}$.

$\boldsymbol{A}$ 的属于 λ_2 的特征向量为

$$\boldsymbol{\alpha}_3=\begin{pmatrix}1\\0\\0\\-1\end{pmatrix},\boldsymbol{\alpha}_4=\begin{pmatrix}0\\1\\-1\\0\end{pmatrix}.$$

由于 $\boldsymbol{\alpha}_1,\boldsymbol{\alpha}_2,\boldsymbol{\alpha}_3,\boldsymbol{\alpha}_4$ 是 $\mathbf{R}_4$ 中的一个基，所以 $\boldsymbol{A}$ 可对角化. 由此可知，所要求的 $R[x]_3$ 的基存在. 如何求这个基？通过基 $\boldsymbol{\alpha}_1,\boldsymbol{\alpha}_2,\boldsymbol{\alpha}_3,\boldsymbol{\alpha}_4$ 来求. 取过渡矩阵 $\boldsymbol{P}=(\boldsymbol{\alpha}_1,\boldsymbol{\alpha}_2,\boldsymbol{\alpha}_3,\boldsymbol{\alpha}_4)$，设所求的基为 $\boldsymbol{\xi}_1,\boldsymbol{\xi}_2,\boldsymbol{\xi}_3,\boldsymbol{\xi}_4$. 由 $(\boldsymbol{\xi}_1,\boldsymbol{\xi}_2,\boldsymbol{\xi}_3,\boldsymbol{\xi}_4)=(1,x,x^2,x^3)\boldsymbol{P}$，就可求出基 $\boldsymbol{\xi}_1,\boldsymbol{\xi}_2,\boldsymbol{\xi}_3,\boldsymbol{\xi}_4$（$T$ 在这个基下的矩阵为对角矩阵），即

$$\boldsymbol{\xi}_1=(1,x,x^2,x^3)\begin{pmatrix}1\\0\\0\\1\end{pmatrix}=1+x^3,\boldsymbol{\xi}_2=(1,x,x^2,x^3)\begin{pmatrix}0\\1\\1\\0\end{pmatrix}=x+x^2,$$

$$\boldsymbol{\xi}_3=(1,x,x^2,x^3)\begin{pmatrix}1\\0\\0\\-1\end{pmatrix}=1-x^3,\boldsymbol{\xi}_4=(1,x,x^2,x^3)\begin{pmatrix}0\\1\\-1\\0\end{pmatrix}=x-x^2.$$

于是 $\boldsymbol{\xi}_1,\boldsymbol{\xi}_2,\boldsymbol{\xi}_3,\boldsymbol{\xi}_4$ 构成 $R[x]_3$ 的一个基，并且 T 在这个基下的矩阵为对角矩阵

$$\boldsymbol{B}=\begin{pmatrix}1&0&0&0\\0&1&0&0\\0&0&-1&0\\0&0&0&-1\end{pmatrix},$$

$$T(\boldsymbol{\xi}_1,\boldsymbol{\xi}_2,\boldsymbol{\xi}_3,\boldsymbol{\xi}_4)=(\boldsymbol{\xi}_1,\boldsymbol{\xi}_2,\boldsymbol{\xi}_3,\boldsymbol{\xi}_4)\boldsymbol{B}.$$

顺便指出：$\boldsymbol{A}$ 的特征值也被称为线性变换 T 的特征值，$\boldsymbol{\xi}_1,\boldsymbol{\xi}_2$ 称为 T 的属于特征值 λ_1 的特征向量；$\boldsymbol{\xi}_3,\boldsymbol{\xi}_4$ 称为 T 的属于特征值 λ_2 的特征向量.

代数人物卡片（周炜良）

周炜良(1911—1995)，安徽建德(今东至)人，著名华裔数学家，20 世纪代数几何学领域的主要人物之一，在世界数学领域颇具影响的华人数学家. 周炜良在代数几何领域的研究涉及很广，他推广了扎里斯基关于抽象代数几何中的退化原理(degeneration principle)的论证，他和井草准一(J. lgusa)合作，建立了环上代数簇的上同调理论. 此外，他还推广了代数几何中的连通性定理.

延伸阅读六

图像处理中的线性变换

以北斗导航系统的发展为例. 北斗系统的全球布局，依赖于精准的图像处理和数据分析技术. 通过卫星图像的处理与分析，中国实现了对复杂地形和气候条件的实时监测，这为国防、农业、交通等领域提供了重要支持. 北斗的成功，体现了自主研发和科技创新的重要性，正如图像处理中的几何变换，需要不断优化算法和技术，才能确保精准高效. 这种精神也反映

了新时代中国科技工作者迎难而上、不断追求突破的毅力与决心. 作为当代大学生,要深刻理解科技强国的意义,为实现国家自主创新贡献力量.

【案例描述】

在图像处理领域,常常需要对图像进行几何变换,比如旋转、缩放、剪切等操作. 这些变换可以通过线性代数中的线性变换来描述和实现. 假设我们有一张二维图像,图像中的每个像素可以看作是平面上的一个点,点的位置可以用向量表示. 通过对这些点进行线性变换,我们可以实现图像的几何操作.

这个案例将展示如何通过线性空间和线性变换来实现图像的旋转、缩放等几何操作. 通过本案例,学生将贯穿学习线性空间的定义与性质、维数与坐标、基变换与坐标变换、线性变换以及线性变换的矩阵等内容,并掌握如何在实际问题中应用这些知识.

【数学模型】

图像的像素坐标表示:假设图像中的每个点都用二维向量表示,比如点 ($P=(x, y)$). 整个图像的像素点构成了一个二维的线性空间,所有像素点的位置都可以看作该空间中的向量. 该空间的基通常为标准基 $\boldsymbol{e}_1=(1,0)$, $\boldsymbol{e}_2=(0,1)$.

线性变换的矩阵表示:对图像进行几何变换时,我们可以用线性变换来描述这些操作,常见的几何变换如下.

旋转——围绕原点顺时针旋转角度 θ 的线性变换可以表示为矩阵:

$$\mathbf{A}_{旋转}=\begin{bmatrix}\cos\theta & -\sin\theta\\ \sin\theta & \cos\theta\end{bmatrix}.$$

缩放——沿 x 轴和 y 轴分别缩放 s_x 和 s_y 倍的线性变换对应的矩阵为:

$$\mathbf{A}_{缩放}=\begin{bmatrix}s_x & 0\\ 0 & s_y\end{bmatrix}.$$

剪切——沿 x 轴或 y 轴方向进行剪切变换的矩阵为:

$$\mathbf{A}_{剪切}=\begin{bmatrix}1 & k_x\\ k_y & 1\end{bmatrix}.$$

通过这些变换矩阵,我们可以对图像中每个点的坐标进行线性变换,进而实现几何操作.

线性空间的基变换与坐标变换：在图像处理中，某些情况下我们可能希望在不同的基下进行变换操作. 例如，在一张倾斜的图像中，可能需要先选择一组新的基，将其坐标转化到新的坐标系中，再进行旋转、缩放等变换. 假设我们有一组新的基 $\boldsymbol{b}_1, \boldsymbol{b}_2$，并且想在该基下描述图像中的点. 通过基变换矩阵 $\boldsymbol{P}$，可以将旧基下的坐标转换到新基下：

$$\boldsymbol{x}_{新} = \boldsymbol{P}^{-1} - \boldsymbol{x}_{旧}.$$

在新基下进行几何变换，再通过 (P) 变换回旧基.

线性变换与变换矩阵：学生将学会如何为不同的几何操作构造对应的线性变换矩阵，以及如何通过矩阵乘法计算图像中每个点的新的坐标.

1. 线性空间的定义与性质

图像中的所有像素点可以看作是二维向量空间中的向量，整个图像构成一个二维线性空间. 学生将理解什么是线性空间，以及如何定义该空间中的元素.

2. 维数与坐标

每个像素点的坐标可以看作是该空间中的一个向量. 该线性空间的维数为 2(因为它是一个二维平面). 学生将掌握如何使用坐标表示线性空间中的向量.

3. 基变换与坐标变换

学生将学习如何在不同的基下对图像进行变换，以及如何在不同基之间进行坐标变换. 特别是在处理倾斜图像或需要旋转到特定角度时，基变换和坐标变换发挥重要作用.

4. 线性变换

对于图像的几何变换，学生将学会如何用线性变换描述旋转、缩放、剪切等操作. 学生将构造出对应的变换矩阵，并应用到图像中每个像素点的坐标上，完成实际的图像处理任务.

5. 线性变换的矩阵

学生将系统学习如何为不同的几何操作(如旋转、缩放、剪切)构建线性变换矩阵，并通过矩阵乘法完成变换.

通过这个案例，学生将从线性空间的基本概念开始，学习维数与坐标的概念，理解如何进行基变换与坐标变换，再到线性变换和其矩阵表示，最终掌握在实际应用中使用这些概念对图像进行几何变换操作.

基本练习题六

1. 试验证：

(1) 二阶矩阵的全体 $\mathbf{R}^{2\times2}$；

(2) 主对角线上的元素之和等于 0 的二阶矩阵的全体；

(3) 二阶对称矩阵的全体.

对于矩阵的加法和数乘运算构成线性空间，并写出各个空间的一个基.

2. 验证：与向量 $(0,0,1)^{\mathrm{T}}$ 不平行的全体 3 维有序数组向量，对于有序数组向量的加法和数乘运算不构成线性空间.

3. 设 U 是线性空间 V 的一个子空间，试证：若 U 与 V 的维数相等，则 $U=V$.

4. 设 V_r 是 n 维向量空间 V_n 的一个子空间，$\boldsymbol{\alpha}_1,\boldsymbol{\alpha}_2,\cdots,\boldsymbol{\alpha}_r$ 是 V_r 的一个基. 试证：V_n 中存在元素 $\boldsymbol{\alpha}_{r+1},\boldsymbol{\alpha}_{r+2},\cdots,\boldsymbol{\alpha}_n$，使 $\boldsymbol{\alpha}_1,\boldsymbol{\alpha}_2,\cdots,\boldsymbol{\alpha}_r,\boldsymbol{\alpha}_{r+1},\boldsymbol{\alpha}_{r+2},\cdots,\boldsymbol{\alpha}_n$ 成为 V_n 的一个基.

5. 在 $\mathbf{R}^3$ 中求向量 $\boldsymbol{\alpha}=(3,7,1)^{\mathrm{T}}$ 在基

$$\boldsymbol{\alpha}_1=(1,3,5)^{\mathrm{T}},\boldsymbol{\alpha}_2=(6,3,2)^{\mathrm{T}},\boldsymbol{\alpha}_3=(3,1,0)^{\mathrm{T}}$$

下的坐标.

6. 在 $\mathbf{R}^3$ 中，取两个基

$$\boldsymbol{\alpha}_1=(1,2,1)T,\boldsymbol{\alpha}_2=(2,3,3)T,\boldsymbol{\alpha}_3=(3,7,1)T,$$
$$\boldsymbol{\beta}_1=(3,1,4)T,\boldsymbol{\beta}_2=(5,2,1)T,\boldsymbol{\beta}_3=(1,1,-6)T.$$

试求坐标变换公式.

7. 在 $\mathbf{R}^4$ 中，取两个基

$$\boldsymbol{\varepsilon}_1=(1,0,0,0)T,\ \boldsymbol{\alpha}_1=(2,1,-1,1)T,$$
$$\boldsymbol{\varepsilon}_2=(0,1,0,0)T,\ \boldsymbol{\alpha}_2=(0,3,1,0)T,$$
$$\boldsymbol{\varepsilon}_3=(0,0,1,0)T,\ \boldsymbol{\alpha}_3=(5,3,2,1)T,$$
$$\boldsymbol{\varepsilon}_4=(0,0,0,1)T,\ \boldsymbol{\alpha}_4=(6,6,1,3)T.$$

(1) 求由前一个基到后一个基的过渡矩阵；

(2) 求向量 $(x_1,x_2,x_3,x_4)^{\mathrm{T}}$ 在后一个基下的坐标；

(3) 求在两个基下有相同坐标的向量.

8. 求实数域上全体对称(反对称,上三角,下三角)矩阵所成的线性空间的一个基和维数.

9. 设

$$\boldsymbol{A}=\begin{pmatrix}1&0&0\\0&0&1\\0&0&0\end{pmatrix},$$

求线性空间 $S(\boldsymbol{A})=\{\boldsymbol{B}\in\mathbf{R}^{3\times 3}\mid \boldsymbol{AB}=\boldsymbol{O}\}$ 的一个基和维数.

10. 在 $R[x]_n$ 中,定义 $T=(P(x))=\frac{\mathrm{d}}{\mathrm{d}x}p(x)$,求 T 在下列两个基下的矩阵:

(1) $1,x,x^2,\cdots,x^n$;

(2) $1,x-x_0,\frac{1}{2!}(x-x_0)^2,\cdots,\frac{1}{n!}(x-x_0)^n$.

综合练习题六

1. 设线性变换 T 在基 $\boldsymbol{\alpha}_1,\boldsymbol{\alpha}_2,\boldsymbol{\alpha}_3$ 下的矩阵为

$$\boldsymbol{A}=\begin{pmatrix}2&3&5\\-1&0&-1\\-1&1&0\end{pmatrix},$$

求 T 在基 $\boldsymbol{\beta}_1,\boldsymbol{\beta}_2,\boldsymbol{\beta}_3$ 下的矩阵,其中

$$\begin{cases}\boldsymbol{\beta}_1=\boldsymbol{\alpha}_1,\\ \boldsymbol{\beta}_2=\boldsymbol{\alpha}_1+\boldsymbol{\alpha}_2,\\ \boldsymbol{\beta}_3=\boldsymbol{\alpha}_1+\boldsymbol{\alpha}_2+\boldsymbol{\alpha}_3.\end{cases}$$

2. 在二阶方阵所构成的线性空间 $\mathbf{R}^{2\times 2}$ 中,取一个基

$$\boldsymbol{E}_1=\begin{pmatrix}1&0\\0&0\end{pmatrix},\boldsymbol{E}_2=\begin{pmatrix}0&1\\0&0\end{pmatrix},\boldsymbol{E}_3=\begin{pmatrix}0&0\\1&0\end{pmatrix},\boldsymbol{E}_4=\begin{pmatrix}0&0\\0&1\end{pmatrix}.$$

对任一 $\boldsymbol{A}\in\mathbf{R}^{2\times 2}$,定义

$$T(\boldsymbol{A})=\boldsymbol{A}\begin{pmatrix}1&2\\3&-1\end{pmatrix}.$$

(1) 证明 T 是 $\mathbf{R}^{2\times 2}$ 的一个线性变换；

(2) 求 T 在基 $\boldsymbol{E}_1,\boldsymbol{E}_2,\boldsymbol{E}_3,\boldsymbol{E}_4$ 下的矩阵；

(3) 求经变换 T 后矩阵 $\begin{pmatrix} 3 & 5 \\ -2 & 7 \end{pmatrix}$ 的像.

3. 在二阶方阵所构成的线性空间 $\mathbf{R}^{2\times 2}$ 中，定义 $T(\boldsymbol{A})=\boldsymbol{A}^*$，其中 $\boldsymbol{A}^*$ 为 $\boldsymbol{A}$ 的伴随矩阵. 证明 T 是 $\mathbf{R}^{2\times 2}$ 的一个线性变换，试自选 $\mathbf{R}^{2\times 2}$ 的一个基，并求 T 在这个基下的矩阵.

4. 设

$$\boldsymbol{A}=\begin{pmatrix} 1 & -1 & 5 & -1 \\ 1 & 1 & -2 & 3 \\ 3 & -1 & 8 & 1 \\ 1 & 3 & -9 & 7 \end{pmatrix},$$

对任一 $\boldsymbol{\alpha}\in\mathbf{R}^4$，定义 $T\boldsymbol{\alpha}=\boldsymbol{A\alpha}(\boldsymbol{\alpha}\in\mathbf{R}^4)$.

(1) 求线性变换 T 的核的维数和像空间的维数；

(2) 求线性变换 T 的核的一个基和像空间的一个基.

实际案例分析六

在目前广泛应用的计算机绘图中，常要对图形进行各种变换，如对图形的缩放、对称、错移、旋转、平移等等；除基本的变换，有时还需要对图形连续进行多次基本变换，这种变换称为组合变换. 这些基本变换和组合变换如何用数学的方法来表示和计算？

以平面直角坐标系为例，平面上的点坐标可用 (x,y) 表示。设 (x,y) 是变换前图形上的点坐标，(x',y') 是变换后图形上的点坐标，除平移外，几种变换都可用

$$(x',y')=(x,y)\begin{pmatrix} a & b \\ c & d \end{pmatrix} \text{ 或 } \begin{cases} x'=ax+cy, \\ y'=bx+dy \end{cases}$$

来实现. $\boldsymbol{T}=\begin{pmatrix} a & b \\ c & d \end{pmatrix}$ 称为变换矩阵.

如果令 $b=c=0$，此时坐标变换公式为

$$\begin{cases} x'=ax, \\ y'=\mathrm{d}y, \end{cases}$$

表示缩放变换. $a,d>1$ 时放大，$0<a,d<1$ 时缩小.

如单位圆 $x^2+y^2=1$，取 $a=d=\frac{1}{2}$，则新方程为

$$x'^2+y'^2=\frac{1}{4}.$$

对于平移 $(x',y')=(x+l,y+m)$，也可表示成矩阵形式

$$(x',y',1)=(x,y,1)\begin{pmatrix}1&0&0\\0&1&0\\l&m&1\end{pmatrix},$$

缩放变换矩阵也可以写成

$$\boldsymbol{T}=\begin{pmatrix}a&0&0\\0&d&0\\0&0&1\end{pmatrix},$$

即有坐标之间的关系如下

$$(x',y',1)=(x,y,1)\begin{pmatrix}a&0&0\\0&d&0\\0&0&1\end{pmatrix}=(ax,dy,1).$$

利用齐次坐标 $(x,y,1)$，平面图形的缩放、对称、错移、旋转、平移都可用变换矩阵

$$\boldsymbol{T}=\begin{pmatrix}a&b&0\\c&d&0\\l&m&1\end{pmatrix}$$

来实现.

对于组合变换，则可利用基本变换矩阵连乘得到，如图形绕 (x_0,y_0) 旋转 θ 角的变换的变换矩阵为

$$\boldsymbol{T}=\boldsymbol{T}_1\boldsymbol{T}_2\boldsymbol{T}_3=\begin{pmatrix}1&0&0\\0&1&0\\-x_0&-y_0&1\end{pmatrix}\begin{pmatrix}\cos\theta&\sin\theta&0\\-\sin\theta&\cos\theta&0\\0&0&1\end{pmatrix}\begin{pmatrix}1&0&0\\0&1&0\\x_0&y_0&1\end{pmatrix}$$

$$=\begin{pmatrix}\cos\theta&\sin\theta&0\\-\sin\theta&\cos\theta&0\\x_0(1-\cos\theta)+y_0\sin\theta&-x_0\sin\theta+y_0(1-\cos\theta)&1\end{pmatrix}.$$

图形上的点变换后的坐标为 $(x',y',1)=(x,y,1)\boldsymbol{T}$.

习题答案

基本练习题一

1. (1) 10;(2) 18;(3) $\dfrac{(n-1)(n-2)}{2}$.
2. $-a_{11}a_{23}a_{32}a_{44}$;$a_{11}a_{23}a_{34}a_{42}$.
3. (1) ab^2-a^2b; (2) 104;(3) -4; (4) $3abc-a^3-b^3-c^3$.
4. (1) 48;(2) 16;(3) $x^2+y^2+z^2+1$; (4) $abcd+ab+cd+ad+1$; (5) a^2b^2; (6) 48.
5. 证明略.
6. (1) $a^{n-2}(a^2-1)$; (2) $1+a_1+\cdots+a_n$; (3) $\prod_{i=1}^{n}(a_id_i-b_ic_i)$.
7. 2;2.
8. $x_1=1, x_2=2, x_3=3, x_4=-1$.

综合练习题一

1. 证明略.
2. (1) $a_1a_2\cdots a_n\left(1+\sum_{i=1}^{n}\dfrac{1}{a_i}\right)$; (2) $(-1)^{n-1}(n-1)2^{n-2}$; (3) $\prod_{n+1\geqslant i>j\geqslant 1}(i-j)$,提示:利用范德蒙德行列式的结果.
3. $\lambda=1$ 或 $\mu=0$.

基本练习题二

1. $a=0,\ b=3,\ c=2,\ d=-5$.
2. (1) $\begin{pmatrix} 6 & -9 & 3 & 9 \\ 6 & 13 & -21 & -12 \\ -15 & 23 & 9 & -17 \end{pmatrix}$; (2) $\begin{pmatrix} -7 & 5 & 2 & -5 \\ 4 & -6 & 19 & 36 \\ 12 & -14 & -27 & 7 \end{pmatrix}$;

(3) $\begin{pmatrix} -1 & 0 & 1 & 0 \\ 2 & \frac{1}{3} & 2 & 8 \\ 1 & -\frac{1}{3} & -6 & -\frac{2}{3} \end{pmatrix}$.

3. (1) 6; (2) $\begin{pmatrix} -1 & 2 & 3 \\ 2 & -4 & -6 \\ -3 & 6 & 9 \end{pmatrix}$; (3) $\begin{pmatrix} 0 & 7 \\ 7 & 0 \end{pmatrix}$;

(4) $\begin{pmatrix} -5 & 10 & 15 \\ -7 & 14 & 3 \\ 3 & -6 & 0 \end{pmatrix}$; (5) $\begin{pmatrix} 6 & -7 & 8 \\ 20 & -5 & -6 \end{pmatrix}$.

4. (1) $\begin{pmatrix} -9 & -2 & -10 \\ 6 & 14 & 8 \\ -7 & 5 & -5 \end{pmatrix}$; (2) $\begin{pmatrix} 0 & 0 & 0 \\ 0 & 0 & 4 \\ 2 & -4 & 0 \end{pmatrix}$.

5. (1) $\begin{pmatrix} 0 & 0 \\ 0 & 0 \end{pmatrix}$; (2) $\begin{pmatrix} 1 & 1 \\ 0 & 0 \end{pmatrix}$; (3) $\begin{pmatrix} 1 & n \\ 0 & 1 \end{pmatrix}$;

(4) $4^k \begin{pmatrix} 1 & -1 & -1 & -1 \\ -1 & 1 & -1 & -1 \\ -1 & -1 & 1 & -1 \\ -1 & -1 & -1 & 1 \end{pmatrix} (n=2k+1)$, $4^k \boldsymbol{E}_4 (n=2k)$ (k 是正整数).

6. (1) $\begin{pmatrix} 1 & 4 & 4 \\ 0 & -2 & -2 \\ 1 & 4 & 5 \end{pmatrix}$; (2) $\begin{pmatrix} 0 & -1 & 2 \\ 0 & -4 & 6 \\ -1 & -5 & 8 \end{pmatrix}$.

7. 略. 8. 略. 9. 略.

10. (1) 10; (2) -1; (3) 81.

11. $\boldsymbol{A}^* = \begin{pmatrix} 8 & -29 & 11 \\ 5 & -18 & 7 \\ -1 & 3 & -1 \end{pmatrix}$.

12. (1) $-\frac{1}{2}\begin{pmatrix} 4 & -2 \\ -3 & 1 \end{pmatrix}$; (2) $\begin{pmatrix} -8 & 29 & -11 \\ -5 & 18 & -7 \\ 1 & -3 & 1 \end{pmatrix}$;

(3) $\begin{pmatrix} 1 & -4 & -3 \\ 1 & -5 & -3 \\ -1 & 6 & 4 \end{pmatrix}$; (4) $\dfrac{1}{8}\begin{pmatrix} 4 & 0 & 0 \\ -2 & 4 & 0 \\ 1 & -2 & 4 \end{pmatrix}$;

(5) $\dfrac{1}{24}\begin{pmatrix} 24 & 0 & 0 & 0 \\ -12 & 12 & 0 & 0 \\ -12 & -4 & 8 & 0 \\ 3 & -5 & -2 & 6 \end{pmatrix}$; (6) $\begin{pmatrix} 1 & -a & 0 & 0 \\ 0 & 1 & -a & 0 \\ 0 & 0 & 1 & -a \\ 0 & 0 & 0 & 1 \end{pmatrix}$.

13. (1) $\boldsymbol{X} = -\dfrac{1}{5}\begin{pmatrix} 13 & 2 \\ 4 & 11 \\ 15 & 5 \end{pmatrix}$; (2) $\boldsymbol{X} = \begin{pmatrix} 1 & -3 & 3 \\ 0 & 1 & -2 \end{pmatrix}$; (3) $\boldsymbol{X} = \dfrac{1}{4}\begin{pmatrix} 4 & 4 \\ 1 & 0 \end{pmatrix}$.

综合练习题二

1. $a = 4, b = 3, c = -1$. 2. $\begin{pmatrix} a & b \\ c & d \end{pmatrix}$. 3. $-\dfrac{2^{2n-1}}{3}$.

4. 提示:$(\boldsymbol{A}+\boldsymbol{E})(\boldsymbol{B}+\boldsymbol{E}) = -\boldsymbol{E}$,然后两边同取行列式可得.

5. 提示:$\boldsymbol{A}(\boldsymbol{A}-\boldsymbol{E}) = 2\boldsymbol{E}$ 可得 $\boldsymbol{A}$ 可逆;$(\boldsymbol{A}+2\boldsymbol{E})(\boldsymbol{A}-3\boldsymbol{E}) = -4\boldsymbol{E}$ 可得 $\boldsymbol{A}+2\boldsymbol{E}$ 可逆.

6. 略.

7. 略.

8. 提示:$\boldsymbol{P}^k = (\boldsymbol{AB})(\boldsymbol{AB})\cdots(\boldsymbol{AB}) = \lambda^k\boldsymbol{P} = \boldsymbol{0}$ (k 个)可得 λ 为 0,
即 $\boldsymbol{P}^2 = (\boldsymbol{AB})(\boldsymbol{AB}) = \lambda^2\boldsymbol{P} = \boldsymbol{0}$.

9. 提示:利用性质 $|\boldsymbol{A}^*| = |\boldsymbol{A}|^{n-1}$.

10. 提示:利用定义和 $\boldsymbol{AA}^* = \boldsymbol{A}^*\boldsymbol{A} = |\boldsymbol{A}|\boldsymbol{E}$ 可逐一验证.

11. 略.

基本练习题三

1. (1) $\begin{pmatrix} 1 & 0 & 1 & -2 & 0 \\ 0 & 1 & -2 & 2 & 1 \\ 0 & 0 & 0 & 0 & 0 \end{pmatrix}$;

(2) $\begin{pmatrix} 1 & 0 & 2 & -1 \\ 0 & 1 & -1 & 2 \\ 0 & 0 & 0 & 0 \\ 0 & 0 & 0 & 0 \end{pmatrix}$;

(3) $\begin{pmatrix} 1 & 0 & 1 & 0 & -1 & 2 & 1 \\ 0 & 1 & -1 & 0 & 1 & -1 & -1 \\ 0 & 0 & 0 & 1 & 1 & -1 & 0 \\ 0 & 0 & 0 & 0 & 0 & 0 & 0 \end{pmatrix}$;

(4) $\begin{pmatrix} 1 & 1 & 1 & 0 & 1 & 1 & 2 & 0 \\ 0 & 0 & 0 & 1 & -1 & 0 & -1 & 0 \\ 0 & 0 & 0 & 0 & 0 & 0 & 0 & 1 \\ 0 & 0 & 0 & 0 & 0 & 0 & 0 & 0 \end{pmatrix}$.

2. (1) $-\frac{1}{2}\begin{pmatrix} 4 & -2 \\ -3 & 1 \end{pmatrix}$;

(2) $\begin{pmatrix} -8 & 29 & -11 \\ -5 & 18 & -7 \\ 1 & -3 & 1 \end{pmatrix}$;

(3) $\begin{pmatrix} 1 & -4 & -3 \\ 1 & -5 & -3 \\ -1 & 6 & 4 \end{pmatrix}$;

(4) $\frac{1}{8}\begin{pmatrix} 4 & 0 & 0 \\ -2 & 4 & 0 \\ -1 & 6 & 4 \end{pmatrix}$.

3. (1) $\begin{pmatrix} -1 \\ 2 \\ 1 \end{pmatrix}$;

(2) $-\frac{1}{5}\begin{pmatrix} 13 & 2 \\ 4 & 11 \\ 15 & 5 \end{pmatrix}$;

(3) $-\frac{1}{2}\begin{pmatrix} 4 & -2 \\ 13 & -6 \\ 32 & -14 \end{pmatrix}$;

(4) $\begin{pmatrix} 1 & 1 & -1 \\ 2 & 1 & -3 \\ -1 & -1 & 2 \end{pmatrix}$.

4. (1) 2; (2) 3; (3) 3; (4) 3.

5. $t=-3$. 6. 略. 7. 略. 8. 略.

9. (1) $\begin{cases} x_1 = 2, \\ x_2 = -3, \\ x_3 = -1; \end{cases}$

(2) $\begin{cases} x_1 = 5+2k, \\ x_2 = k, \\ x_3 = -3 \end{cases}$ $(k \in \mathbf{R})$;

(3) $\begin{cases} x_1 = k_2, \\ x_2 = 1-k_1-k_2, \\ x_3 = k_1, \\ x_4 = k_2 \end{cases}$ $(k_1, k_2 \in \mathbf{R})$;

(4) $\begin{cases} x_1 = 3-k, \\ x_2 = -8+2k, \\ x_3 = k, \\ x_4 = 6 \end{cases}$ $(k \in \mathbf{R})$.

10. (1) $\begin{cases} x_1 = \dfrac{4}{3}k, \\ x_2 = -3k, \\ x_3 = \dfrac{4}{3}k, \\ x_4 = k \end{cases}$ $(k \in \mathbf{R})$;

(2) $\begin{cases} x_1 = -2k_1+k_2, \\ x_2 = -14k_1+7k_2, \\ x_3 = 19k_1, \\ x_4 = 19k_2 \end{cases}$ $(k_1, k_2 \in \mathbf{R})$;

(3) $\begin{cases} x_1 = k_1-k_2, \\ x_2 = 3k_1, \\ x_3 = k_1, \\ x_4 = k_2 \end{cases}$ $(k_1, k_2 \in \mathbf{R})$;

(4) $\begin{cases} x_1 = 2k_1 + 4k_2 + 3k_3, \\ x_2 = -k_1, \\ x_3 = k_2 + k_3, \\ x_4 = -k_2, \\ x_5 = k_3. \ (k_1, k_2, k_3 \in \mathbf{R}) \end{cases}$

11. $\lambda = -2$.

综合练习题三

1. $R(\boldsymbol{A}) \geqslant r$.
2. 2.
3. -3.
4. 1 或 2.
5. -1.
6. C.
7. C.
8. 1.
9. 答案有无数个,如 $\begin{pmatrix} 1 & 0 & 1 & 0 & 0 \\ 1 & -1 & 0 & 0 & 0 \\ 0 & 0 & 0 & 1 & 0 \\ 0 & 0 & 0 & 0 & 1 \\ 0 & 0 & 0 & 0 & 0 \end{pmatrix}$.
10. (1) $a \neq 1$ 且 $b \neq 2$;
    (2) $a = 1$ 且 $b \neq 2$ 或者 $a \neq 1$ 且 $b = 2$;
    (3) $a = 1, b = 2$.
11. (1) $\lambda \neq 1$, $\lambda \neq -2$;
    (2) $\lambda = -2$;
    (3) $\lambda = 1$.

基本练习题四

1. (1) $(-1, 12, 8, -11)^{\mathrm{T}}$;
   (2) $(x_1 - 3x_3, 2x_1 + x_2 + 10x_3, 3x_1 - x_2, -x_1 + 2x_2 - 5x_3)^{\mathrm{T}}$.

2. $\boldsymbol{\gamma}=(-21,7,15,13)^{\mathrm{T}}$.

3. (1) $\boldsymbol{\beta}=-\boldsymbol{\alpha}_1-2\boldsymbol{\alpha}_2+4\boldsymbol{\alpha}_3$； (2) $\boldsymbol{\beta}=-5\boldsymbol{\alpha}_1+12\boldsymbol{\alpha}_2$； (3) $\boldsymbol{\beta}=\boldsymbol{\alpha}_1+2\boldsymbol{\alpha}_2-\boldsymbol{\alpha}_3$.

4. (1) 线性无关； (2) 线性相关； (3) 线性相关.

5. $t=5$ 时线性相关，$t\neq5$ 时线性无关.

6. (1) 向量组秩为 3，极大线性无关组为 $\boldsymbol{\alpha}_1,\boldsymbol{\alpha}_2,\boldsymbol{\alpha}_3$，且有 $\boldsymbol{\alpha}_4=-3\boldsymbol{\alpha}_1+5\boldsymbol{\alpha}_2-\boldsymbol{\alpha}_3$；

(2) 向量组秩为 3，极大线性无关组为 $\boldsymbol{\alpha}_1,\boldsymbol{\alpha}_2,\boldsymbol{\alpha}_4$，且有 $\boldsymbol{\alpha}_3=3\boldsymbol{\alpha}_1+\boldsymbol{\alpha}_2$，$\boldsymbol{\alpha}_5=-\boldsymbol{\alpha}_1-\boldsymbol{\alpha}_2+\boldsymbol{\alpha}_4$；

(3) 向量组秩为 3，极大线性无关组为 $\boldsymbol{\alpha}_1,\boldsymbol{\alpha}_2,\boldsymbol{\alpha}_3$，且有 $\boldsymbol{\alpha}_4=2\boldsymbol{\alpha}_1-3\boldsymbol{\alpha}_2$.

7. 略 8. 略 9. 略 10. 略.

11. (1) 基础解系：$\boldsymbol{y}_1=\begin{pmatrix}-\frac{3}{2}\\1\\\frac{7}{2}\\0\end{pmatrix}$，$\boldsymbol{y}_2=\begin{pmatrix}-1\\0\\-2\\1\end{pmatrix}$，通解为 $\boldsymbol{x}=k_1\boldsymbol{y}_1+k_2\boldsymbol{y}_2$ $(k_1,k_2\in\mathbf{R})$；

(2) 基础解系：$\boldsymbol{y}_1=\begin{pmatrix}1\\3\\1\\0\end{pmatrix}$，$\boldsymbol{y}_2=\begin{pmatrix}-1\\0\\0\\1\end{pmatrix}$，通解为 $\boldsymbol{x}=k_1\boldsymbol{y}_1+k_2\boldsymbol{y}_2(k_1,k_2\in\mathbf{R})$；

(3) 基础解系：$\boldsymbol{y}_1=\begin{pmatrix}2\\-1\\0\\0\\0\end{pmatrix}$，$\boldsymbol{y}_2=\begin{pmatrix}4\\0\\1\\-1\\0\end{pmatrix}$，$\boldsymbol{y}_3=\begin{pmatrix}3\\0\\1\\0\\1\end{pmatrix}$，通解为 $\boldsymbol{x}=k_1\boldsymbol{y}_1+k_2\boldsymbol{y}_2+k_3\boldsymbol{y}_3(k_1,k_2,k_3\in\mathbf{R})$；

(4) 基础解系：$\boldsymbol{y}_1=\begin{pmatrix}-2\\-14\\19\\0\end{pmatrix}$，$\boldsymbol{y}_2=\begin{pmatrix}1\\7\\0\\19\end{pmatrix}$，通解为 $\boldsymbol{x}=k_1\boldsymbol{y}_1+k_2\boldsymbol{y}_2$

$(k_1, k_2 \in \mathbf{R})$.

12. $\boldsymbol{x} = k\begin{pmatrix}3\\4\\5\\6\end{pmatrix} + \begin{pmatrix}2\\3\\4\\5\end{pmatrix}(k \in \mathbf{R})$.

13. (1) $\begin{pmatrix}x_1\\x_2\\x_3\\x_4\end{pmatrix} = \begin{pmatrix}3\\0\\1\\0\end{pmatrix} + k_1\begin{pmatrix}-2\\1\\0\\0\end{pmatrix} + k_2\begin{pmatrix}1\\0\\0\\1\end{pmatrix}(k_1, k_2 \in \mathbf{R})$;

(2) 无解;

(3) $\begin{pmatrix}x\\y\\z\\w\end{pmatrix} = \begin{pmatrix}0\\1\\0\\0\end{pmatrix} + k_1\begin{pmatrix}-1\\2\\1\\0\end{pmatrix} + k_2\begin{pmatrix}2\\-2\\0\\1\end{pmatrix}(k_1, k_2 \in \mathbf{R})$;

(4) $\begin{pmatrix}x_1\\x_2\\x_3\\x_4\end{pmatrix} = \begin{pmatrix}3\\-8\\0\\6\end{pmatrix} + k\begin{pmatrix}-1\\2\\1\\0\end{pmatrix}(k \in \mathbf{R})$.

14. $t \neq \dfrac{1}{3}$.

15. 维数为 3,一组基为 $\boldsymbol{\alpha}_1, \boldsymbol{\alpha}_2, \boldsymbol{\alpha}_3$.

16. (1) 过渡矩阵为

$$\begin{pmatrix}1 & -4 & -2 & 1\\-2 & 10 & 5 & -2\\0 & 0 & 4 & -1\\0 & 0 & -10 & 3\end{pmatrix};$$

(2) 坐标为 $(-7, 19, 4, -10)$.

17. (1) 过渡矩阵为

$$\begin{pmatrix}1 & 0 & 0 & 0\\-1 & 1 & 0 & 0\\0 & -1 & 1 & 0\\0 & 0 & -1 & 1\end{pmatrix};$$

（2）向量为 $k\boldsymbol{\alpha}_4(k\in\mathbf{R})$．

18. $\boldsymbol{\alpha}=\begin{pmatrix}5\\3\end{pmatrix}$．

综合练习题四

1. 略　2. 略　3. 略　4. 略

5. （1）$a=0$；（2）$a\neq 0,a\neq b,\boldsymbol{\beta}=\left(1-\dfrac{1}{a}\right)\boldsymbol{\alpha}_1+\dfrac{1}{a}\boldsymbol{\alpha}_2+0\boldsymbol{\alpha}_3$；

（3）$a=b\neq 0,\boldsymbol{\beta}=\left(1-\dfrac{1}{b}\right)\boldsymbol{\alpha}_1+\left(\dfrac{1}{b}+k\right)\boldsymbol{\alpha}_2+k\boldsymbol{\alpha}_3,k\in\mathbf{R}$．

6. $\boldsymbol{Ax}=\boldsymbol{0}$ 的一个基础解系为 $\boldsymbol{\xi}=\begin{pmatrix}1\\-2\\1\\0\end{pmatrix}$，$\boldsymbol{Ax}=\boldsymbol{b}$ 的一个特解为 $\boldsymbol{\eta}=\begin{pmatrix}1\\1\\1\\1\end{pmatrix}$，

通解为 $\boldsymbol{\eta}+k\boldsymbol{\xi},k\in\mathbf{R}$．

7. （1）略；

（2）$a=2,b=-3$，通解为 $\boldsymbol{x}=\begin{pmatrix}2\\-3\\0\\0\end{pmatrix}+k_1\begin{pmatrix}-2\\1\\1\\0\end{pmatrix}+k_2\begin{pmatrix}4\\-5\\0\\1\end{pmatrix},k_1,k_2\in\mathbf{R}$.

8. （1）$\boldsymbol{Ax}=\boldsymbol{0}$ 的一个基础解系 $\boldsymbol{\xi}_1=\begin{pmatrix}-1\\2\\3\\1\end{pmatrix}$；

（2）$\boldsymbol{B}=\begin{pmatrix}2-c_1 & 6-c_2 & -1-c_3\\-1+2c_1 & -3+2c_2 & 1+2c_3\\-1+3c_1 & -4+3c_2 & 1+3c_3\\c_1 & c_2 & c_3\end{pmatrix},c_1,c_2,c_3\in\mathbf{R}$.

基本练习题五

1. (1) $(\boldsymbol{b}_1, \boldsymbol{b}_2, \boldsymbol{b}_3)=\begin{pmatrix}1 & -\frac{5}{3} & 2\\ 2 & \frac{5}{3} & 0\\ -1 & \frac{5}{3} & 2\end{pmatrix}$, (2) $(\boldsymbol{b}_1, \boldsymbol{b}_2, \boldsymbol{b}_3)=\begin{pmatrix}1 & -1 & 0\\ 0 & 1 & -1\\ 1 & 1 & 0\\ 0 & 1 & 1\end{pmatrix}$.

2. (1) 是;(2) 是.

3. (1) $\lambda_1=5,\lambda_2=-3$, $(\boldsymbol{p}_1,\boldsymbol{p}_2)=\begin{pmatrix}1 & -1\\ 2 & 2\end{pmatrix}$;

(2) $\lambda_1=-1,\lambda_2=9$, $\lambda_3=0$, $(\boldsymbol{p}_1,\boldsymbol{p}_2,\boldsymbol{p}_3)=\begin{pmatrix}-1 & 1 & -1\\ 1 & 1 & -1\\ 0 & 2 & 1\end{pmatrix}$;

(3) $\lambda_1=\sum\limits_{i=1}^{n}a_i^2,\lambda_2=\lambda_3=\cdots=\lambda_n=0$, $(\boldsymbol{p}_1, \boldsymbol{p}_2,\cdots, \boldsymbol{p}_n)=\begin{pmatrix}a_1 & -a_2 & \cdots & -a_n\\ a_2 & a_1 & & \\ \vdots & & & \\ a_n & & & a_1\end{pmatrix}$.

4. $x=4,y=5$.

5. $\boldsymbol{A}=\frac{1}{3}\begin{pmatrix}-1 & 0 & 2\\ 0 & 1 & 2\\ 2 & 2 & 0\end{pmatrix}$.

6. (1) $\begin{pmatrix}0 & 1 & 0\\ \frac{1}{\sqrt{2}} & 0 & \frac{1}{\sqrt{2}}\\ -\frac{1}{\sqrt{2}} & 0 & \frac{1}{\sqrt{2}}\end{pmatrix}$, $\boldsymbol{\Lambda}=\begin{pmatrix}2 & & \\ & 4 & \\ & & 4\end{pmatrix}$, (2) $\frac{1}{3}\begin{pmatrix}1 & 2 & -2\\ 2 & 1 & 2\\ -2 & 2 & 1\end{pmatrix}$, $\boldsymbol{\Lambda}=$

$$\begin{pmatrix} 10 & & \\ & 1 & \\ & & 1 \end{pmatrix}.$$

7. (1) $f=(x,y,z)\begin{pmatrix} 1 & 4 & 1 \\ 4 & 3 & 2 \\ 1 & 2 & 2 \end{pmatrix}\begin{pmatrix} x \\ y \\ z \end{pmatrix}$；

(2) $f=(x_1,x_2,x_3,x_4)\begin{pmatrix} 1 & -1 & 4 & -1 \\ -1 & 2 & 3 & -2 \\ 4 & 3 & 3 & 0 \\ -1 & -2 & 0 & -1 \end{pmatrix}\begin{pmatrix} x_1 \\ x_2 \\ x_3 \\ x_4 \end{pmatrix}$.

8. (1) $f=x_1^2+4x_2^2+6x_1x_2$；　(2) $f=2x_1^2+x_2^2+6x_1x_2+8x_2x_3$；

(3) $f=\sum\limits_{i=1}^{n}a_i^2x_i^2+2\sum\limits_{1\leqslant i<j\leqslant n}a_ia_jx_ix_j$.

9. (1) $\begin{pmatrix} \frac{1}{\sqrt{2}} & \frac{1}{\sqrt{6}} & \frac{1}{\sqrt{3}} \\ -\frac{1}{\sqrt{2}} & \frac{1}{\sqrt{6}} & \frac{1}{\sqrt{3}} \\ 0 & -\frac{2}{\sqrt{6}} & \frac{1}{\sqrt{3}} \end{pmatrix}$. $\boldsymbol{X}=\boldsymbol{QY}$，$f=-y_1^2-y_2^2+5y_3^2$；

(2) $\begin{pmatrix} 0 & \frac{4}{3\sqrt{2}} & \frac{1}{3} \\ \frac{1}{\sqrt{2}} & \frac{-1}{3\sqrt{2}} & \frac{2}{3} \\ \frac{1}{\sqrt{2}} & \frac{1}{3\sqrt{2}} & -\frac{2}{3} \end{pmatrix}$，$\boldsymbol{X}=\boldsymbol{QY}$，$f=y_1^2+y_2^2+10y_3^2$.

10. (1) 正定；(2) 正定.

综合练习题五

1. 3.　2. 6.　3. $f=x_1^2+5x_2^2+3x_3^2-4x_1x_2$.

4. $f=x_1^2+4x_2^2+3x_3^2-2x_2x_3$.　5. 24.　6. 4.

基本练习题六

1. 各个线性空间的基可取为

(1) $\boldsymbol{\alpha}_1=\begin{pmatrix}1&0\\0&0\end{pmatrix},\boldsymbol{\alpha}_2=\begin{pmatrix}0&0\\1&0\end{pmatrix},\boldsymbol{\alpha}_3=\begin{pmatrix}0&1\\0&0\end{pmatrix},\boldsymbol{\alpha}_4=\begin{pmatrix}0&0\\0&1\end{pmatrix}$;

(2) $\boldsymbol{\alpha}_1=\begin{pmatrix}1&0\\0&-1\end{pmatrix},\boldsymbol{\alpha}_2=\begin{pmatrix}0&0\\1&0\end{pmatrix},\boldsymbol{\alpha}_3=\begin{pmatrix}0&1\\0&0\end{pmatrix}$;

(3) $\boldsymbol{\alpha}_1=\begin{pmatrix}1&0\\0&0\end{pmatrix},\boldsymbol{\alpha}_2=\begin{pmatrix}0&0\\0&1\end{pmatrix},\boldsymbol{\alpha}_3=\begin{pmatrix}0&1\\1&0\end{pmatrix}$.

2. 略.　3. 略.　4. 略.

5. $(33\ -82\ 154)^{\mathrm{T}}$.

6. 设 $\boldsymbol{\alpha}$ 在基 $\boldsymbol{\alpha}_1,\boldsymbol{\alpha}_2,\boldsymbol{\alpha}_3$ 下的坐标是 $(x_1\ x_2\ x_3)^{\mathrm{T}}$，在基 $\boldsymbol{\beta}_1,\boldsymbol{\beta}_2,\boldsymbol{\beta}_3$ 下的坐标是 $(y_1\ y_2\ y_3)^{\mathrm{T}}$，有

$$\begin{pmatrix}y_1\\y_2\\y_3\end{pmatrix}=\begin{pmatrix}13&19&\frac{181}{4}\\-9&-13&-\frac{63}{2}\\7&10&\frac{99}{4}\end{pmatrix}\begin{pmatrix}x_1\\x_2\\x_3\end{pmatrix},$$

或

$$\begin{pmatrix}x_1\\x_2\\x_3\end{pmatrix}=\begin{pmatrix}-27&-71&-41\\9&20&9\\4&12&8\end{pmatrix}\begin{pmatrix}y_1\\y_2\\y_3\end{pmatrix}.$$

7. (1) $\boldsymbol{P}=\begin{pmatrix}2&0&5&6\\1&3&3&6\\-1&1&2&1\\1&0&1&3\end{pmatrix}$;

(2) $\begin{pmatrix}y_1\\y_2\\y_3\\y_4\end{pmatrix}=\begin{pmatrix}\frac{4}{9}&\frac{1}{3}&-1&-\frac{11}{9}\\\frac{1}{27}&\frac{4}{9}&-\frac{1}{3}&-\frac{23}{27}\\\frac{1}{3}&0&0&-\frac{2}{3}\\-\frac{7}{27}&-\frac{1}{9}&\frac{1}{3}&\frac{26}{27}\end{pmatrix}\begin{pmatrix}x_1\\x_2\\x_3\\x_4\end{pmatrix}$;

(3) $k(1,1,1,-1)^{\mathrm{T}}$.

8. 令 $\boldsymbol{F}_{ij}=(a_{ij})_{n\times n}$，其中 $a_{ij}=a_{ji}=1$，其余元素全为零，则 $\boldsymbol{F}_{11},\boldsymbol{F}_{12},\cdots,\boldsymbol{F}_{1n},\boldsymbol{F}_{22},\boldsymbol{F}_{2n},\cdots,\boldsymbol{F}_{nn}$ 是全体对称矩阵的一个基；维数是 $\frac{n(n+1)}{2}$.

9. $S(\boldsymbol{A})$ 的一个基：$\boldsymbol{B}_1=\begin{pmatrix}0&0&0\\1&0&0\\0&0&0\end{pmatrix}$，$\boldsymbol{B}_2=\begin{pmatrix}0&0&0\\0&1&0\\0&0&0\end{pmatrix}$，$\boldsymbol{B}_3=\begin{pmatrix}0&0&0\\0&0&1\\0&0&0\end{pmatrix}$；

维数为 3.

10. (1) $\begin{pmatrix}0&1&0&\cdots&0\\0&0&2&\cdots&0\\\vdots&\vdots&&&\vdots\\0&0&0&\cdots&n\\0&0&0&\cdots&1\end{pmatrix}$；(2) $\begin{pmatrix}0&1&0&\cdots&0\\0&0&1&\cdots&0\\\vdots&\vdots&&&\vdots\\0&0&0&\cdots&1\\0&0&0&\cdots&0\end{pmatrix}$.

综合练习题六

1. $\begin{pmatrix}3&6&12\\0&-1&-2\\-1&0&0\end{pmatrix}$.

2. (1) 略；(2) $\begin{pmatrix}1&3&0&0\\2&-1&0&0\\0&0&1&3\\0&0&2&-1\end{pmatrix}$； (3) $\begin{pmatrix}18&1\\19&-11\end{pmatrix}$.

3. T 在基 $\boldsymbol{\alpha}_1=\begin{pmatrix}1&0\\0&0\end{pmatrix}$，$\boldsymbol{\alpha}_2=\begin{pmatrix}0&0\\1&0\end{pmatrix}$，$\boldsymbol{\alpha}_3=\begin{pmatrix}0&1\\0&0\end{pmatrix}$，$\boldsymbol{\alpha}_4=\begin{pmatrix}0&0\\0&1\end{pmatrix}$ 下的矩阵为

$$\begin{pmatrix}0&0&0&1\\0&0&-1&0\\0&-1&0&0\\1&0&0&0\end{pmatrix}.$$

4. (1) 核的维数＝像空间的维数＝2；

(2) 核的一个基为 $(-3,7,2,0)^{\mathrm{T}},(-1,-2,0,1)^{\mathrm{T}}$；

像空间的一个基为 $(1,1,3,1)^{\mathrm{T}},(-1,1,-1,3)^{\mathrm{T}}$.

参考文献

[1] 陈荣军,钱峰.线性代数及其应用[M].南京:南京大学出版社,2018.

[2] 王萼芳,石生明.高等代数(第五版).[M].北京:高等教育出版社,2019.

[3] 丁南庆,刘公祥,纪庆忠,郭学军.高等代数[M].北京:科学出版社,2021.

[4] 樊启斌.高等代数典型问题与方法[M].北京:高等教育出版社,2021.

[5] 钱吉林.高等代数题解精粹[M].西安:西北工业大学出版社,2019.

[6] 叶明训,陈恭亮.线性空间引论[M].武汉:武汉大学出版社,1990.